Gerhard Olschowy
Bergbau und Landschaft

Bergbau und Landschaft

Rekultivierung durch Landschaftspflege und Landschaftsplanung

Von

Prof. Dr. Gerhard Olschowy

Lehrbeauftragter für Landschaftspflege an der Universität Bonn

Ehemal. Ltd. Direktor der Bundesforschungsanstalt für Naturschutz und Landschaftsökologie

Mit 107 Abbildungen,
davon 57 Entwurfs- und Detailpläne, 8 farbig

1993

Verlag Paul Parey · Hamburg und Berlin

Die Drucklegung erfolgte mit
Unterstützung der

Lennart-Bernadotte-Stiftung
Mainau

und der

Nordrhein-Westfalen-Stiftung
Naturschutz, Heimat- und Kulturpflege
Düsseldorf

Die Deutsche Bibliothek – CIP-Einheitsaufnahme

Olschowy, Gerhard:
Bergbau und Landschaft: Rekultivierung durch Landschaftspflege und Landschaftsplanung / von Gerhard Olschowy. – Hamburg ; Berlin : Parey, 1993
ISBN 3-490-20918-4

Anschriften: Spitalerstraße 12, D-2000 Hamburg 1; Seelbuschring 9–17, D-1000 Berlin 42.
Printed in Germany.

Satz und Druck: Boyens & Co., Heide
Buchbinderei: Hunke & Schröder, Iserlohn
Umschlaggestaltung: Jürgen Meyer, Hamburg, unter Verwendung von zwei Farbbildern des Autors

ISBN 3-490-20918-4

Vorwort

Seit der Vereinigung der DDR mit der Bundesrepublik Deutschland vermitteln uns die Medien täglich Bilder aus der ehemaligen DDR, an denen wir erkennen können, wie verantwortungslos, ja sträflich die dortige Regierung mit den Gütern der Natur umgegangen ist. Insbesondere trifft das für den Abbau der Braunkohle in den mitteldeutschen Revieren zu. Demgegenüber haben die Bergbaugesellschaften in der Bundesrepublik Deutschland schon seit vielen Jahren gezeigt, wie der notwendige Eingriff in Natur und Landschaft durch Rekultivierungsmaßnahmen wenigstens teilweise ausgeglichen werden kann.

Das Problem ist also nicht neu, jedoch die Umsetzung der wissenschaftlichen Erkenntnisse und Erfahrungen in naturerhaltende Maßnahmen in allen Ländern noch unzureichend. Insofern ist das vorliegende Buch eine wertvolle Hilfe für alle, die sich in der Praxis mit der Erhaltung von Natur und Landschaft beschäftigen.

Die naturschutzorientierten Fachleute haben seit Jahrzehnten auf dieses Defizit im Vollzug hingewiesen und gesetzliche Maßnahmen gefordert. Wegweisend waren die „Mainauer Gespräche", aus denen vor nahezu 30 Jahren die „Grüne Charta von der Mainau" hervorgegangen ist. Dort heißt es:

> „Auch Technik und Wirtschaft sind unerläßliche Voraussetzungen unseres heutigen Lebens. Die natürlichen Grundlagen von Technik und Wirtschaft können weder willkürlich ersetzt noch beliebig vermehrt werden. Deshalb ist es notwendig, gemeinsam die Lage zu überprüfen, zu planen, zu handeln, um den Ausgleich zwischen Technik, Wirtschaft und Natur herzustellen und zu sichern."

Dieser Ausgleich ist eine Voraussetzung, um die gegensätzlichen Interessen abzubauen und die anstehenden Probleme lösen zu können.

Der Verfasser dieses Buches ist wie kaum ein anderer legitimiert, die Probleme darzulegen und Wege zu ihrer Lösung aufzuzeigen. Breite Erfahrungen, die er in Fachgremien, wissenschaftlichen Institutionen, in der Landschaftsplanung im Bereich von Industrie und Bergbau sowie in der praktischen Anwendung sammeln konnte, bilden das Fundament dieses Buches und haben bereits ihren Niederschlag in zahlreichen Veröffentlichungen gefunden.

Technik und Natur, Industrie und Landschaft stehen immer in einem Spannungsverhältnis. Jeder Entscheidungsprozeß muß daher getragen sein von der Notwendigkeit, die ökonomische und technische Zielsetzung in Einklang zu bringen mit den Erfordernissen zur Erhaltung der Natur, d. h. die letzte Entscheidung wird zumeist ein Kompromiß sein. Unter diesem Gesichtspunkt sind die in dem Buch behandelten Beispiele besonders wertvoll.

Die Vereinigung der beiden deutschen Staaten hat dem Buch eine nicht vorhersehbare Aktualität verliehen. Der leichtfertige Umgang mit den natürlichen Gegebenheiten in der ehemaligen DDR sowie der dortige große Rückstand in vielen Naturschutzmaßnahmen bieten die einmalige Chance, aus Fehlern, die wir im Westen gemacht haben, zu lernen. Für das Thema „Bergbau und Landschaft" stellt das Buch eine wertvolle Hilfe dar, die Probleme grundsätzlich und im realen Einzelfall zu erkennen, sie zu analysieren sowie die notwendigen Entscheidungen und Maßnahmen zu treffen, die auch der Erhaltung, Wiederherstellung und Entwicklung von Natur und Landschaft dienen.

Prof. Dr. h. c. Graf LENNART BERNADOTTE
Ehrenvorsitzender des
Deutschen Rates für Landespflege

Prof. Dr. h. c. KURT LOTZ
Ehrenvorsitzender der Umweltstiftung
„World-Wildlife-Found" Deutschland

Inhalt

1 Einführung 9

2 Untertagebau 13

2.1 Allgemeine Angaben 13
2.2 Schwerpunkt Bergehalden 14
2.2.1 Beispiel Bergehalde Heinrich Robert, Hamm 16
2.2.2 Beispiel Bergehalde Zeche Westfalen, Ahlen 23
2.2.3 Beispiel Bergehalde Hostedde/Grevel, Dortmund 29

3 Kleintagebau (Sand, Kies, Ton, Steine) 40

3.1 Allgemeine Angaben 40
3.2 Schwerpunkt Abbau von Sand und Kies 41
3.2.1 Beispiel Versuchsgelände Baggersee Gailhof 45
3.3 Schwerpunkt Abbau von Steinen 52
3.3.1 Beispiel Kalksteinabbau im Raum Erwitte 56
3.3.2 Beispiel Kalksteinabbau Kallenhardt im Kreis Lippstadt 66

4 Großflächiger Tieftagebau 83

4.1 Allgemeine Angaben über das Rheinische Braunkohlengebiet 83
4.1.1 Vorbemerkung 83
4.1.2 Einführung in die Gegebenheiten 84
4.1.3 Gesetzliche Grundlagen der Rekultivierung 88
4.1.4 Auswirkungen des Tagebaues 90
4.1.5 Wissenschaftliche Untersuchungen 93
4.1.6 Planungsziel – Zielkonflikte – Umweltverträglichkeitsprüfung 94
4.1.7 Landschaftsplanung und Rekultivierung 100
4.2 Planungs- und Rekultivierungsbeispiele 114
4.2.1 Beispiel Kippraum Berrenrath 114
4.2.2 Beispiel Kippe „Auf dem Nierchen“ 131
4.2.3 Beispiel Außenkippe Glessen (mit Kippraum Fortuna/Beißelsgrube/Fischbach) 137
4.2.4 Beispiel Abbaugebiet Vereinigte Ville 142
4.2.5 Beispiel Innenkippe Frimmersdorf-Süd 153
4.2.6 Beispiel Tagebau Fortuna – Garsdorf 170
4.2.7 Beispiel Tagebau Hambach – Außenkippe Sophienhöhe 185

5 Abschließende Bemerkungen und Ausblick 207

Literatur 209

Biographie 212

Register 214

1 Einführung

Als Bergbau im Sinne des Bergrechts werden der Untertagebau – in der Bundesrepublik Deutschland vor allem zur Förderung von Steinkohle – sowie der Groß- und Tieftagebau verstanden. In diesen Beitrag soll auch der Kleintagebau zur Gewinnung von Sand, Kies und Ton wie auch der Steinabbau – vor allem zur Kalksteingewinnung – einbezogen werden.

Der Untertagebau in der Bundesrepublik Deutschland hat seinen Schwerpunkt im Bereich des Kommunalverbandes Ruhrgebiet und weitet sich nach Norden in Richtung Münster aus. Weitere Steinkohlenabbaugebiete im Untertagebau weisen der Raum Aachen und das Saargebiet auf. Die mit dem Untertagebau verbundenen Probleme für Natur und Landschaft sind in dem Eintreten von Bergsenkungsgebieten und der Anlage von Abraumhalden, sog. Bergehalden, zu sehen.

Neben dem großflächigen Abbau von Kreide, Tuffstein (Bims), Kieselgur und Ölschiefer bringt besonders der Tieftagebau eine Reihe schwieriger Probleme landschaftspflegerischer Art mit sich. Im Tieftagebau werden heute Kalkstein (z. B. im Raum Wiesbaden–Mainz und in Wülfrath), Erze (z. B. im Raum Salzgitter) und vor allem Braunkohle gewonnen. Braunkohlenvorkommen finden wir in Deutschland in der Köln–Aachener Bucht, im Gebiet Braunschweig–Helmstedt–Schöningen, im Gebiet Hameln–Pyrmont, in Oberhessen bei Kassel (Hoher Meißner), in Niederhessen nordöstlich von Frankfurt, im Westerwald östlich von Koblenz, in der bayerischen Oberpfalz nördlich Regensburg, im Raum Borna bei Leipzig und in der Niederlausitz. Mit dem großflächigen Tagebau ist zwangsläufig ein tiefer Eingriff in die Landschaft und ihren Naturhaushalt verbunden. Das über den Kohleflözen liegende Deckgebirge muß zunächst einmal abgetragen werden; damit werden das Relief der Landschaft wie auch der Wasserhaushalt völlig verändert. Land- und forstwirtschaftliche Nutzflächen werden in erheblichem Maße in Anspruch genommen. Der anfallende Abraum wird soweit wie möglich zur Auffüllung von ausgekohlten Abschnitten, also für sog. Innenkippen, verwendet. Überschüssiges Material aber muß auf sog. Außenkippen, die über 100 m Höhe erreichen, geschüttet werden.

Zum Kleintagebau kann der Abbau von Sand, Kies, Ton und z. T. auch von Stein gerechnet werden. Diese Art des Abbaues ist über das ganze Bundesgebiet verbreitet, wobei der Sand- und Kiesabbau infolge der Verwertung dieser Materialien für Bauzwecke im Einflußbereich von Städten und Verdichtungsgebieten besonders verbreitet ist. Da es für diesen Tagebau keine bundesgesetzliche Regelungen gibt, das Berggesetz im allgemeinen nicht zuständig ist und die landesgesetzlichen Regelungen unterschiedlich und z. T. unzureichend sind, sind die Rekultivierungsmaßnahmen bislang häufig unbefriedigend.

Der Bergbau hat in aller Regel mittelbare und unmittelbare Auswirkungen auf den Naturhaushalt und das Erscheinungsbild der Landschaft und ist daher ein *Eingriff in Natur und Landschaft.* Es muß als eine wesentliche Fortentwicklung des Naturschutzrechts herausgestellt werden, daß das 1976 erlassene Bundesnaturschutzgesetz (BNatSchG) den „Eingriffen in Natur und Landschaft“ einen besonderen Paragraphen gewidmet hat. So heißt es in § 8, daß Eingriffe im Sinne dieses Gesetzes Veränderungen der Gestalt und Nutzung von Grundflächen sind, die die Leistungsfähigkeit des Naturhaushaltes oder das Landschaftsbild erheblich oder nachhaltig beeinträchtigen können. Es heißt dann weiter:

„(2) Der Verursacher eines Eingriffes ist zu verpflichten, vermeidbare Beeinträchtigungen von Natur und Landschaft zu unterlassen sowie unvermeidbare Beeinträchtigungen innerhalb einer zu bestimmenden Frist durch Maßnahmen des Naturschutzes und der Landschaftspflege auszugleichen, soweit es zur Verwirklichung der Ziele des Naturschutzes und der Landschaftspflege erforderlich ist."

Nun ist es in der Wirklichkeit nicht so einfach festzustellen, was ein Eingriff bzw. ein landschaftsschädigender Eingriff ist. Es liegen aber bereits wegweisende Arbeiten über Eingriffe und ihre Wirkungen vor. So stellte die Bundesforschungsanstalt für Naturschutz und Landschaftsökologie (1980) in ihren Untersuchungen von Wirkungszusammenhängen durch Eingriffe fest, daß Eingriffe in die Landschaftsstruktur und in den Landschaftshaushalt durch Wirkfaktoren gekennzeichnet sind, die bei Landschaftsfaktoren Wirkungen und Folgewirkungen hervorrufen können. VESTER (1978) setzt sich mit den Eingriffen in vernetzte Systeme und ihrer integralen Bedeutung auseinander. Er stellt fest, daß dort, wo ein Eingriff einsetzt, die Wirkung nicht zu Ende ist, sondern sie gelangt über komplizierte Regulationsphänomene meist zu sehr überraschenden Rückwirkungen.

In einigen Landesgesetzen, so in Rheinland-Pfalz, Nordrhein-Westfalen, Hessen und Berlin, ist im einzelnen festgelegt, welche Maßnahmen als Eingriffe und welche nicht als Eingriffe anzusehen sind. So heißt es im § 4 des Landschaftsgesetzes von N.-W. in der Fassung vom 20. Juni 1980, daß als Eingriffe gelten

- die oberirdische Gewinnung von Bodenschätzen und
- Aufschüttungen von 2 m Höhe mit einer Grundfläche von mehr als 400 qm.

Das Landespflegegesetz von Rheinland-Pfalz in der Fassung vom 27. März 1987 ist in § 4 insoweit noch etwas konkreter gefaßt, als neben der Gewinnung von Bodenschätzen auch noch „andere Bodenbestandteile" erfaßt sind; in Abs. 1 Nr. 1 werden dann „selbständige Abgrabungen oder Aufschüttungen (einschließlich der Verfüllung von Bodenvertiefungen) ab 2 m Höhe oder Tiefe und mit einer Grundfläche von mehr als 30 m^2" als Eingriffe in Natur und Landschaft festgelegt.

Der Deutsche Rat für Landespflege (1988) hat in seiner gutachtlichen Stellungnahme zu „Eingriffen in Natur und Landschaft" u. a. empfohlen, die Eingriffsdefinition des § 8 Abs. 1 BNatSchG im Interesse eines optimalen ökologischen Schutzes möglichst weit zu fassen, so daß alle ökologisch relevanten Eingriffe auch von der rechtlichen Regelung erfaßt werden.

Welcher Eingriff ist gem. § 8 Abs. 2 BNatSchG „vermeidbar" bzw. „unvermeidbar"? Darüber läßt sich das Gesetz nicht aus. Hier liegt dennoch eine gesetzliche Verpflichtung vor, die bislang in der Praxis keineswegs ausreichend berücksichtigt worden ist. Es sind nur wenige Projekte von Fachplanungen bekannt, für die vor Beginn eine gründliche Prüfung der Vermeidbarkeit vorgenommen worden ist. Wenn im Gesetz festgelegt ist, daß der Verursacher eines Eingriffs zu verpflichten ist, vermeidbare Beeinträchtigungen von Natur und Landschaft zu unterlassen sowie unvermeidbare Beeinträchtigungen durch Maßnahmen des Naturschutzes und der Landschaftspflege auszugleichen, so setzt das voraus, daß *vor* einem Eingriff, also vor Beginn eines Projektes oder einer Planung, eine gründliche Prüfung der Vermeidbarkeit bzw. Unvermeidbarkeit und der möglichen Ausgleichs- bzw. Ersatzmaßnahmen vorgenommen wird. In der Tat ist dies ein bedeutsamer Ansatz zu einer Umweltverträglichkeitsprüfung, und man muß sich die Frage stellen, warum die vom Gesetz gebotene Möglichkeit bislang nicht entsprechend genutzt worden ist. Da die Prüfung der Vermeidbarkeit bzw. Unvermeidbarkeit der Beeinträchtigungen von Natur und Landschaft der Prüfung der Umweltverträglichkeit sehr nahe kommt, ist mit dem Erlaß des Bundesgesetzes über die Umweltverträglichkeitsprüfung vom 12. Februar 1990 auch das Bundesnaturschutzgesetz geändert bzw. der § 8 durch einen neuen Absatz 10 erweitert worden. Das hat zur Folge, daß das Verfahren ggf. den Anforderungen des Gesetzes über die Umweltverträglichkeitsprüfung entsprechen muß. Das geänderte Bundesberggesetz vom 12. Februar 1990 nimmt in § 52, Abs. 2 b, darauf Bezug.

Will man Belastungen von Natur und Landschaft durch tiefgehende Eingriffe verhindern oder vermindern, so ist die Prüfung der Umweltverträglichkeit das geeignete Mittel. Die *Umweltverträglichkeitsprüfung* (UVP) soll ein Instrumentarium sein, das mögliche Umweltveränderungen oder sogar Belastungen aufzeigt, voraussagt und abschätzt. Die UVP muß daher im Stadium der Voruntersuchung oder Vorplanung vorgenommen werden. Die Tatsache, daß sich die Europäische Gemeinschaft eingehend mit dem Komplex befaßt hat und der Rat der EG am 27. Juni 1985 „Richtlinien über die Umweltverträglichkeitsprüfung bei bestimmten öffentlichen und privaten Projekten" erlassen hat, läßt erkennen, welche Bedeutung man einer solchen Prüfung beimißt. In der Begründung der EG-Kommission heißt es, daß „die beste Umweltpolitik darin besteht, Umweltbelastungen von vornherein zu vermeiden, statt sie erst nachträglich in ihren Auswirkungen zu bekämpfen".

Die Richtlinie des Rates der Europäischen Gemeinschaften ist die Grundlage für die bundesgesetzliche Regelung der UVP, die am 12. Februar 1990 im Deutschen Bundestag als Gesetz verabschiedet wurde. Auch wenn in Art. 1 der Richtlinie festgelegt ist, daß Gegenstand dieser Richtlinie „die Umweltverträglichkeitsprüfung bei öffentlichen und privaten Projekten" ist, so sollte dies nicht daran hindern, auch andere Ebenen als die der Planung von Projekten und Vorhaben in die UVP einzubeziehen. Art. 13 der Richtlinie sieht vor, daß diese Richtlinie die Mitgliedstaaten nicht daran hindert, „gegebenenfalls strengere Regeln für Anwendungsbereich und Verfahren der Umweltverträglichkeitsprüfung festzulegen". Bundesminister Prof. Dr. Töpfer hat dargelegt (vgl. „Umweltpolitik aktuell" Dez. 1989), daß die UVP bereits im Raumordnungsverfahren, in der Bauleitplanung und anderen vorgelagerten Verfahren vorgenommen wird. Er sagt: „Damit wird vermieden, daß mögliche umweltbeeinträchtigende Vorabfestlegungen erfolgen, die im anschließenden Zulassungsverfahren nur schwer rückgängig gemacht werden können."

Die Verpflichtung zur Prüfung der Umweltverträglichkeit hat ihre Grundlage sowohl im Bundesgesetz über die Umweltverträglichkeitsprüfung als auch im Bundesberggesetz in seiner Änderung vom 12. Februar 1990, und zwar in den §§ 52 und 57. Wenn ein Vorhaben nach § 57 c einer Umweltverträglichkeitsprüfung bedarf, so ist nach § 52, Abs. 2 a, die Aufstellung eines Rahmenbetriebsplanes zu verlangen und für dessen Zulassung ein Planfeststellungsverfahren durchzuführen. Der Rahmenbetriebsplan muß nach § 57 c, Abs. 2, alle für die Umweltverträglichkeitsprüfung bedeutsamen Angaben enthalten, so auch eine Beschreibung der Maßnahmen, mit denen erhebliche Beeinträchtigungen der Umwelt vermieden, vermindert oder soweit wie möglich ausgeglichen werden, sowie der Ersatzmaßnahmen bei nicht ausgleichbaren oder vorrangigen Eingriffen in Natur und Landschaft.

In seiner gutachtlichen Stellungnahme zur Umweltverträglichkeitsprüfung vom

22. September 1988 führt der Deutsche Rat für Landespflege folgendes aus: „Die Umweltverträglichkeitsprüfung ist ein umweltpolitisches Instrument der Entscheidungsvorbereitung, mit dessen Hilfe alle möglichen Auswirkungen von Vorhaben auf die Umwelt systematisch und umfassend erhoben, beschrieben und bewertet werden. Die UVP ist damit – neben einer geordneten raum- und landschaftsbezogenen Planung und auch der Umwelterziehung junger Menschen – das wichtigste Instrumentarium einer wirksamen Vorsorgepolitik für die natürliche Umwelt.“

Der Landschaftsplanung obliegen im Zusammenhang mit den bergbaulichen Eingriffen in Natur und Landschaft zwei bedeutende Aufgaben, nämlich die Bereitstellung von ökologischen Grundlagen für den Betriebsplan, die UVP und die Darstellung der erforderlichen Ausgleichsmaßnahmen.

Für den Ablauf der Landschaftsplanung hat sich ein Grundmuster herausgebildet, das einen Grundlagenteil und einen Entwicklungsteil unterscheidet. Im Grundlagenteil werden die ökologischen Grundlagen der Planung behandelt, während der Entwicklungsteil die Planung mit den erforderlichen Maßnahmen zum Schutz, zur Pflege, Gestaltung und Entwicklung der Landschaft wiedergibt. Die Beziehungen der Landschaftsplanung zur UVP und damit der mögliche Beitrag der Landschaftsplanung zur UVP werden mit dem Ablauf und Inhalt der Landschaftsplanung sehr deutlich. Ökologische Bestandsaufnahme und Bewertung der natürlichen Gegebenheiten sind Voraussetzung für eine Beurteilung der Verträglichkeit bzw. der möglichen Auswirkungen eines Eingriffes in Natur und Landschaft. Hier kann die Landschaftsplanung Vorarbeiten leisten und auswertungsfähige Ergebnisse bereitstellen. Andererseits kann der Entwicklungsteil mit seinen Maßnahmen des Naturschutzes und der Landschaftspflege wie auch den Vorschlägen zur Landschaftsentwicklung zum Ausgleich der möglichen Beeinträchtigungen beitragen.

Nach § 8 Abs. 4 BNatSchG hat der Planungsträger die zum Ausgleich eines Eingriffs erforderlichen Maßnahmen des Naturschutzes und der Landschaftspflege im einzelnen im Fachplan oder in einem Landschaftspflegerischen Begleitplan in Text und Karte darzustellen; der Begleitplan ist Bestandteil des Fachplanes. Fachpläne werden für Fachgebiete aufgestellt, die einem Planfeststellungsverfahren unterworfen sind. Nach § 52, Abs. 2 a, des geänderten Bundesberggesetzes vom 12. Februar 1990 kann die Aufstellung eines Rahmenbetriebsplanes verlangt werden, und für dessen Zulassung ist nach Maßgabe der §§ 57 a und 57 b ein Planfeststellungsverfahren durchzuführen. Somit ist auch der Bergbau eine Fachplanung und seine Betriebspläne sind Fachpläne. In der Praxis hat es sich inzwischen als zweckvoll erwiesen, die Ausgleichsmaßnahmen wie auch die Maßnahmen zum Schutz, zur Pflege und zur Gestaltung der Landschaft in der Regel in einem Landschaftspflegerischen Begleitplan darzustellen. Eine mittelbare Integration in den Fachplan bzw. den Betriebsplan könnte vorgenommen werden, wenn die Maßnahmen des Naturschutzes und der Landschaftspflege deutlich erkennbar bleiben. Die folgenden Planungsbeispiele tragen diesen Erkenntnissen Rechnung und sollen dazu beitragen, Beeinträchtigungen und Belastungen von Eingriffen in Natur und Landschaft als Folge bergbaulicher Maßnahmen im Sinne eines notwendigen Natur- und Umweltschutzes weitgehend auszugleichen. Das gilt auch für die landschaftsgerechte Rekultivierung der großflächigen Abbaugebiete des Braunkohlentagebaus in der ehemaligen DDR.

2 Untertagebau

2.1 Allgemeine Angaben

Beim untertägigen Steinkohlenbergbau treten durch Bodenbewegungen an der Oberfläche Zerrungen und Pressungen auf, die zu Bergsenkungsgebieten führen. Der Flurabstand des Grundwassers wird verringert, und stauende Nässe tritt auf, wenn gleichzeitig die natürliche Vorflut behindert wird oder ganz ausfällt. Bergsenkungsgebiete können nur verhindert werden, wenn die abgebauten Kohlenflöze mit Versatzmaterial verfüttert werden, was in der Bundesrepublik Deutschland bislang nicht geschieht. Nachdem man im oberschlesischen Steinkohlenbergbau die gleichen negativen Erfahrungen mit Bergsenkungsgebieten gemacht hat, werden dort heute die Hohlräume mit Sand versetzt, um weitere Bergsenkungen auszuschließen. Zu diesem Zweck werden dort täglich 150 000 m^3 Sand benötigt; das entspricht jährlich einer Fläche von 300 ha, die abgebaut und wieder rekultiviert werden müssen; insgesamt werden hierfür 13 200 ha in Anspruch genommen (Olschowy 1976).

Zur Wiedergutmachung solcher Schadensgebiete können keine grundsätzlichen Maßnahmen empfohlen werden, weil das nur im konkreten Einzelfall aufgrund von Untersuchungen festgelegt werden kann. Als weitere Folge des Untertagebaues sind die Bergehalden zu nennen, deren Begrünung, Gestaltung und Einfügung in die Umgebung notwen-

Abb. 1. Bergsenkungsgebiet als Folge des Steinkohlen-Untertagebaues, dessen Hohlräume nicht oder nicht ausreichend ausgefüllt wurden. (Foto: Olschowy)

dig und schwierig ist. Auf dieses Problem soll in diesem Beitrag mit einigen Beispielen besonders eingegangen werden. Im Gebiet des Siedlungsverbandes Ruhrkohlenbezirk sind über 200 Bergehalden aufgefahren worden. Ähnliche Verhältnisse sind im Saarland und Aachener Revier anzutreffen. Diese Halden lassen sich vielfach wegen der Zusammensetzung des Materials und der meist steilen Böschungen nicht eingrünen und in die Umgebung einfügen, neigen häufig wegen noch vorhandener Kohlenreste zur Selbstentzündung und haben dann zusätzliche Raucheinwirkungen zur Folge.

Allein in Nordrhein-Westfalen sind durch bergbauliche Eingriffe bis zu 120 000 ha landwirtschaftliche Nutzfläche betroffen. Der größte Teil der Flächen befindet sich im Ruhrgebiet, dessen Gesamtareal trotz der Verdichtung immer noch mit über 50 % land- und forstwirtschaftlich oder als Grünfläche genutzt wird. Im Bereich der Emscherniederung müssen bereits mehr als 160 km^2, das sind rd. 20 % des gesamten Niederschlagsgebietes der Emscher, künstlich entwässert werden (Abb. 1).

2.2 Schwerpunkt Bergehalden

Die folgenden Angaben zur Gestaltung und Nutzung von Bergehalden sind allgemeiner Art und müssen, soweit erforderlich, im konkreten Einzelfall in der Detailplanung abgewandelt werden. Gestaltung und Nutzung einer Halde werden beeinflußt von ihrer Umgebung. Im Einflußbereich von Industrie- und Wohngebieten sowie von land- und forstwirtschaftlichen Nutzflächen ist grundsätzlich anzustreben, eine künstliche Aufschüttung so anzulegen, daß belästigende oder schädliche Immissionen der Industrie von Wohn- und Erholungsbereichen ferngehalten werden. Eine entsprechende Gestaltung der Haldenränder kann dazu beitragen, Abgase und Feinstäube aufzuleiten und besser zu verteilen. In späterer Zeit, wenn die Halde einmal vollständig bewaldet sein wird, können dadurch nicht nur Grobstäube gebunden werden, sondern auch die kleinklimatischen Bedingungen für das geplante Freizeitgebiet verbessert werden. Auch die spätere Nutzung muß auf die Siedlungsstruktur Rücksicht nehmen. Im Bereich von Verdichtungsgebieten muß der Gestaltung einer Halde oder Deponie zu einem Naherholungsgebiet grundsätzlich der Vorrang vor einer landbaulichen Nutzung gegeben werden.

Die *Formgebung einer Halde* trägt wesentlich dazu bei, sie befriedigend in ihre Umgebung einzufügen. Kegelförmige Aufschüttungen sind fast immer landschaftsfremd, abgesehen davon, daß der natürliche Schütt- und Böschungswinkel des Materials eine befriedigende Anpflanzung erschwert. Aufschüttungen in Form eines Tafelberges lassen sich bereits besser einfügen, obwohl auch hier der aufgeschüttete Körper nicht allzu gleichförmig ausgebildet werden sollte. Das läßt sich erreichen, wenn die Oberfläche mit Niveauunterschieden oder besser sattelförmig ausgeführt wird sowie die Haldenränder und die einzelnen Böschungen mit verschiedenen Neigungen und ausreichend breiten Bermen ausgebildet werden. Grundsätzlich sollen steile Randböschungen vermieden werden. Selbst in Fällen, in denen die Menge des Schüttmaterials und die verfügbare Fläche in einem ungünstigen Verhältnis zueinander stehen, sollten keine Böschungen entstehen, die steiler als 1:2 ausgelegt sind. Wo es irgend möglich ist, soll eine General- oder Grundneigung von 1:3 oder noch flacher angestrebt werden, da sich solche Halden am besten in die Umgebung einfügen und leichter bepflanzen lassen; Grundneigungen von 1:2,5 müssen auf

Abb. 2. Abraumhalden des Steinkohlenbergbaues, die schon von ihrer Form her schwierig zu begrünen und in die Landschaft einzubinden sind. (Foto: Olschowy)

Abb. 3. Tafelberg im Saargebiet; der untere Teil ist bereits bepflanzt. (Foto: Olschowy)

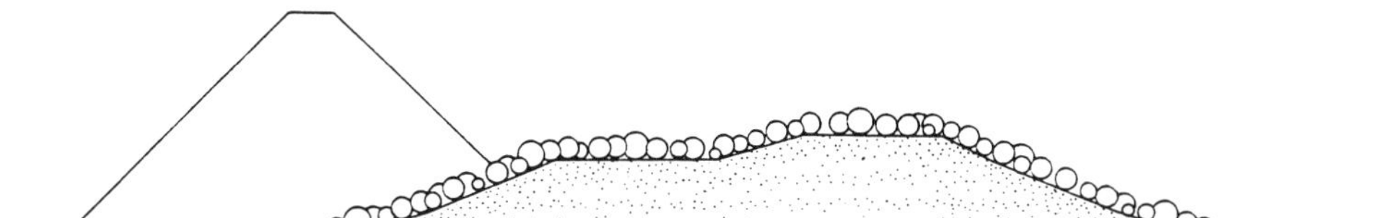

Abb. 4. Links eine ungünstige Kegelform, deren steile Hänge sich nur schwer bepflanzen lassen. Rechts eine tafelbergähnliche Aufschüttung mit flach auslaufenden Böschungen (Generalneigung 1:3). Die Gestaltung und die Bepflanzung erleichtern die Eingliederung der Halde in die Umgebung.

wenige Ausnahmen beschränkt bleiben. Bei einer Generalneigung von 1:3 ist es möglich, die oberen Teile der Haldenränder steiler, z. B. 1:2, die mittleren etwa 1:3, die unteren flacher, etwa 1:4, auszuformen, so daß die Halde in die anstehende Geländeoberfläche ohne auffallende Bruchkante übergehen kann (Abb. 2–4).

Die Einfügung von *Zwischenbermen oder Terrassen* in die Haldenränder erlaubt es, kleine Böschungsflächen auch einmal steiler aufzuschütten, ohne daß die Standfestigkeit des Randes gefährdet wird und der Eindruck einer steilen Halde entsteht. Im übrigen lassen sich Bermen gut mit einem Entwässerungssystem und mit etwaigen Erschließungs- und Wanderwegen verbinden und außerdem besonders günstig aufforsten. Je nach Länge und Höhe des Haldenrandes können die Bermen bis zu einer Breite von 10 m ausgelegt werden. Die vertikalen Abstände der Bermen können bei hohen Halden bis zu 12 m betragen, obwohl in der Regel der Abstand der Bermen 8 m nicht überschreiten soll (vgl. „Richtlinien für die Zulassung von Bergehalden im Bereich der Bergaufsicht“ vom 10. Oktober 1967 und 21. Februar 1972, Nr. 3.35).

Für die richtige Höhe einer Halde lassen sich keine allgemeingültigen Maße angeben, da dies ausschließlich von den örtlichen Gegebenheiten abhängt. Als Grundsatz kann gelten, daß eine Halde um so höher sein kann, je größer sie ist und je flacher die Randböschungen ausgebildet sind.

Die Ränder von Halden werden grundsätzlich mit Gehölzen bepflanzt. Hierdurch wird die Standsicherheit der Böschungen erhöht und die Aufschüttung besser in die Umgebung eingefügt.

Die Entwässerung der Haldenoberfläche und der -ränder wird durch ein System von Wasserfanggräben gewährleistet, die entlang vom Bermen und Wegen, und zwar stets hangseits verlaufen. Die Bermen müssen aus diesem Grunde ein Gefälle von etwa 0,5 % erhalten, damit das Wasser über ein Entwässerungsrohr in den Vorfluter geleitet werden kann.

Die *Nutzung einer Halde* hängt vom Bedarf ab und muß sich in vorliegende Planungen (Regionalplan, Landschaftsplan, Bauleitpläne) einfügen. Im Einzugsbereich von Verdichtungsgebieten erhält die Gestaltung als Naherholungsgebiet Vorrang. In einem Naherholungsgebiet sind unterschiedliche Nutzungsmöglichkeiten für Erholung und Freizeit sowie differenzierte Einrichtungen für die verschiedenen Altersgruppen vorzusehen. Im einzelnen kommen folgende Einrichtungen in Betracht: Spielplätze auf der Oberfläche der Halde, „Trimm-dich-Pfade“ auf Bermen, Aussichtstürme auf höchster Stelle und je nach Bedarf Restaurants und Erfrischungskioske. Einrichtungen für den Wintersport, wie Rodelbahn und Skipiste, können in Ausnahmefällen in Betracht kommen, wenn ein wirklicher Bedarf vorliegt. Es muß jedoch davon ausgegangen werden, daß die Schneeverhältnisse in den in Betracht kommenden Bereichen unsicher sind.

2.2.1 Beispiel Bergehalde Heinrich Robert der Bergbau AG Westfalen

1. Zur Wahl des Standortes

Als mögliche Standorte für die geplante Anlage einer Bergehalde der Zeche Heinrich Robert wurden die Flächen A, D, E und F im Raum Hamm–Pelkum–Pelkum-Herringen erörtert. Aufgrund von Besichtigungen und einer Studie der Kartenunterlagen wurde hierzu wie folgt Stellung genommen:

Von den landschaftlichen Gegebenheiten her und aus der Sicht der Landschaftspflege konnte der Standort D nicht in Betracht gezogen werden, weil die Haldenfläche durch Verkehrsadern zerschnitten wird und eine als Einheit gestaltete und in die Landschaft eingefügte Halde hier nicht aufgebaut werden kann; der künstliche Charakter der Halde würde dominieren. Der Standort E erscheint für die Anlage einer Halde zwar möglich, würde aber verhältnismäßig viel Waldfläche, die in diesem Raum dringend benötigt wird, in Anspruch nehmen und eine mögliche städtebauliche Entwicklung zwischen Pelkum und dem Ortsteil Herringen behindern.

Die Standorte A und F wurden daher in engere Wahl gezogen, weil sich hier die Halde ohne Schwierigkeiten in die landschaftliche Umgebung einfügen läßt, wenn ihr eine entsprechende Form im Grundriß und in der Ausbildung der Randböschungen gegeben wird. Weil darüber hinaus noch die möglichen Nutzungsfunktionen einer künstlichen Aufschüttung in die Begutachtung einbezogen wurden, mußte dem Standort A eindeutig der Vorzug gegeben werden. Die Halde kommt im Nordosten der Zeche Heinrich Robert zu liegen und kann damit die Aufgabe einer im Grundsatz anzustrebenden Trennung von Industriebereich und Wohnbereich (hier Stadtgebiet von Hamm) übernehmen. Diese Trennung hat nicht nur optische Bedeutung; sie kann auch wegen der günstigen Lage der Halde zur Hauptwindrichtung, die aus Südwesten kommt, Emissionen aus der Kokerei teils absorbieren, teils aufleiten und damit besser in der Atmosphäre verteilen.

In zunehmendem Maße werden künstliche Aufschüttungen für Erholungszwekke genutzt. Die günstige Lage des Standorts A zur Stadt Hamm läßt es zweckmäßig erscheinen, der Halde die Funktion eines Naherholungsgebietes zuzuweisen. Die Ränder der landschaftsgerecht auszuformenden Halde mußten mit Bäumen und Sträuchern aufgeforstet und die Oberfläche durch Wanderwege erschlossen werden. Die vielfältigen Möglichkeiten einer Nutzung als Naherholungsgebiet sind im Abschnitt 3 näher behandelt.

Eine etwa 60 m hohe künstliche Aufschüttung ist dann zu vertreten, wenn die Ränder eine Grundneigung oder Generalneigung von nicht steiler als 1:3 erhalten, flach in die landschaftliche Umgebung übergehen, eine Verbindung zu den vorhandenen Flurgehölzen geschaffen und auch die Oberfläche nicht streng waagerecht, sondern mit Niveauunterschieden ausgebildet wird.

2. *Zur Gestaltung der Bergehalde*

Die bereits unter Abschnitt 2.2 dargelegten Ausführungen zur Formgebung und Gestaltung von Bergehalden werden für das Beispiel Heinrich Robert wie folgt ergänzt:

Die Richtlinien für die Zulassung von Bergehalden im Bereich der Bergaufsicht (MBl. NW. 1967 S. 1689, Nr. 138 v. 10. Okt. 1967) sehen unter Nr. 3.35 vor, daß der Abstand der Bermen in der Regel 8 m nicht überschreiten soll, wenn von den untersten Bermen abgesehen wird. Demnach ist eine Ausnahme möglich, von der hier mit folgender Begründung Gebrauch gemacht werden soll:

- Die Nähe der Bergehalde zu Wohngebieten der Stadt Hamm verlangt eine besonders sorgfältige Gestaltung der Haldenränder im Hinblick auf ihre landschaftliche Einbindung. Eine Ausbildung der Ränder mit 6 Bermen würde zwangsläufig zu einer technisch-schematischen Formgebung führen, die nicht im Sinne des Auftrages ist. Eine befriedigende Gestaltung mit 6 Bermen könnte nur erreicht werden, wenn die Generalneigung flacher als im Plan vorgesehen gehalten wird, was eine größere Gesamtfläche und eine verringerte Oberfläche zur Folge hätte. Letzteres aber würde die Nutzung der Halde als Erholungsgebiet beeinträchtigen.
- Die spätere Nutzung der Halde als Erholungsgebiet muß als vorrangige Aufgabe erachtet werden. Die vorgesehene Rodelbahn und Skipiste lassen sich je-

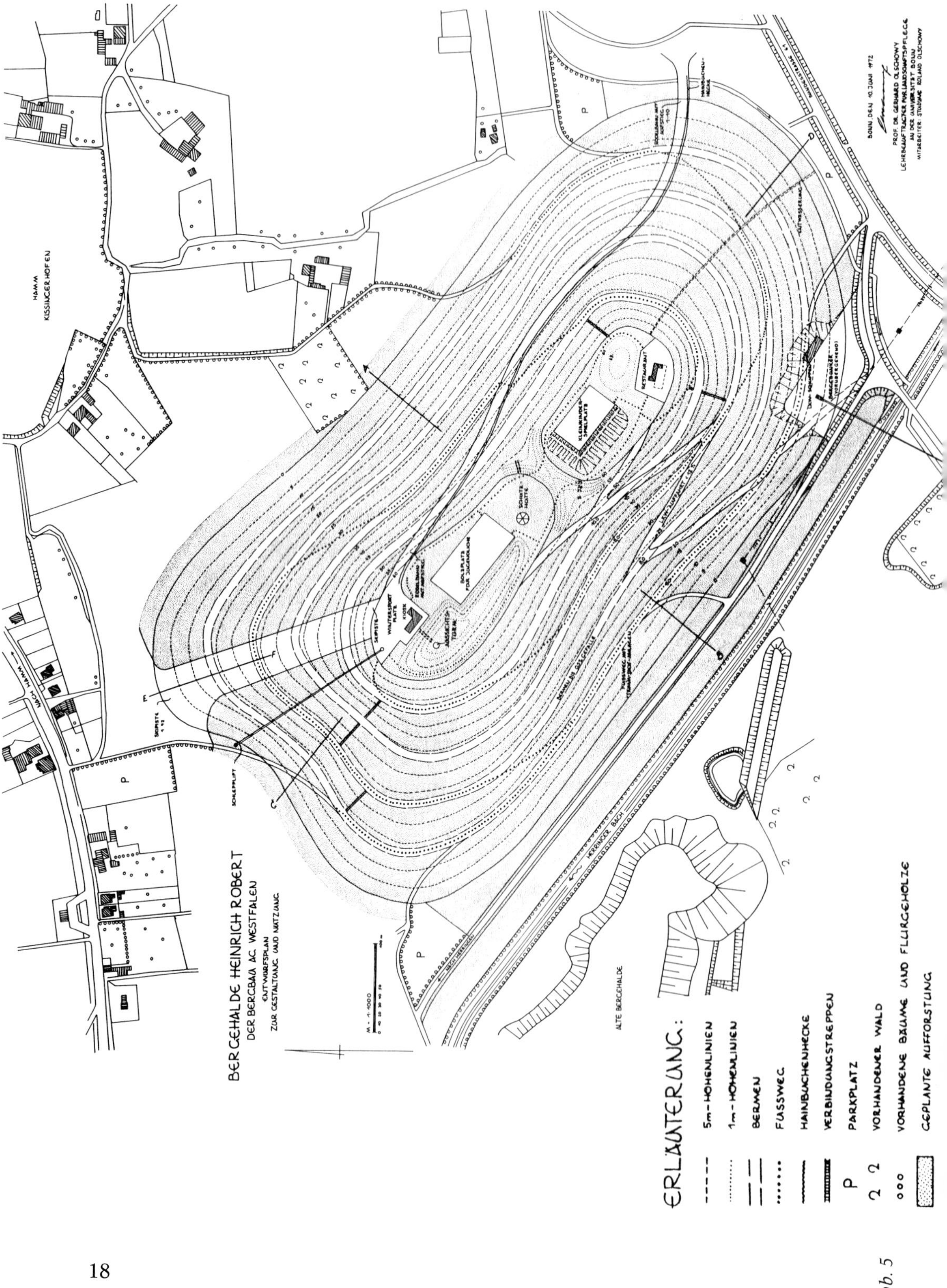
BERGEHALDE HEINRICH ROBERT
DER BERGBAU AG WESTFALEN
ENTWURFSPLAN
ZUR GESTALTUNG UND NUTZUNG
M. 1:4000
HAMM
KISSINGER HÖFEN
ALTE BERGEHALDE
HERRINGER BACH
ERLÄUTERUNG:
5m-HÖHENLINIEN
1m-HÖHENLINIEN
BERMEN
FUSSWEG
HAINBUCHENHECKE
VERBINDUNGSTREPPEN
PARKPLATZ
VORHANDENER WALD
VORHANDENE BÄUME UND FLURGEHÖLZE
GEPLANTE AUFFORSTUNG

Abb. 5

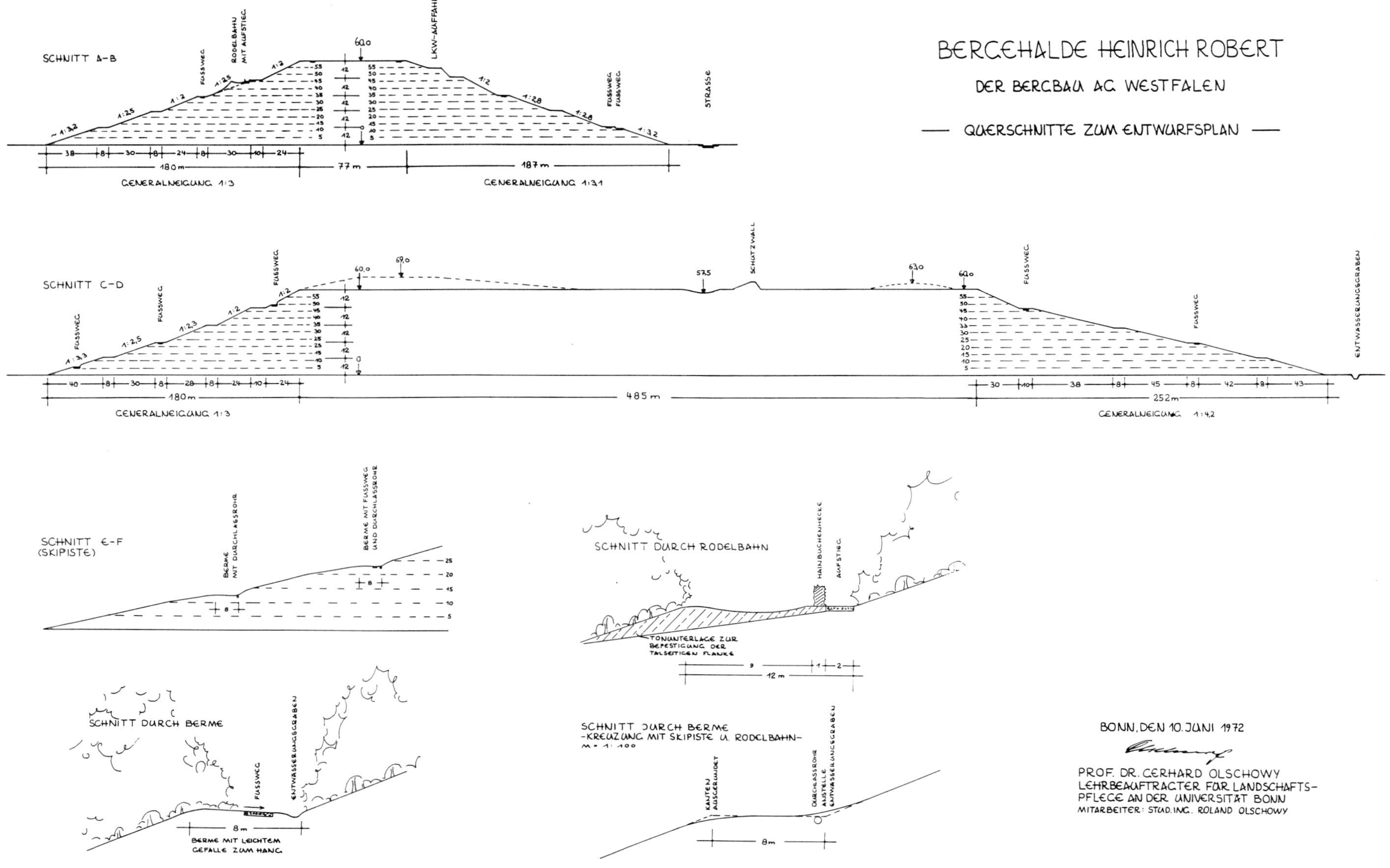
BERGEHALDE HEINRICH ROBERT
DER BERGBAU AG WESTFALEN
— QUERSCHNITTE ZUM ENTWURFSPLAN —
SCHNITT A-B
FUSSWEG
RODELBAHN MIT AUFSTIEG
LKW-AUFFAHR
60,0
FUSSWEG
FUSSWEG
STRASSE
180 m
77 m
187 m
GENERALNEIGUNG 1:3
GENERALNEIGUNG 1:3,1
SCHNITT C-D
FUSSWEG
FUSSWEG
FUSSWEG
60,0
69,0
57,5
SCHUTZWALL
63,0
60,0
FUSSWEG
FUSSWEG
ENTWÄSSERUNGSGRABEN
180 m
485 m
252 m
GENERALNEIGUNG 1:3
GENERALNEIGUNG 1:4,2
SCHNITT E-F
(SKIPISTE)
BERME MIT DURCHLASSROHR
BERME MIT FUSSWEG UND DURCHLASSROHR
SCHNITT DURCH RODELBAHN
HAINBUCHENHECKE
AUFSTIEG
TONUNTERLAGE ZUR BEFESTIGUNG DER TALSEITIGEN FLANKE
12 m
SCHNITT DURCH BERME
FUSSWEG
ENTWÄSSERUNGSGRABEN
8 m
BERME MIT LEICHTEM GEFÄLLE ZUM HANG
SCHNITT DURCH BERME
-KREUZUNG MIT SKIPISTE U. RODELBAHN-
M = 1:100
KANTEN AUSGERUNDET
DURCHLASSROHR ANSTELLE ENTWÄSSERUNGSGRABEN
8 m
BONN, DEN 10. JUNI 1972
PROF. DR. GERHARD OLSCHOWY
LEHRBEAUFTRAGTER FÜR LANDSCHAFTS-
PFLEGE AN DER UNIVERSITÄT BONN
MITARBEITER: STUD. ING. ROLAND OLSCHOWY

doch nur dann nutzungsgerecht ausbilden, wenn die Bermen breit genug (mindestens 8 m) und die Zahl der Bermen nicht zu groß ist. Im anderen Fall ist nicht zu verhindern, daß sich jede Berme als eine Art Sprungschanze auswirkt und die Benutzbarkeit dieser Erholungseinrichtungen einschränkt. Außerdem würde die 12 m breite Rodelbahn, die zumindest eine Berme in der Längsrichtung im spitzen Winkel schneidet, eine aufwendige Abstützung notwendig machen.

- Die Verminderung der Bermenzahl auf 4 ermöglicht es, die Bermen breiter auszulegen. Dies hat den Vorteil, die Bepflanzung über die Böschungskronen hinaus auf die Bermen zu ziehen, was als Vorteil für eine gute und rasche Eingrünung sowie für eine tiefere Durchwurzelung des Haldenrandes betrachtet wird. Außerdem können Einrichtungen für einen „Trimm-dich-Pfad" auf einer breiteren Berme besser angelegt werden.

Die geforderte Standfestigkeit der gesamten Halde wird einmal durch das Einhalten der Gesamtneigung von 1:3 bis 1:4 und zum anderen durch die breiteren Bermen erreicht. Den vielfachen Vorteilen der vorgeschlagenen Lösung stehen, wie den Querschnitten zum Entwurfsplan zu entnehmen ist, keine Nachteile entgegen.

3. Zur Nutzung der Bergehalde

Der Entwurf ist darauf abgestellt, für die Stadt Hamm und die umliegenden Gemeinden ein Naherholungsgebiet zu schaffen, das den Erfordernissen der Industriegesellschaft gerecht wird. Es sind unterschiedliche Nutzungen für Erholung und Freizeit sowie differenzierte Nutzungen für die verschiedenen Altersgruppen vorgesehen. Im einzelnen sind dies:

Spielplätze auf der Oberfläche der Halde, die durch kürzere Fußwege mit Treppenverbindungen und längere Fußwege mit geringer Steigung für Kleinkinder, Mütter mit Kinderwagen und ältere Leute erreichbar sind. Der Entwurf sieht eine Spielfläche für Kleinkinder (Sandkästen, Ballspiele und Ruheplätze für Erwachsene) und eine für Jugendliche (z. B. als Bolzplatz, Robinsonspielplatz und Verkehrsgarten) vor. Eine Schutzhütte dient dem Schutz gegen Unwetter. Beide Spielplätze sind gegen die vorherrschenden Winde aus westlichen Richtungen durch Erhöhungen oder Wälle geschützt.

„Trimm-dich-Weg", der auf einigen Bermen mit unterschiedlichen Anlagen und Geräten für Benutzer verschiedener Altersgruppen eingerichtet werden kann. Hier läßt sich eine Fußwanderung mit sportlichen Anforderungen unterschiedlicher Schwierigkeitsgrade verbinden.

Rodelbahn mit einer Länge von 650 m und einem durchschnittlichen Gefälle von 10 % (1:10). Die Bahn ist im nördlichen Bereich der Halde angelegt, so daß die Sonne nicht so stark einwirken kann. Der Einsatz von künstlichem Schnee ist, sofern eine Temperatur von 0 °C oder darunter vorliegt, möglich und ist in zunehmendem Maße festzustellen. Neben der Rodelbahn, durch eine Hainbuchenhecke getrennt, verläuft ein Fußweg für die Benutzer der Rodelbahn. Wie die Rodelbahn über die Bermen des Kippenrandes geführt wird, kann den Querschnitten entnommen werden.

Skipiste, die an der nördlichen Ecke im Schatten der Halde angelegt werden soll. Sie hat eine Länge von 250 m und ein Gefälle von 24 % (1:4,2). Die Bermenkanten müssen abgerundet werden, damit die Piste besser benutzbar wird (vgl. Querschnitte). Für den Einsatz von künstlichem Schnee gilt das für die Rodelbahn Gesagte. Ein Schlepplift befördert die Benutzer wieder auf die Haldenoberfläche.

Aussichtsturm, der an der höchsten Stelle der Haldenoberfläche errichtet werden sollte, soll eine Aussicht nach allen Seiten ermöglichen.

Restaurant mit Sitzterrasse für Besucher, die sich längere Zeit aufhalten wollen, und *Erfrischungskiosk* in Nähe der Rodelbahn und Skipiste, um eilige Gäste bedienen zu können. Sanitäre Einrichtungen müssen hier und auf den Spielplätzen vorgesehen werden.

4. Zur Bepflanzung der Bergehalde

Die Bepflanzung bzw. Aufforstung der Haldenflächen – Oberfläche und Haldenränder – liegt in Händen der Abt. Landschaftspflege und Forstwirtschaft des Siedlungsverbandes Ruhrkohlenbezirk (jetzt Kommunalverband Ruhrgebiet).

Sollte das Material der Bergehalde – ähnlich wie das der alten Halde – ausreichend mit Tonsubstanzen durchsetzt sein, dann würde sich ein Zusatz von Feinerde oder Mutterboden erübrigen. In diesem Falle müßte mit Hilfe von Pionierholzarten ein Vorwald geschaffen werden, in dessen Schutz dann später anspruchsvollere Hauptholzarten aufwachsen könnten. Als standortsgemäße Pionierholzarten kommen in Betracht:

Sandbirke (*Betula verrucosa*)
Vogelbeere (*Sorbus aucuparia*)
Aspe (*Populus tremula*)
Salweide (*Salix caprea*)

Die Begrünung der Halde kann auch mit Hilfe nichtstandortsgemäßer vorwüchsiger Holzarten, die als Pflegeholzarten bezeichnet werden, gefördert werden.
Hierzu sind in erster Linie zu nennen:

Schwarzpappel (*Populus nigra*)
Graupappel (*Populus canescens*)
Roterle (*Alnus glutinosa*)

Man greift hier auf Holzarten zurück, die in der natürlichen Folge nicht vorkommen. Sie unterstützen hier durch ihre Wuchsfähigkeit und Vitalität, ihr Laub, ihre Wurzeltätigkeit und ihre Beschattung vorteilhaft das Wachstum anderer Arten. Jedoch besteht – besonders bei Roterlen – die Gefahr des Überhandnehmens, so daß sie *rechtzeitig* auf den Stock gesetzt oder herausgeschlagen werden müssen.

Einige Hauptholzarten könnten auf den sonnenabgewandten Flächen und auf Standorten mit genügend Tonbeimengungen mit den Pionierholzarten zusammen eingebracht werden, so z. B.

Stieleiche (*Quercus robur*)
Hainbuche (*Carpinus betulus*)
Wildkirsche (*Prunus avium*)
Rotbuche (*Fagus silvatica*).

Als Schlußgesellschaft der natürlichen Vegetationsentwicklung dürfte ein Stieleichen-Birkenwald (Querco-Betuletum) bis Buchen-Eichenwald (Fago-Quercetum), auf nährstoffreichen Standorten auch ein buchenreicher Eichen-Hainbuchenwald (Querco-Carpinetum) zu erwarten sein, so daß die zu pflanzenden Holzarten, Bäume und Sträucher darauf abgestellt werden sollen.

Die Flächen der Skipiste und der Rodelbahn müssen in Rasen gelegt werden. Die oberste Bodenschicht dieser Flächen sollte verbessert und mit Feinerde vermischt werden, um eine trittfeste bzw. nutzungsfähige Grasnarbe zu erhalten. Für diesen schattigen Standort sind nur Grasarten mit weiter ökologischer Amplitude geeignet. Es wird empfohlen, folgende Arten auszusäen, wobei nicht mehr als 20 g/m^2 Saatgut verwendet werden sollen:

Rotschwingel (*Festuca rubra*)
Rotes Straußgras (*Agrostis tenuis*)
Wiesenrispengras (*Poa pratensis*)

Es können auch Rasensoden und Rollrasen verwendet werden, wobei ebenfalls die vorgenannten Arten vertreten sein müssen.

Die Waldränder sollten auf jeden Fall einen mehrstufig aufgebauten Waldmantel aus Laubgehölzen (Bäumen und Sträuchern) erhalten, damit er auch ökologische Aufgaben für den Naturhaushalt

Abb. 7. Bergehalde Heinrich Robert während der Aufschüttung. (Foto: Bergbau AG Westfalen)
Abb. 8. Bergehalde Heinrich Robert nach der Aufschüttung mit geschlossener Bepflanzung. (Foto: Olschowy)
Abb. 9. Ausschnitt der Bergehalde Heinrich Robert mit Bepflanzung der Böschung. (Foto: Bergbau AG Westfalen)

der Landschaft erfüllen kann. Im übrigen sollen die Waldflächen mit den vorhandenen Waldresten und Flurgehölzen an Wegen, Straßen, Siedlungen und Gewässern zu einem geschlossenen System verbunden werden (Abb. 5–9).

2.2.2 Beispiel Bergehalde der Zeche Westfalen, Ahlen – Ruhrkohle Westfalen AG (RAG)

1. Zur Wahl des Standortes

Die ursprünglich vorgesehenen kleinen Flächen südlich und westlich der alten Bergehalde erscheinen für die Aufschüttung nicht nur aus betrieblichen Gründen – sie würden nur für einen kurz begrenzten Zeitraum ausreichen – ungeeignet, sondern auch aus der Sicht der Landschaftspflege. Es würden mehrere kleine, von einander getrennte Halden entstehen, die sehr schwierig zu gestalten und in die Landschaft einzuordnen sind und auch nur unbefriedigend genutzt werden könnten. Außerdem würde es als ein Nachteil erachtet werden, wenn der Industriebereich über die Werse nach Süden ausgedehnt und der Bachlauf beiderseits von Halden begleitet würde. Das würde dem von der Stadt vorgesehenen Plan, entlang der Werse einen Grünzug mit Wanderweg anzulegen, entgegenstehen.

Die Möglichkeit, die neue Bergehalde auf betriebseigenen Flächen im Bereich von Schacht 5 zu legen, sollte nicht aufgegriffen werden. Abgesehen von der großen Entfernung und den dadurch entstehenden erhöhten Transportkosten würde hier ein zusammenhängender Waldbestand in Anspruch genommen werden müssen, was im Interesse der Landschaft und ihres Naturhaushaltes von Nachteil wäre.

Der vorgesehene Standort östlich der Schachtanlage hat den Vorteil, daß er die Anlage einer großen Halde für einen langen Zeitraum ermöglicht. Auf dieser Fläche sind die Voraussetzungen für eine landschaftsgerechte Gestaltung einer Halde von etwa 100 m Höhe gegeben. Die Halde käme außerdem in unmittelbarem Anschluß an die Werksanlagen zu liegen, und der Industriebereich würde sich nicht nach Süden hin über die Werse ausdehnen.

Der vom Amt für Landespflege Münster für die Stadt Ahlen aufgestellte Grünordnungsplan läßt erkennen, daß sich die Halde, wenn sie als Naherholungsgebiet gestaltet und erschlossen wird, gut in das System der Grünflächen und Wanderwege einfügt.

Eine 100 m hohe künstliche Aufschüttung an dem vorgesehenen Standort ist dann zu vertreten, wenn die Halde lang genug gestreckt ist – dies ist bei einer geplanten Länge von über 1 km im Endzustand gegeben –, ihre Ränder eine Grundneigung von möglichst nicht flacher als 1:3 erhalten und flach in die landschaftliche Umgebung übergehen. Weiter darf die Oberfläche nicht streng waagerecht, sondern mit Niveauunterschieden ausgebildet werden. Schließlich muß die Bepflanzung der Halde mit den Flurgehölzen der benachbarten Landschaft verbunden werden.

2. Zur Gestaltung der Bergehalde

Die bereits unter Abschnitt 2.2 dargelegten Ausführungen zur Formgebung und Gestaltung von Bergehalden werden für das Beispiel der Bergehalde in Ahlen wie folgt ergänzt:

Im Entwurfsplan und dem dazugehörigen Detailplan (vgl. Schnitt E–F) ist zu erkennen, daß am Südrand der Halde, und zwar dort, wo die Hochwasserlinie die Haldenfläche stark einengt, ausnahmsweise auf einem kurzen Abschnitt eine Grundneigung von 1:2,5 ausgebildet werden mußte. Nur auf diese Weise konnte eine Oberflächenhöhe von 80 m eingehalten und ein noch höherer Massenverlust vermieden werden. Im Falle einer Aussparung der Anwesen Hellmann und Haver würde sich auch an dieser Stelle des Nordhanges zwangsläufig ein Abschnitt mit einer Grundneigung von 1:2,5 ergeben. Die höchsten Punkte der Bermen liegen im Südosten und die niedrigsten im Nordosten bzw. Osten mit einem Höhenunterschied von maximal 7 m.

Die Richtlinien für die Zulassung von Bergehalden im Bereich der Bergaufsicht (Mbl. NW. 1967 S. 1689, Nr. 138 v. 10. Okt. 1967) sehen unter Nr. 3.35 vor, daß der Abstand der Bermen in der Regel 8 m nicht überschreiten soll, wenn von den untersten Bermen abgesehen wird. Demnach ist eine Ausnahme möglich, von der hier mit folgender Begründung Gebrauch gemacht werden soll:

1. Die Nähe der Bergehalde zu Wohngebieten der Stadt Ahlen verlangt eine besonders sorgfältige Gestaltung der Haldenränder im Hinblick auf ihre landschaftliche Einbindung. Eine Ausbildung der Ränder mit 12 Bermen würde zwangsläufig zu einer technisch-schematischen Formgebung führen, die nicht im Sinne des Auftrages ist. Eine befriedigende Gestaltung mit Bermen von 8 m Abstand könnte nur erreicht werden, wenn die Generalneigung flacher als im Plan vorgesehen gehalten wird, was eine größere Gesamtfläche oder ein verringertes Volumen zur Folge hätte.
2. Die spätere Nutzung der Halde als Erholungsgebiet muß als vorrangige Aufgabe erachtet werden. Die vorgesehene Rodelbahn läßt sich jedoch nur dann nutzungsgerecht ausbilden, wenn die Bermen breit genug (mindestens 8 m) und die Zahl der Bermen nicht zu groß ist. Im anderen Fall ist nicht zu verhindern, daß sich jede Berme als eine Art Sprungschanze auswirkt und die Benutzbarkeit dieser Erholungseinrichtungen einschränkt. Außerdem würde die 12 m breite Rodelbahn, die die Bermen in der Längsrichtung im spitzen Winkel schneidet, eine aufwendige Abstützung notwendig machen.
3. Die Verminderung der Bermenzahl auf 7 ermöglicht es, die Bermen breiter auszulegen. Dies hat den Vorteil, die Bepflanzung über die Böschungskronen hinaus auf die Bermen zu ziehen, was als Vorteil für eine gute und rasche Eingrünung sowie für eine tiefere Durchwurzelung des Haldenrandes betrachtet wird. Außerdem können Einrichtungen für einen „Trimm-dich-Pfad“ auf einer breiteren Berme besser angelegt werden.

Die geforderte Standfestigkeit der gesamten Halde wird einmal durch das Einhalten der Grundneigung von 1:2,5 bis 1:4,5 und zum anderen durch die breiteren Bermen erreicht, zumal vom Material her keine flachen Neigungen erforderlich sind. Den vielfachen Vorteilen der vorgeschlagenen Lösung stehen, wie den Querschnitten zum Entwurfsplan zu entnehmen ist, keine Nachteile entgegen. Für den Betrieb zur Aufschüttung der Halde sind die im Detailplan dargestellten Querschnitte maßgebend.

3. Zur Nutzung der Bergehalde

Der Entwurf ist darauf abgestellt, für die Stadt Ahlen und die umliegenden Gemeinden ein Naherholungsgebiet zu schaffen, das den Erfordernissen der Industriegesellschaft gerecht wird und auf den Grünordnungsplan der Stadt abgestimmt ist. Es sind unterschiedliche Nutzungen für Erholung und Freizeit sowie differenzierte Nutzungen für die verschiedenen Altersgruppen vorgesehen. Im einzelnen sind dies:

Spielplätze auf der Oberfläche der Halde, die durch kürzere Fußwege mit Treppenverbindungen und längere Fußwege mit geringer Steigung für Kleinkinder, Mütter mit Kinderwagen und ältere Leute erreichbar sind. Der

Entwurf sieht eine Spielfläche vor, die sowohl für Kleinkinder (Sandkasten, Ballspiele und Ruheplätze für Erwachsene) als auch für Jugendliche (z. B. als Bolzplatz, Robinsonspielplatz und Verkehrsgarten) eingerichtet werden kann.

„Trimm-dich-Pfad“, der auf einigen Bermen mit unterschiedlichen Anlagen und Geräten für Benutzer verschiedener Altersgruppen eingerichtet werden kann. Hier läßt sich eine Fußwanderung mit sportlichen Anforderungen unterschiedlicher Schwierigkeitsgrade verbinden.

Rodelbahn mit einer Länge von über 1000 m und einem durchschnittlichen Gefälle von 10% (1:10). Die Bahn ist im nördlichen Bereich der Halde angelegt, so daß die Sonne nicht so stark einwirken kann. Der Einsatz von künstlichem Schnee ist, sofern eine Temperatur von 0 °C oder darunter vorliegt, möglich und wird in zunehmendem Maße angewendet. Neben der Rodelbahn, durch eine Hainbuchenhecke getrennt, verläuft ein Fußweg als Aufstieg für die Benutzer der Rodelbahn. Wie die Rodelbahn über die Bermen des Kippenrandes geführt wird, kann den Querschnitten entnommen werden.

Aussichtsturm, der an der höchsten Stelle der Haldenoberfläche errichtet werden sollte, soll eine Aussicht nach allen Seiten ermöglichen und außerdem eine Unterstellmöglichkeit als Schutz gegen Unwetter aufweisen.

Restaurant mit Sitzterrasse für Besucher, die sich längere Zeit aufhalten wollen, verbunden mit einem *Erfrischungskiosk* für die Benutzer der Rodelbahn und Spielplätze, um eilige Gäste bedienen zu können. Sanitäre Einrichtungen müssen hier und auf den Spielplätzen vorgesehen werden.

4. Zur Bepflanzung der Bergehalde

Der hohe Anteil von Grobschiefer und das Fehlen von tonartigen Substanzen im Bergematerial wird möglicherweise die Artenwahl der zu verwendenden Gehölze einschränken. Um Fehlanpflanzungen und auch unnötiges Auftragen von Feinerde zu vermeiden, sollten auf einer geeigneten Fläche im Bereich der alten Halde Versuchspflanzungen durchgeführt werden. Hierbei wäre ein Quartier zu wählen, das Böschungen mit einer Neigung von 1:2, sonnenzugewandt und sonnenabgewandt, aufweist. Die zu verwendenden Gehölzarten sollten mit dem Forstmann der Bergbaubetriebe Westfalen im einzelnen festgelegt werden.

Sofern sich ein Zusatz von Feinerde oder Mutterboden erübrigt, muß mit Hilfe von Pionierholzarten ein Vorwald geschaffen werden, in dessen Schutz dann später anspruchsvollere Hauptholzarten aufwachsen könnten. Als standortsgemäße Pionierholzarten kommen in Betracht:

Sandbirke (*Betula verrucosa*)
Vogelbeere (*Sorbus aucuparia*)
Aspe (*Populus tremula*)
Salweide (*Salix caprea*)

Die Begrünung der Halde kann auch mit Hilfe nichtstandortsgemäßer vorwüchsiger Holzarten, die als Pflegeholzarten bezeichnet werden, gefördert werden.

Hierzu kommen voraussichtlich in erster Linie in Betracht:

Schwarzpappel (*Populus nigra*)
Graupappel (*Populus canescens*)
Roterle (*Alnus glutinosa*)

Man greift hier auf Holzarten zurück, die in der natürlichen Folge nicht vorkommen. Sie unterstützen hier durch ihre Wuchsfähigkeit und Vitalität, ihr Laub, ihre Wurzeltätigkeit und ihre Beschattung vorteilhaft das Wachstum anderer Arten. Jedoch besteht – besonders bei Roterlen – die Gefahr des Überhandnehmens, so daß sie *rechtzeitig* auf den Stock gesetzt oder herausgeschlagen werden müssen.

Einige Hauptholzarten könnten auf

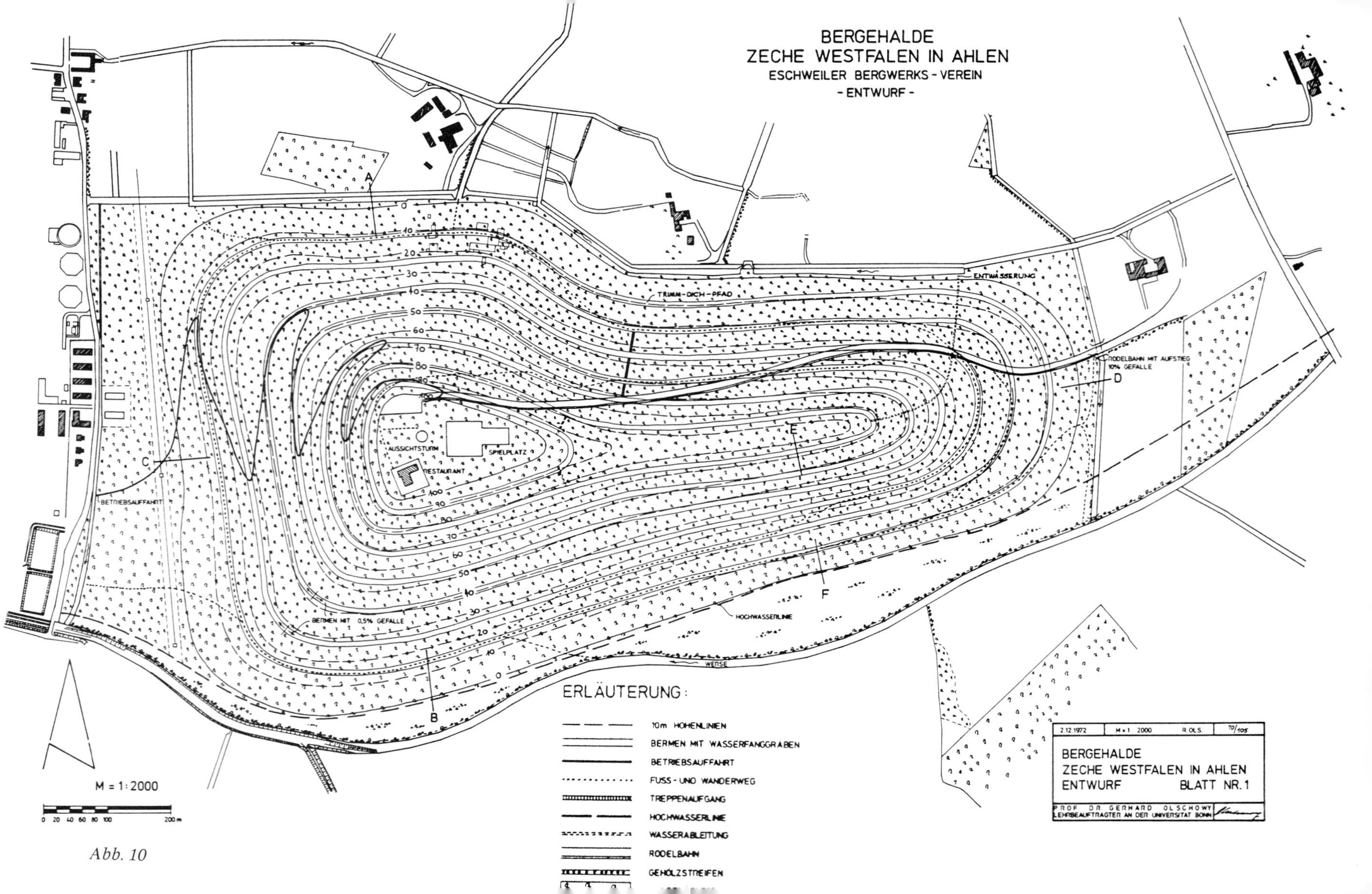
BERGEHALDE
ZECHE WESTFALEN IN AHLEN
ESCHWEILER BERGWERKS - VEREIN
- ENTWURF -
TRIMM-DICH-PFAD
ENTWÄSSERUNG
RODELBAHN MIT AUFSTIEG 10% GEFÄLLE
AUSSICHTSTURM
SPIELPLATZ
RESTAURANT
BETRIEBSAUFFAHRT
BERMEN MIT 0,5% GEFÄLLE
HOCHWASSERLINIE
WERSE
A
B
C
D
E
F
ERLÄUTERUNG:
10m HÖHENLINIEN
BERMEN MIT WASSERFANGGRABEN
BETRIEBSAUFFAHRT
FUSS- UND WANDERWEG
TREPPENAUFGANG
HOCHWASSERLINIE
WASSERABLEITUNG
RODELBAHN
GEHÖLZSTREIFEN
M = 1:2000
0 20 40 60 80 100 200 m
2.12.1972
M = 1 2000
R.OLS.
70/105
BERGEHALDE
ZECHE WESTFALEN IN AHLEN
ENTWURF BLATT NR. 1
PROF. DR. GERHARD OLSCHOWY
LEHRBEAUFTRAGTER AN DER UNIVERSITÄT BONN

Abb. 10

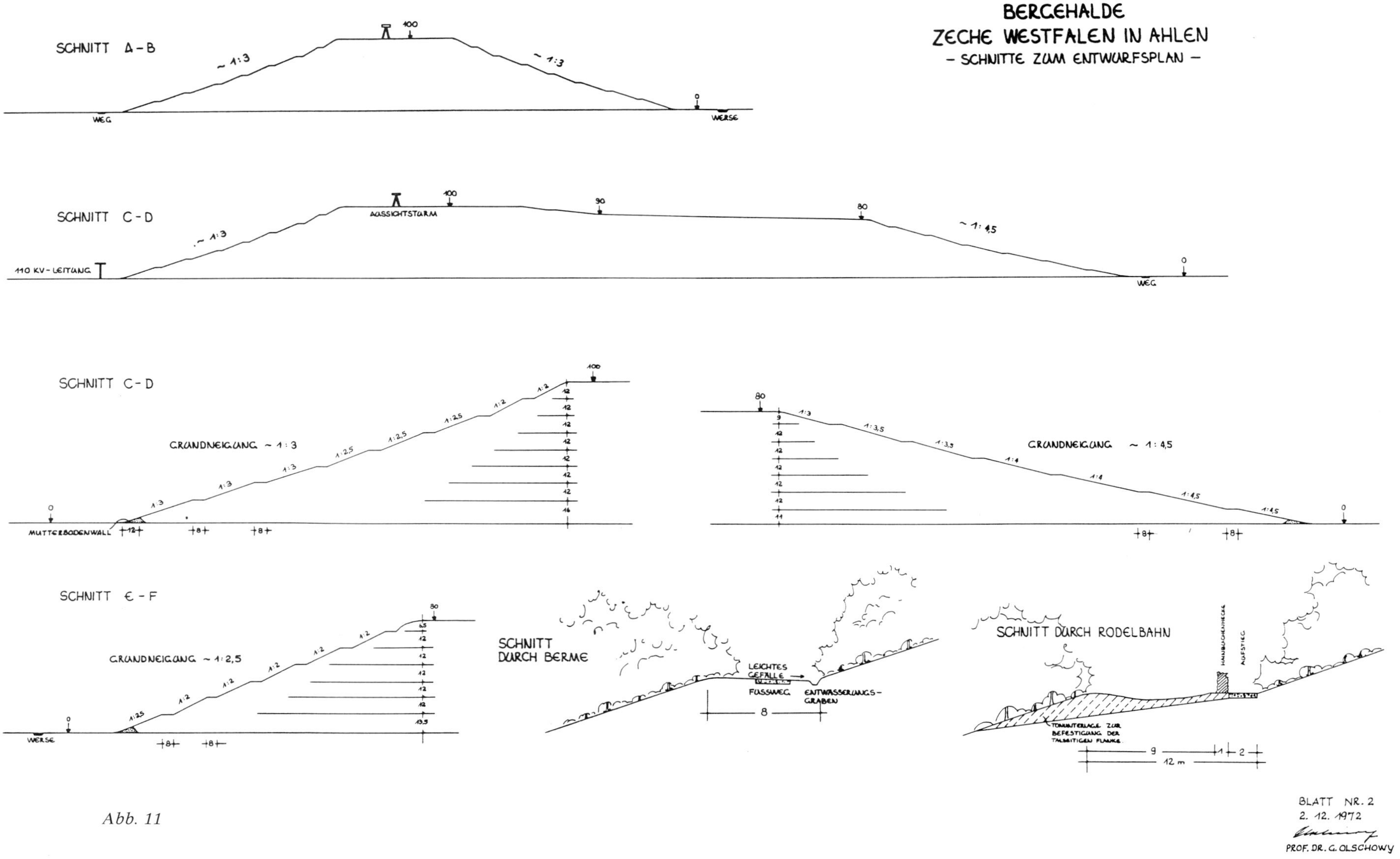
BERGEHALDE
ZECHE WESTFALEN IN AHLEN
– SCHNITTE ZUM ENTWURFSPLAN –
SCHNITT A – B
~ 1:3
100
~ 1:3
0
WEG
WERSE
SCHNITT C – D
100
AUSSICHTSTURM
90
80
~ 1:3
~ 1: 4,5
110 KV – LEITUNG
0
WEG
SCHNITT C – D
GRUNDNEIGUNG ~ 1 : 3
MUTTERBODENWALL
GRUNDNEIGUNG ~ 1: 4,5
SCHNITT E – F
GRUNDNEIGUNG ~ 1: 2,5
WERSE
SCHNITT DURCH BERME
LEICHTES GEFÄLLE
FUSSWEG
ENTWÄSSERUNGS-GRABEN
8
SCHNITT DURCH RODELBAHN
HAINBUCHENHECKE
AUFSTIEG
TONUNTERLAGE ZUR BEFESTIGUNG DER TALSEITIGEN FLANKE
9
1
2
12 m
BLATT NR. 2
2. 12. 1972
PROF. DR. G. OLSCHOWY

Abb. 11

Abb. 12. Bergehalde Ahlen mit Blick auf den rekultivierten Bereich der Halde. (Foto: Rief, Dortmund)

den sonnenabgewandten Flächen und auf Standorten, die mit genügend Tonbeimengungen verbessert worden sind, mit den Pionierholzarten zusammen eingebracht werden, so z. B.

Stieleiche (*Quercus robur*)
Hainbuche (*Carpinus betulus*)
Wildkirsche (*Prunus avium*)
Rotbuche (*Fagus silvatica*)

Als Schlußgesellschaft der natürlichen Vegetationsentwicklung auf dem Haldenmaterial dürfte wahrscheinlich ein Stieleichen-Birkenwald (Querco-Betuletum) bis Buchen-Eichenwald (Fago-Quercetum), im Ausnahmefall auf nährstoffreichen und verbesserten Standorten auch ein buchenreicher Eichen-Hainbuchenwald (Querco-Carpinetum) zu erwarten sein, so daß die zu pflanzenden Holzarten, Bäume und Sträucher, darauf abgestellt werden sollen.

Wie den Querschnitten zu entnehmen ist, soll am Fuß der Halde ein 10–12 m breiter Mutterbodenwall errichtet werden, wozu der anstehende Mutterboden der Haldenfläche zu verwenden ist. Der Wall muß in seiner äußeren Oberfläche der im Plan vorgesehenen Böschungsneigung des Hangfußes entsprechen. Dieser Wall soll sofort geschlossen bepflanzt werden, damit ein rasch aufwachsender Schutzstreifen während des Betriebs der Halde vorhanden ist. Da es sich bei diesem Mutterboden um Kalkmergel-Verwitterungsboden handelt, wird die sich hier entwickelnde Schlußgesellschaft ein buchenreicher Sternmieren – Stieleichen – Hainbuchenwald (Stellario-Carpinetum) sein. Zur Anpflanzung kommen auf diesem Streifen folgende Arten in Betracht:

als Baumarten:

Stieleiche (*Quercus robur*)
Hainbuche (*Carpinus betulus*)
Esche (*Fraxinus excelsior*)
Feldahorn (*Acer campestre*)
Wildkirsche (*Prunus avium*)

als Straucharten:

Weißdorn (*Crataegus oxyac. u. monog.*)
Hartriegel (*Cornus sanguinea*)
Hundsrose (*Rose canina*)
Pfaffenhütchen (*Evonymus europaea*)
Schneeball (*Viburnum opulus*)
Hasel (*Corylus ayellana*)

Die Fläche der Rodelbahn muß in Rasen gelegt werden. Die oberste Bodenschicht dieser Flächen sollte verbessert und mit Feinerde vermischt werden, um eine trittfeste bzw. nutzungsfähige Grasnarbe zu erhalten. Für diesen schattigen Standort sind nur Grasarten mit weiter ökologischer Amplitude geeignet. Es wird empfohlen, folgende Arten anzusäen, wobei nicht mehr als 20 g/m^2 Saatgut verwendet werden sollen:

Rotschwingel (*Festuca rubra*)
Rotes Straußgras (*Agrostis tenuis*)
Wiesenrispengras (*Poa pratensis*)

Es können auch Rasensoden und Rollrasen verwendet werden, wobei ebenfalls die vorgenannten Arten vertreten sein müssen.

Die Waldränder sollten auf jeden Fall einen mehrstufig aufgebauten Waldmantel aus Laubgehölzen (Bäumen und Sträuchern) erhalten, damit er auch ökologische Aufgaben für den Naturhaushalt der Landschaft erfüllen kann. Im übrigen sollen die Waldflächen mit den vorhandenen Waldresten und Flurgehölzen an Wegen, Straßen, Siedlungen und Gewässern zu einem geschlossenen System verbunden werden (Abb. 10–12).

2.2.3 Beispiel Bergehalde Hostedde/Grevel der Bergbau AG Dortmund – Ruhrkohle Westfalen AG Dortmund

1. Aufgabenstellung und Zielsetzung

Nach einem Betriebsplan der Bergbau AG Dortmund (jetzt: Ruhrkohle Westfalen AG Dortmund) vom 31. Oktober 1974 sollten in den folgenden 15 Jahren die Überschußberge des Verbundbergwerkes Gneisenau in einer Menge von etwa 23 Mio. t auf einer Fläche von 38,3 ha Größe in Dortmund-Hostedde zwischen der Eisenbahnlinie Dortmund –Lünen und der Tettenbachstraße gekippt werden. In einer Niederschrift des Bergamtes Dortmund vom 6. April 1976 über die Erörterung des Rahmenbetriebsplanes heißt es:

> „Es besteht Einvernehmen darüber, daß die Überschußberge des VB Gneisenau – langfristig gesehen in einer Menge von etwa 23 Mio. t – in den Bereich östlich der Bundesbahnstrekke Dortmund–Lünen transportiert und in dem dortigen Bereich unter Berücksichtigung einer sinnvollen Raum- und Landschaftsplanung aufgehaldet werden. Die Bergeaufhaldung wird so vorgenommen, daß die Bergehalde bei der Endgestaltung in die von der Stadt Dortmund angestrebte Gesamtlösung einbezogen werden kann. Die Bergeaufhaldung wird aber auch so vorgenommen, daß die Halde auch dann in die Landschaft eingefügt werden kann, wenn die von der Stadt Dortmund angestrebte Gesamtlösung nicht zum Tragen kommt."

Die Stadt Dortmund hat in einer Voruntersuchung („Beiträge zur Stadtentwicklung", Nr. 2 – Dortmund 1976) die Möglichkeit geprüft, die bereits von der Stadt betriebene Abfalldeponie in Dortmund-Grevel zu vergrößern, und hat hierzu die möglichen Varianten untersucht. Sie kommt zu dem Ergebnis, daß die Lösung, die eine große geschlossene Deponie – einschließlich der Bergehalde der Bergbau AG Dortmund – zwischen der Bahnlinie Dortmund–Lünen im Westen, der Autobahn im Norden, der Straße Friedrichshagen im Osten und der Straße „Rote Fuhr" mit der nördlichen Bebauungsgrenze an der Hostedder Straße im Süden in einer Größe von etwa 250 ha vorsieht, in vieler Hinsicht für sie die beste Lösung ist.

Das Bergamt hat die Auflage erteilt, einen Landschaftsplan mit dem Ziel zu erstellen, die Halde harmonisch in die Landschaft einzugliedern. Da nach den vorliegenden gesetzlichen Regelungen ein Landschaftsplan entweder vom Landkreis (Nordrhein-Westfalen) oder von der Gemeinde im Rahmen der Bauleitplanung aufgestellt wird, tritt im Rahmen der Fachplanung der „Landschaftspflegerische Begleitplan", der in der Regel Teilplan des Fachplanes (in diesem Falle des Betriebsplanes des Bergbautreibenden) ist, an seine Stelle.

Diese gutachterliche Stellungnahme soll dem Landschaftsplaner Fakten liefern und Hinweise geben, die im Landschaftspflegerischen Begleitplan berücksichtigt werden sollen. Da bereits der Entwurf eines solchen Planes vorliegt, ist darzulegen, wieweit und in welcher Richtung dieser im Hinblick auf die neue Aufgabenstellung und Zielsetzung geändert werden muß. Die Auflagen des Bergamtes Dortmund sehen hier in der bereits erwähnten Niederschrift im einzelnen vor:

> „Es wird unter Hinzuziehung eines Landschaftsarchitekten ein Landschaftsplan erstellt mit dem Ziel der harmonischen Eingliederung der Halde in die Landschaft. Das Vorhaben der Stadt Dortmund im Hinblick auf die Errichtung einer Mülldeponie wird dabei berücksichtigt. Der Landschaftsplan wird insbesondere die Belange der Landwirtschaft, des Verkehrs, der Erholungsnutzung und des Umweltschutzes berücksichtigen. Er wird ferner Angaben über die Bepflanzung und das Anlegen von Wegen auf der Halde enthalten."

Die gestellte Aufgabe mit der geänderten Zielsetzung verlangt, die vorliegenden gesetzlichen Bestimmungen, Richtlinien und Auflagen zu berücksichtigen.

Die zur Aufhaldung und Abfallablagerung vorgesehene Fläche ist Bestandteil der Verbandsgrünfläche Nr. 20 des Kommunalverbandes Ruhrgebiet. Im Flächennutzungsplan der Stadt Dortmund ist der größte Teil der Fläche als landwirtschaftliche Nutzfläche dargestellt. Festsetzungen durch Bebauungspläne bestehen nicht, so daß von dieser Seite keine Bindungen und Auflagen vorliegen.

2. *Angaben zum Standort*

Das Plangebiet für die Bergehalde und Abfalldeponie Dortmund-Grevel/Hostedde liegt im Nordosten des Stadtgebietes von Dortmund, ostwärts der Eisenbahnlinie Dortmund–Lünen, und schließt an die Bebauung von Derne, Hostedde und Grevel an. Es wird durchschnitten von der Tettenbachstraße, an der sich aufgelockerte Bebauung von Hostedde entlangzieht.

Die natürliche Geomorphologie des Geländes wird im Süden durch eine etwa 30 m hohe Geländeerhebung, die sich von Eving über Derne nach Lanstrop erstreckt, und im Norden durch eine Ebene geprägt, die bereits in das Münsterland übergeht. Die natürlichen Gegebenheiten des Geländes sind im Süden durch die bergbaulichen Maßnahmen (Bergehalde am Wetterschacht Grevel und Bergehalde östlich der Tettenbachstraße) als auch die Abfalldeponie der Stadt Dortmund, die zwischen den Bergehalden liegt, erheblich verändert.

Als naturnahe Elemente müssen die Wasserfläche mit einer artenreichen Ufervegetation im Ostteil des Plangebietes als Folge einer Bergsenkung und das Hienbergwäldchen, nördlich der derzeit betriebenen Bergehalde und Abfalldeponie gelegen, erachtet werden. Im übrigen wird das Gelände z. Z. überwiegend landwirtschaftlich genutzt.

Seitens der Bergbau AG ist der Standort der künftigen Bergehalde zwischen Eisenbahnlinie und der Tettenbachstraße gewählt worden, weil das abzutragende Bergematerial in dem südwestlich gelegenen Verbundbergwerk Gneisenau in naher Entfernung anfällt. Der Transport des Bergematerials von der Schachtanlage zum Haldengelände ist durch einen Tunnel vorgesehen, der die Eisenbahnlinie unterfährt, der wesentlich dazu beitragen soll, belästigende Immissionen auszuschließen.

3. *Rechtliche Grundlagen*

Im *Landesentwicklungsprogramm* von Nordrhein-Westfalen vom 19. März 1974 wird in § 2 gefordert, die natürliche Lebensgrundlage zu schützen sowie die nachhaltige Leistungsfähigkeit und das Gleichgewicht des Naturhaushaltes zu erhalten oder wiederherzustellen. Im Falle der Bergehalde Grevel/Hostedde wird der Naturhaushalt durch die Aufhaldung vorübergehend gestört. Die landwirtschaftlichen Kulturflächen werden überdeckt, der Lüserbach muß verlegt werden. Nach Abschluß der Verkippung des Bergematerials und der Rekultivierungsarbeiten wird anstelle der ehemals landwirtschaftlichen Kulturfläche eine Erhebung von 66,5 bis 79,4 m für die Bergehalde und 65–100 m für die Deponie über der anstehenden Geländeoberfläche (GOK) entstanden sein, die landschaftsgerecht ausgeformt, bepflanzt und als stadtnahes Erholungsgebiet gestaltet ist; damit wird auch den §§ 16 und 29 des Gesetzes, in dem die Sicherung geeigneter Räume für die Freizeit- und Erholungsbedürfnisse der Bevölkerung und schnell erreichbare Schwerpunkte für die Tageserholung gefordert werden, Rechnung getragen. Dem Verlust an Kulturfläche steht ein Gewinn an Erholungsfläche gegenüber, der mehr als ein Ausgleich ist, weil er zur biologischen Vielfalt der Landschaft wesentlich beiträgt. Somit wird auch den Bestimmungen zur Landschaftsentwicklung in § 32 Abs. 1 gedient, wonach zwischen den Anforderungen von Gesellschaft, Wirtschaft und Technik an den Naturhaushalt und dessen Leistungsfähigkeit ein Ausgleich herbeigeführt werden soll. Der Landschaftspflegerische Begleitplan und die spätere Rekultivierung sollen den geforderten Ausgleich sicherstellen und die Belastbarkeit des Naturhaushalts berücksichtigen.

Die in § 15 festgelegten Bestimmungen, wonach die Bevölkerung vor unzumutbaren Auswirkungen von Einrichtungen und Maßnahmen der Wirtschaft, des Verkehrs und der Versorgung geschützt werden soll, sollen durch den untertunnelten Antransport des Bergegutes und die Umpflanzung der Bergehalde erfüllt werden.

In § 32 Abs. 10 des Gesetzes wird festgelegt, daß die Aufschüttungen durch entsprechende Formgebung, Sicherung der Hangflächen und Begrünungsmaßnahmen in die Landschaft einzugliedern sind. Dieses Ziel soll mit Hilfe des Landschaftspflegerischen Begleitplanes und weiterer Detailpläne erreicht werden. Im Abschnitt 6 dieser gutachterlichen Stellungnahme werden Hinweise zur späteren Planungsausführung gegeben.

Das Landschaftsgesetz von Nordrhein-Westfalen vom 18. Febr. 1975 (geändert 17. Febr. 1987) bestimmt in den §§ 1 und 2, die die Ziele und Grundsätze des Naturschutzes und der Landschaftspflege behandeln, daß die natürlichen Lebensgrundlagen zu erhalten und zu verbessern sind, was durch Sicherung und Herstellung eines leistungsfähigen Naturhaushaltes sowie durch Schutz, Pflege und Entwicklung von Vielfalt, Eigenart und Schönheit der Landschaft erreicht werden soll. Diese Forderungen decken sich mit § 2 des Landesentwicklungsprogramms. Wie bereits dargelegt, wird durch die Aufhaldung der Naturhaushalt für die Zeit des Betriebes beeinträchtigt, im Endeffekt aber die Vielfalt und Schönheit der Landschaft erhöht. Eine „Eigenart" der Landschaft im Sinne des Gesetzes liegt hier nicht mehr vor, weil sie durch die Inanspruchnahme der angrenzenden Landschaft durch Industrie und Siedlung bereits zerstört ist. Die als Folge der Bergsenkung entstandene Wasserfläche ist als wertvolles landschaftliches Element zu werten, zu erhalten und in die spätere Gestaltung und Nutzung einzubeziehen. Der in Abs. 2 enthaltenen Bestimmung, daß die freie Landschaft für die Erholung des Menschen erschlossen werden soll, wird in der Planung Rechnung getragen.

Die §§ 4–6 des Landschaftsgesetzes behandeln Eingriffe in Natur und Landschaft und die Pflichten des Verursachers. Wenn das Vorhaben mit einem Eingriff verbunden ist, der den Naturhaushalt schädigt und das Landschaftsbild verunstaltet, so hat der Verursacher geeignete Maßnahmen zur Verhinderung oder zum Ausgleich der Schäden zu treffen. Durch die vom Bergamt erteilten Auflagen, die die Vorlage eines Landschaftsplanes (bzw. Landschaftspflegerischen Begleitplanes als Teil des Betriebsplanes) vorsehen, ist sichergestellt, daß die gesetzlichen Bestimmungen erfüllt und die geeigneten Maßnahmen für einen geordneten Naturhaushalt und ein ungestörtes Landschaftsbild getroffen werden.

Nach § 2 Abs. 5 sind unvermeidbare Beeinträchtigungen infolge von Aufschüttungen durch Rekultivierung und naturnahe Gestaltung auszugleichen. Mit der Gestaltung der Bergehalde ist zwar eine Wiederherstellung der früheren Oberflächenstruktur und Landschaftsmorphologie nicht möglich, wohl aber eine in ihrem Wirkungsgefüge und Erscheinungsbild intakte Landschaft, was eine Verbesserung gegenüber der bisher vernachlässigten Landschaft bedeutet.

Das *Abfallbeseitigungsgesetz* des Bundes vom 7. Juni 1972, das für die Anlage der Deponie, nicht jedoch für die Bergehalde – sie unterliegt dem Bergrecht – anzuwenden ist, sieht in § 2 u. a. als Grundsatz vor, daß die Belange des Naturschutzes und der Landschaftspflege sowie des Städtebaues gewahrt werden müssen. Nach dem Naturschutzrecht geschützte Flächen oder Objekte, die beeinträchtigt werden können, liegen insoweit vor, als das Hienbergwäldchen als Landschaftsschutzgebiet ausgewiesen ist. Die im gleichen Paragraphen des Abfallbeseitigungsgesetzes enthaltenen Grundsätze der geordneten Abfallbeseitigung, die die Gesundheit und das Wohlbefinden des Menschen, die Gefährdung von Nutztieren, Vögeln, Wild und Fischen, den schädlichen Einfluß auf Gewässer, Böden und Nutzpflanzen sowie die schädlichen Umwelteinwirkungen durch Luftverunreinigungen und Lärm betreffen, werden mit den heute üblichen Vorstellungen über die Anlage einer geordneten Deponie in der Regel erfüllt und sicher von der Stadt Dortmund voll beachtet.

Die Richtlinien *für die Zulassung von Bergehalden* im Bereich der Bergaufsicht vom 4. September 1967 (in der geänderten Fassung vom 21. Februar 1972) sind für den Bergbautreibenden bindend; die Einhaltung wird von der Bergbehörde über die Genehmigung des Betriebsplanes (einschl. des Landschaftspflegerischen Begleitplanes als Teil desselben) sichergestellt und überwacht (Nr. 2.23). Der Plan stellt die vorgesehene Gestaltung und Nutzbarmachung der Halde nach der Fertigstellung dar. Die im Abschnitt 7 dieser gutachterlichen Stellungnahme dargelegten Hinweise zur Aufstellung des Landschaftspflegerischen Begleitplanes sollen dazu beitragen,

- die Halde in die Landschaft einzugliedern (Nr. 3.11),
- eine spätere Nutzung als Erholungsgebiet zu ermöglichen (Nr. 3.11 u. 3.31),
- das Landschaftsbild nicht zu beeinträchtigen (Nr. 3.221),
- die Wohngebäude nicht durch Immissionen zu belästigen (Nr. 3.224),
- die Form der Halde einem Tafelberg anzupassen (Nr. 3.32),
- die Haldenränder mit Terrassen (Bermen) zu untergliedern und die Teilböschungen materialgerecht und mit Rücksicht auf die Bepflanzung auszubilden (Nr. 3.35 bis 3.37) und
- die Halde so zu umpflanzen und zu bepflanzen, daß sie sich in die Umgebung einfügt (Nr. 3.721 und 3.722).

4. Zur Formgebung der Bergehalde

Die horizontale Form des Entwurfs ist durch die begrenzenden Verkehrswege (Eisenbahn und Straßen) und die vorhandene Bebauung bedingt. Es wird jedoch empfohlen, die Halde nach Norden hin bis nahe an den Schmölterweg heran zu verlängern; ein Abstand von 15 m vom Haldenfuß zum Weg sollte für die vorgesehene Umpflanzung der Halde eingehalten werden. In dieser Richtung sollte die Halde flach, etwa in einem Verhältnis 1:5 (Böschungen oben 1:3 bis unten 1:7), ausgezogen werden, um ein Auslaufen in die offene Landschaft der Münsterländer Bucht und damit eine bessere Eingliede-

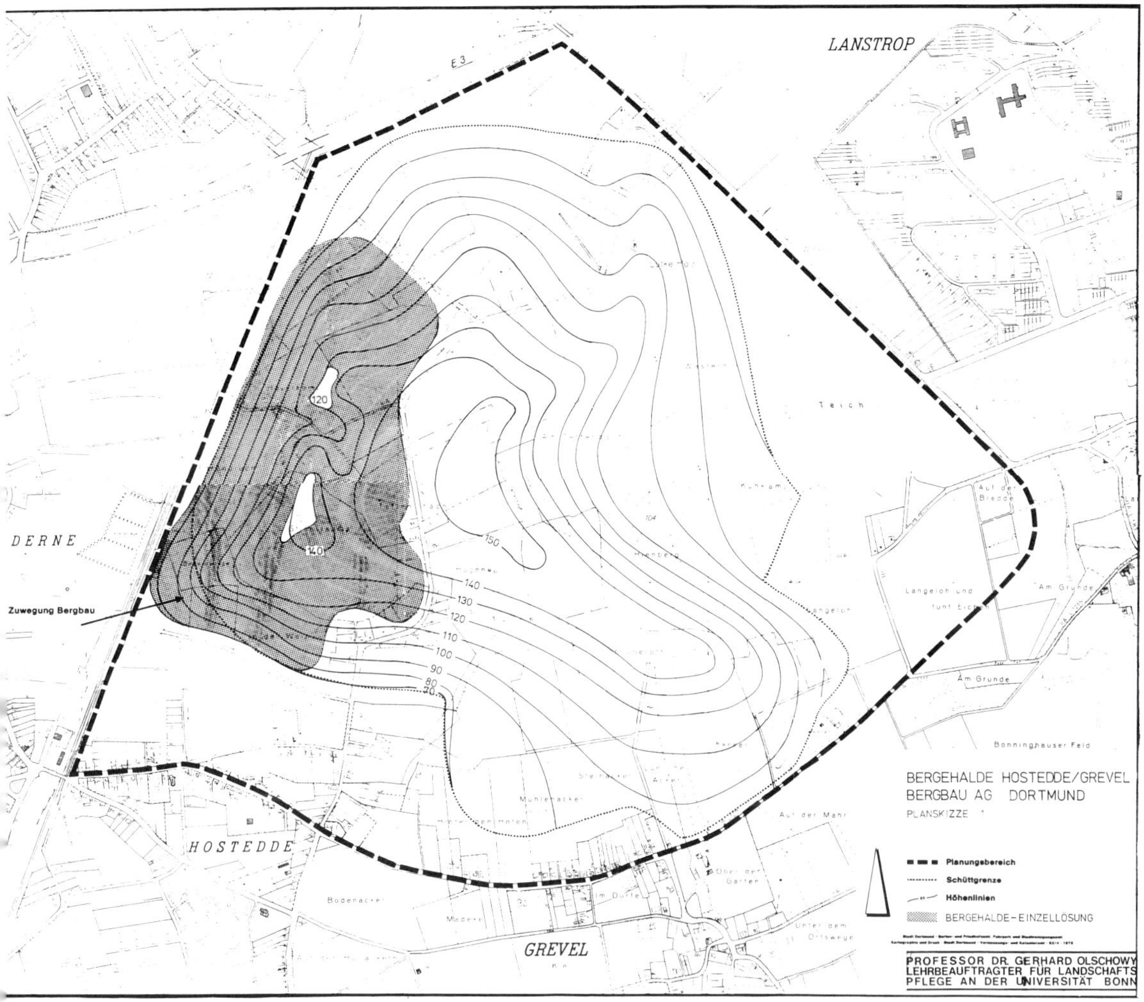

Abb. 13

rung in die Umgebung (vgl. Querschnitt A–B) zu erreichen. Der Lüserbach, der ohnehin verlegt werden muß, müßte dann nördlich des Schmölterweges verlaufen. Die im Entwurfsplan mit einer Generalneigung von 1:3,2 ausgelegten Haldenränder sind ausreichend flach, jedoch insgesamt etwas zu gleichförmig gestaltet. Mit der flachen Ausziehung der Halde nach Norden wird diese gleichförmige Generalneigung nach allen Seiten hin unterbrochen. Diese Änderung kommt auch der gemeinsamen Aufschüttung von Bergehalde und Deponie (vgl. Planskizze 1) entgegen, weil die Vorstellungen der Stadt Dortmund über die Gestaltung der Deponie ebenfalls eine flache Neigung nach Norden hin vorsehen (Abb. 13–15).

Die Ausbildung von zwei Höhen (139 und 120 m ü. NN) ist zu begrüßen, weil damit eine sattelförmig ausgebildete Haldenoberfläche entsteht. Im Falle der gemeinsamen Lösung von Bergehalde und Deponie soll diese Gestaltung grundsätzlich übernommen und im Bereich der Deponie eine dritte Höhe (150 m ü. NN) errichtet werden.

Die Einzelböschungen sind mit dem Längen-Höhen-Verhältnis 1:2, 1:2,5 und 1:3 nicht zu steil ausgelegt; diese Neigun-

PROFESSOR DR. GERHARD OLSCHOWY
LEHRBEAUFTRAGTER FÜR LANDSCHAFTS
PFLEGE AN DER UNIVERSITÄT BONN

BERGEHALDE HOSTEDDE/GREVEL
BERGBAU AG DORTMUND

PLANSKIZZE 2

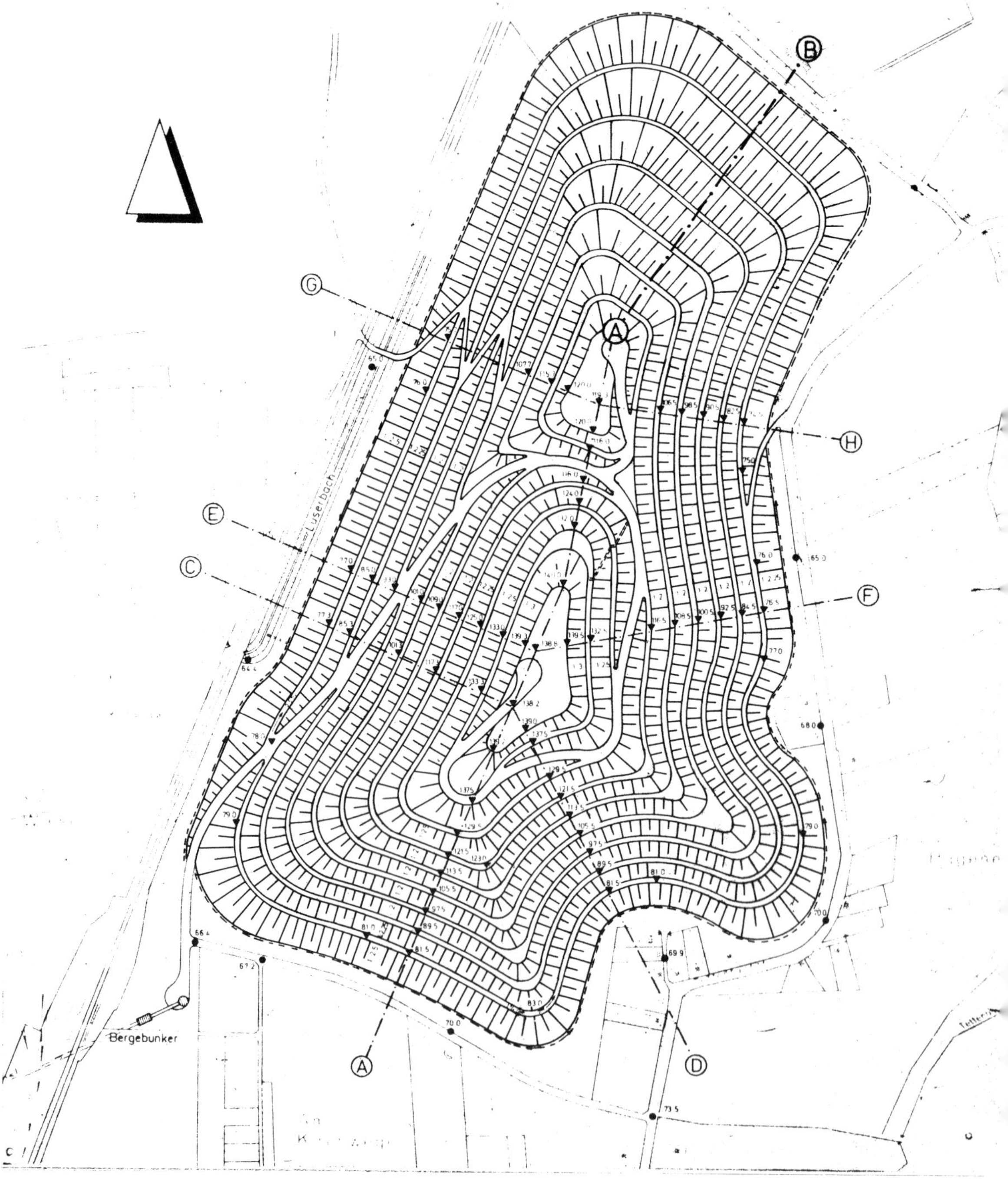

Abb. 14

gen tragen zur Standfestigkeit des Materials vorteilhaft bei und lassen sich auch gut bepflanzen.

Grundsätzlich sollen jedoch die steileren Einzelböschungen (1:22) im oberen Bereich des Haldenrandes und die flacheren Einzelböschungen (1:3 und flacher) im unteren Bereich des Haldenrandes angelegt werden. Die Form der Böschung kommt dann einer parabelförmigen Ausbildung mit einem flachen Auslaufen am unteren Ende nahe, was erwünscht ist. Der untere Teil des Haldenrandes kann dann ohne Bruchkante in das anstehende Terrain übergehen.

Die Bermen sind mit 5 m zwar breit genug, aber doch zu gleichmäßig ausgelegt. Außer den für Erschließungswege bestimmten Bermen, die etwa 14 m breit sind, könnten auch einige Zwischenbermen etwas breiter ausgelegt werden.

Im übrigen sollen Bermen, soweit sie nicht als Wegeflächen dienen, grundsätzlich aufgewaldet werden, weil hier die Voraussetzungen für ein Aufwachsen der Gehölze besonders gut sind und damit zur Standfestigkeit der Halde beigetragen werden kann.

Eine zu schematische Ausbildung der Haldenränder könnte auch dadurch verhindert werden, daß die Abstände der Bermen nicht so gleichmäßig, sondern unterschiedlich ausgelegt werden.

5. *Zur Bepflanzung der Bergehalde*

Die Umpflanzung der Halde auf der Fläche zwischen dem Haldenfuß und den

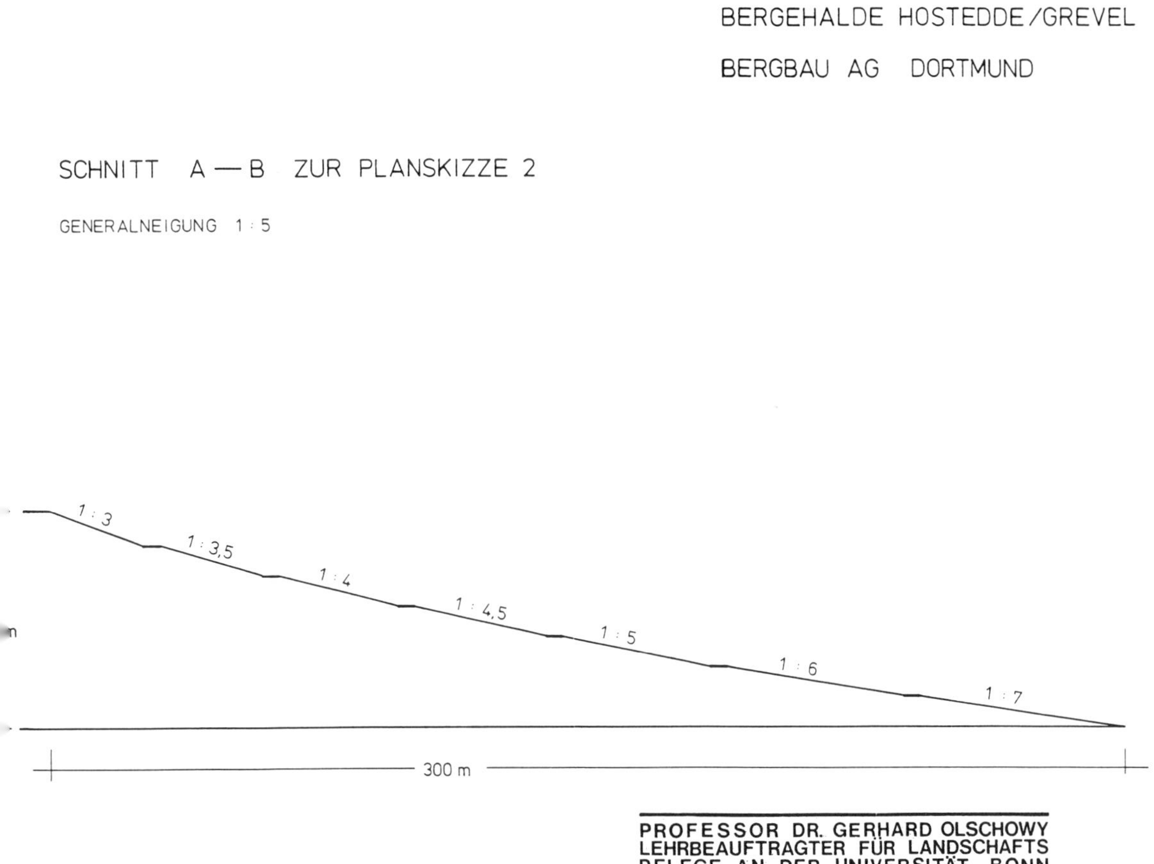

Abb. 15

angrenzenden Verkehrswegen in einer Breite von mindestens 10 m ist richtig geplant. Da diese Pflanzung noch vor der Aufschüttung auf unberührten Ackerflächen vorgenommen wird, sind hier (wie auch zur Umpflanzung des Bergebunkers) nichtstandortgemäße fremdländische Gehölzarten wie

Prunus serotina
Sorbus aucuparia
Crataegus prunifolila
Amelanchier canadensis
Lycium halimifolium
Symphoricarpos racemosus
Rosa rubiginosa
Rosa multiflora
Ribes alpinum

nicht erforderlich. Die Verwendung von Pionierholzarten ist hier nur dann zu empfehlen, wenn der Standort nährstoff- oder feinerdearm ist. Als Schlußgesellschaft wird dieser Standort mit seiner basenhaltigen Braunerde voraussichtlich einen Perlgras-Buchenwald (Melico – Fagetum) tragen, so daß vornehmlich folgende Arten in Betracht kommen:

als Baumarten

Traubeneiche (*Quercus petraea*)
Stieleiche (*Quercus robur*)
Hainbuche (*Carpinus betulus*)
Winterlinde (*Tilia parvifolia*)
Salweide (*Salix caprea*)

auf großen Flächen auch

Rotbuche (*Fagus silvatica*)
Bergahorn (*Acer pseudoplatanus*)

und als raschwachsende Holzart

Graupappel (*Populus canescens*)

als Straucharten

Hasel (*Corylus avellana*)
Hundsrose (*Rosa canina*)
Hartriegel (*Cornus sanguinea*)
Schlehdorn (*Prunus spinosa*)
(Weißdorn) (*Crataegus oxyac. u. monog.*)

Der Weißdorn sollte wegen der derzeitigen Ausbreitung des Feuerbrandes nur gepflanzt werden, wenn keine Obstanlagen in der Nähe sind.

Das Bergematerial besteht überwiegend aus Waschbergen (etwa 90 %). Der Körnungsbereich liegt hier bei 0–120 mm; der Feinbergeanteil kann mit etwa einem Viertel angenommen werden. Voraussichtlich kann dieses Material auch ohne Beimengung von Boden bepflanzt werden. Jedenfalls kann auch hier auf die Verwendung fremdländischer Arten verzichtet werden.

Mit Hilfe von Pionierholzarten muß ein Vorwald geschaffen werden, in dessen Schutz dann später anspruchsvollere Hauptholzarten aufwachsen können. Als standortsgemäße Pionierholzarten kommen in Betracht:

Sandbirke (*Betula verrucosa*)
Vogelbeere (*Sorbus aucuparia*)
Aspe (*Populus tremula*)
Salweide (*Salix caprea*)

Die Begrünung der Halde kann auch mit Hilfe einiger nichtstandortgemäßer, aber vorwüchsiger Holzarten, die als Pflegeholzarten bezeichnet werden, gefördert werden. Hierzu kommen in erster Linie in Betracht:

Schwarzpappel (*Populus nigra*)
Graupappel (*Populus canescens*)
Roterle (*Alnus glutinosa*)

Man greift hier auf Holzarten zurück, die in der natürlichen Folge nicht vorkommen. Sie unterstützen hier durch ihre Wuchsfähigkeit und Vitalität, ihr Laub, ihre Wurzeltätigkeit und ihre Beschattung vorteilhaft das Wachstum anderer Arten.

Jedoch besteht – besonders bei Roterlen – die Gefahr des Überhandnehmens, so daß sie *rechtzeitig* auf den Stock gesetzt oder herausgeschlagen werden müssen.

Einige Hauptholzarten könnten auf den sonnenabgewandten Flächen und auf Standorten, die mit genügend Tonbeimengungen verbessert worden sind, mit den Pionierholzarten zusammen eingebracht werden, so z. B.

Stieleiche (*Quercus robur*)
Hainbuche (*Carpinus betulus*)
Wildkirsche (*Prunus avium*)
Rotbuche (*Fagus silvatica*).

Als Schlußgesellschaft der natürlichen Vegetationsentwicklung auf dem Haldenmaterial dürfte wahrscheinlich ein Stieleichen-Birkenwald (Querco-Betuletum) bis Buchen-Eichenwald (Fago-Quercetum), im Ausnahmefall auf nährstoffreichen und verbesserten Standorten auch ein buchenreicher Eichen-Hainbuchenwald (Querco-Carpinetum) zu erwarten sein, so daß die zu pflanzenden Holzarten, Bäume und Sträucher, darauf abgestellt werden sollen.

Die Waldränder sollten auf jeden Fall einen mehrstufig aufgebauten Waldmantel aus Laubgehölzen (Bäumen und Sträuchern) erhalten, damit er auch ökologische Aufgaben für den Naturhaushalt der Landschaft erfüllen kann. Im übrigen sollten die Waldflächen mit den vorhandenen Waldresten und Flurgehölzen an Wegen, Straßen, Siedlungen und Gewässern zu einem geschlossenen System verbunden werden.

Sofern auch einige Flächen eine trittfeste Grasnarbe erhalten sollen, können folgende Arten (20 g/m^2) verwendet werden:

Rotschwingel (*Festuca rubra*)
Rotes Straußgras (*Agrostis tenuis*)
Wiesenrispengras (*Poa pratensis*).

6. *Hinweise zur Planausführung*

Den „Richtlinien für die Zulassung von Bergehalden" (Nr. 3.41) entsprechend, soll der Mutterboden und kulturfähige Boden abgetragen, in Mieten mit einer Sohlenbreite von 3 m und einer Höhe bis 1,3 m (bei größeren Sohlenbreiten nicht über 1 m Höhe) ordnungsgemäß gelagert werden, damit der Mutterboden später für Pflanzflächen wiederverwendet werden kann. Die Mieten sollen möglichst im Schatten und abseits des Haldenbetriebes liegen.

Der Mutterboden kann auch, wenn er nicht für die späteren Pflanzflächen der Bergehalden bestimmt ist, als Wall am Fuß der Bergehalde aufgeschüttet werden. Der Wall ist dann der unterste Rand der Bergehalde, der an das anstehende Terrain anschließt. Der äußere Rand des Walles kann dann sofort bepflanzt werden, und zwar mit den Arten, die auch für die Umpflanzung empfohlen worden sind. Auf diese Weise kann eine rasch- und hochwachsende Randpflanzung erreicht werden.

Diese Lösung würde sich insbesondere dann anbieten, wenn der Mutterboden vor seiner Wiederverwendung zu lange Zeit lagern müßte.

Wenn der Mutterboden für die Verbesserung der Pflanzflächen verwendet wird, was die Regel ist, so darf er nicht auf die Pflanzflächen aufgedeckt, sondern muß mit der obersten Schicht des Bergematerials gut vermischt und tief eingearbeitet werden. Das gleiche gilt für den kulturfähigen Boden, der vorher geworben worden ist und zur Verbesserung der Pflanzflächen durchaus geeignet ist. Ein Aufdecken des Bodens auf das Bergematerial hätte den Nachteil, daß die Wurzeln der Gehölze nicht in die Tiefe gehen.

Die vorgesehene Umpflanzung der Bergehalde ist besonders vordringlich im Westen als Abschirmung zur Eisenbahn sowie im Süden und Südosten als Abschirmung gegen die Wohnbebauung.

Auf den Böschungsflächen muß durch Aussaat von Gräsern und Kräutern oder Anspritzen Sorge getragen werden, daß die oberste Schicht nicht durch Niederschlagswasser oder Wind erodiert wird.

Die empfohlenen Gehölzarten sollen gruppenartig gepflanzt werden; d. h. die einzelnen Arten sollen nicht aufgereiht, sondern in Gruppen von 6–10 Pflanzen zusammengefaßt werden.

Mit der Aufschüttung des Bergematerials soll im Südwesten im Anschluß an den Bergebunker begonnen werden.

Der Aufschüttungsprozeß sollte stets so ablaufen, daß auch bei vorzeitigem Abbruch der Aufhaldung keine landschaftsfremde Resthalde verbleibt. Das setzt voraus, daß die Bergehalde schichtweise so

Abb. 16. Die Bergehalde Hostedde/Grevel (westlich der Tottenbachstraße) in Dortmund-Derne nach der Aufschüttung mit beginnender Bepflanzung. (Foto: Ruhrkohle Westfalen AG)

Abb. 17. Ausschnitt der Bergehalde Hostedde/Grevel mit dem auslaufenden Haldenrand in die offene Landschaft der Münsterländer Bucht. (Foto: Ruhrkohle Westfalen AG)

Abb. 18. Ausschnitt der Bergehalde Hostedde/Grevel mit der Gestaltung und Bepflanzung der gegliederten Hangflächen. (Foto: Ruhrkohle Westfalen AG)

aufgetragen wird, daß stets eine in sich geschlossene und langgestreckte Aufschüttung und kein kegelförmiges Gebilde entsteht. Dies ist vor allem für die erste Schüttphase, die nur einen Teil der Haldenfläche einnimmt, zu beachten. Die einzelnen Schichten sollen dementsprechend die ganze Teilfläche und in den späteren Phasen die gesamte Haldenfläche gleichmäßig überdecken.

Im Falle der gemeinsamen Aufschüttung von Bergehalde und Deponie kann der jetzige Ortsrand der Bergehalde nicht als scharfe Grenze der beiderseitigen Aufschüttungsprozesse betrachtet werden, sondern nur als Anhalt für die Massenberechnung. Im Interesse eines reibungslosen Fortgangs der Aufschüttungen wird ein gegenseitiges fächerförmiges Überkippen des Bergematerials und des Abfalls zweckmäßig sein; dies würde auch bei unterschiedlichem Anfall einen Massenausgleich ermöglichen. Das unterschiedliche Setzmaß von Bergegut und Müll ist zwar in der Gesamthöhe dieses Bereichs der Aufschüttung zu berücksichtigen, dürfte im übrigen aber für die Anlage der gemeinsamen Aufschüttung keine Rolle spielen (Abb. 16–18).

3 Kleintagebau (Sand, Kies, Ton, Steine)

3.1 Allgemeine Angaben

Die Gesamtfläche der durch den Kleintagebau beanspruchten Fläche im Bundesgebiet ist nur schwer zu ermitteln. Die z. Zt. beanspruchten sowie die abgebauten und noch nicht wieder rekultivierten Flächen werden mit 25–30 000 ha geschätzt.

Das Ausmaß der Fläche allein läßt das Problem noch nicht voll erkennen. Der Abbau wurde in der Vergangenheit aufgrund der unklaren Rechtslage meist ungelenkt an zufälligen Standorten und zum größten Teil ohne Rekultivierungsauflagen vorgenommen. Obwohl inzwischen gesetzliche Grundlagen gegeben sind, die Genehmigung und Rekultivierung regeln, fehlt es in allen Bundesländern an Gesamtkonzeptionen für die Gewinnung von Steinen und Erden mit Richtlinien für Abbau, Auflagen und Rekultivierungsmaßnahmen. Selbst wenn die Regionalplanung versucht, den Konflikten durch Ausweisung von Vorranggebieten für den Abbau zu begegnen, so fehlen insbesondere von der geologischen Seite Auskünfte über die Abbauwürdigkeit der Lagerstätten (Abb. 19).

Spezielle Bundesgesetze für die Behandlung von Entnahmestellen des Kleintagebaues gibt es nicht. Die Bundesländer Nordrhein-Westfalen und Niedersachsen haben besondere Gesetze für den Kleintagebau erlassen. In Niedersachsen ist dieses Gesetz inzwischen in das Niedersächsische Naturschutzgesetz als ein besonderer Abschnitt „Bodenabbau“ eingegangen. Auch die übrigen Bundesländer haben Abgrabungen und Aufschüttungen, soweit sie nicht den Berggesetzen unterliegen, in ihren neuen Gesetzen für Naturschutz und Landschaftspflege mit geregelt.

Das Abgrabungsgesetz von Nordrhein-Westfalen von 1972 kann als besonders fortschrittlich erachtet werden. Die Genehmigung für eine Abgrabung darf nur erteilt werden, wenn auch die Belange der Landschaftsordnung beachtet werden. Nach diesem Gesetz sind die Belange der Landschaftsordnung in der Regel beachtet, wenn durch die Nutzung und Herrichtung des Abbau- und Betriebsgeländes

- das Wirkungsgefüge der Landschaft durch Eingriffe in die Tier- und Pflanzenwelt, die Grundwasserverhältnisse, das Klima und der Boden nicht nachhaltig geschädigt wird,
- eine Verunstaltung auf Dauer verhindert wird und
- Landschaftsteile von besonderem Wert nicht zerstört werden.

Der Abgrabungsplan muß alle wesentlichen Einzelheiten der Abgrabung und der Herrichtung enthalten, so auch insbesondere die Darstellung der Oberflächengestaltung und Wiedernutzbarmachung des Abbau- und Betriebsgeländes nach Beendigung des Abbaus.

Als Folge des Kleintagebaues verbleiben jedoch häufig Restwasserflächen oder Baggerseen. Sie können als Wasserrückhaltebecken, die für Beregnungszwecke dienen, als Fischgewässer, als ornithologische Gewässer, als Wärmespeicher oder als Erholungsgewässer genutzt werden. Dementsprechend müssen die Ufer profiliert und bepflanzt werden. Für Fischereizwecke bestimmte Gewässer benötigen sowohl Stillwasserbezirke mit

Abb. 19. Eine abgebaute Kiesgrube als störende Wunde in der Landschaft, die der Rekultivierung bedarf. Die Ränder müssen abgeflacht und bepflanzt werden; die Standortgegebenheiten müssen erforderlichenfalls verbessert werden. (Foto: Olschowy)

Steilufern und überhängender Gehölzvegetation als auch Flachufer für Laichzwecke. Wenn das Gewässer groß genug ist, kann auch eine Mehrfachnutzung vorgesehen werden. So kann ein Uferbereich für Angel- oder Erholungszwecke, der andere für ökologische Aufgaben bestimmt werden.

3.2 Schwerpunkt Abbau von Sand und Kies

Dem Abbau von Sand und Kies kommt insoweit eine besondere Bedeutung zu, als er über das ganze Bundesgebiet verbreitet ist und im unmittelbaren Zusammenhang mit Bauprojekten steht, so vor allem Hochbauten und Verkehrseinrichtungen. Der Bau von Dämmen als Immissions- und Lärmschutz entlang von Verkehrsstraßen hat zu erheblichen Abbaumaßnahmen beigetragen.

Nach den Angaben des Statistischen Jahrbuchs beläuft sich die Fördermenge von Sand und Kies im Durchschnitt der letzten Jahre auf jährlich rd. 200 Mio. t, was einem Flächenbedarf von rd. 3000 ha entspricht. Dazu kommen etwa 20 % Flächenverlust durch die erforderlichen Grenzabstände, Erschließungs- und technischen Einrichtungen, so daß die Gesamtfläche mit 3600 ha angenommen werden kann. Da aber im Statistischen Jahrbuch nur Betriebe mit 10 und mehr Beschäftigten erfaßt sind, also nur rd. 650 von insgesamt weit mehr Entnahmestellen, kann die tatsächliche Fördermenge von Sand und Kies und damit die beanspruchte Fläche mit mehr als dem Doppelten angenommen werden.

Der Abbau ist im allgemeinen zwar nur kleinflächig und beschränkt sich in der Regel auf relativ kleine Abbaustellen und -gruben; dafür ist er aber weit verbreitet und im ganzen Bundesgebiet anzutreffen. Die Kies- und Schotterablagerungen auf den alluvialen und diluvialen Terrassen der Flußtäler führen hier besonders häufig zu einem gewerblichen Abbau. Auch um größere Städte herum konzentriert sich zumeist eine erhöhte Anzahl von Abbaustellen.

Die verbleibenden Böschungen von abgebauten Gruben sollen mit standortgemäßen Bäumen und Sträuchern bepflanzt werden. Sie werden zuvor flach in einem Höhen-Längen-Verhältnis von möglichst 1:3, am Böschungsfluß flacher, ausgezogen und, wenn vorhanden, mit Mutterboden oder Feinerde verbessert. Soweit erforderlich müssen steile Böschungen vor der Begrünung gegen Erosion, Rutsch- und Steinschlaggefahr gesichert werden. Grobschutt muß entfernt, austretendes Schichtwasser gefaßt und technisch-biologische Sicherungen (z. B. Buschlagen, Faschinen und Pfahlreihen) eingebaut werden. Zusätzlich kann es notwendig sein, die Bodenauflage durch Flechtwerke gegen ein Abspülen zu schützen, sofern dies nicht durch eine Ansaat von Wildgräsern, Klee oder anderen Leguminosen erreicht werden kann. Reicht die vorhandene Feinerde nicht aus, um die Böschungen ganz zu überziehen, werden Faschinennester angelegt, mit Boden hinterfüllt und ausgepflanzt. Die restlichen Flächen werden mit Steckhölzern von trockenheitsertragenden Weidenarten ausgefüllt (z. B. Salix purpurea und S. incana). Sind die Böschungen sehr hoch, werden sie durch terrassenartige Absätze unterteilt, die ebenfalls bepflanzt werden.

Der Weg zur Begrünung wird über anspruchslose Pionierholzarten gehen, die den Boden für die später einzubringenden Hauptholzarten des Endbestandes vorbereiten. Auf Böschungen mit extremer Sonneneinstrahlung ist es notwendig, den Boden mit Wildgräsern und Kleearten zu bedecken, damit das Bodenleben erhalten bleibt. Auf sterilem, humusfreiem Sand können z. B. Silbergras (*Corynephorus canescens*) und Sandsegge (*Carex arenaria*), auf Schotterflächen Steinklee (*Melilotus albus* und *officinalis*) und auf Kalkschotter auch die Aufrechte Trespe (*Bromus erectus*) in Betracht kommen.

In den meisten Fällen wird es leider unterlassen, den Mutterboden zu erhalten und wiederzuverwenden. Abgebaute Sand- und Kiesgruben können dann landwirtschaftlich nicht mehr genutzt werden. Bleiben sie sich selbst überlassen, werden sie sich allmählich über Unkrautgesellschaften und Pionierholzarten zu einem Niederwald entwickeln. Es gilt, diese Entwicklung zu unterstützen. Ein sorgfältiges Beobachten der natürlichen Sukzession der Pflanzengesellschaften auf gleichen oder verwandten Standorten ist notwendig, um den Besiedlungsprozeß der Rohböden vom ersten Pionierstadium bis zum Endstadium der ausgereiften Böden zu erkennen. Mit Hilfe standortgemäßer Pionierholzarten und geeigneter Pflegehölzer sind die Flächen vorzubereiten und für die anspruchsvolleren Arten aufzuschließen.

Die Auswahl der Holzarten wird weitgehend von der Höhe des Grundwassers bestimmt. Auf grundwasserfernen Schotterböden und nährstoffarmen Sandböden, deren natürliche Pflanzendecken in ihrer letzten Stufe zu den Eichen-Birkenwald- und Kiefernwaldgesellschaften gehören, werden z. B. Sandbirke, Aspe, Kiefer und Stieleiche gute Dienste leisten. Auf grundwassernahen Standorten, die unter ungestörten natürlichen Verhältnissen von Pappel-Weidenwäldern und in der Folge von Eschen-Ulmenwäldern besiedelt werden, können Schwarzpappel, Bastardpappel, Weiß- und Knackweide, Stieleiche, Esche, Ahorn und Ulme in Betracht kommen. Als Pflegeholz für die ersten Jahre kann Roterle beigefügt werden. Standorte mit tonhaltigen Böden werden in der Endstufe zumeist mit Eichen-Hainbuchenwaldgesellschaften besiedelt, so daß hier anspruchsvollere Arten verwendet werden können. Soweit geringe Mengen Mutterboden oder Feinerde verfügbar sind, sollen sie mit dem Rohboden gut vermischt werden, so daß

Abb. 20. Rekultivierte Auskiesungsfläche in der Rheinaue bei Ludwigshafen, die auch einen künstlichen Badestrand erhalten hat. (Foto: Olschowy)

kein schädlicher Zwischenhorizont entsteht. Besteht die Gefahr der Sandverwehung, kann es notwendig sein, die neu gepflanzten Gehölze durch einen künstlichen Windschutz zu sichern oder den Flugsand durch streifenartige Lupineneinsaat festzulegen.

Für Erholungszwecke bestimmte Gewässer müssen in ihrer Ufergestaltung ebenfalls auf die vorgesehenen Aufgaben abgestimmt werden. Soweit irgend möglich, sind Uferabschnitte zum Baden freizugeben, die als Strand flach, etwa im Verhältnis 1:10, mit einer Sicherheitsberme über dem Wasserspiegel auszubilden und klar abzugrenzen sind. Die übrigen Abschnitte sollen wieder eine Ufervegetation erhalten. Erholungsgewässer, insbesondere solche mit Bademöglichkeiten, verlangen, daß auch die angrenzenden Bereiche in die Planung und Gestaltung mit einbezogen werden; das gilt z. B. für die Anlage von Zu- und Abfahrtswegen, Parkplätzen, Gaststätten, sanitären Einrichtungen usw. (Abb. 20).

So, wie die natürlichen Ufer verschiedene aufeinanderfolgende Uferzonen aufweisen, sollen auch die Ufer künstlicher Seen ähnlich ausgebildet werden. Im Bereich des Niedrigwassers verläuft zunächst eine Zone solcher Unterwasserpflanzen, die für die Kleinlebewelt des Wassers und als Laichplatz der Fische Bedeutung hat. Daran schließt sich die Zone des Mittelwasserbereichs an , die mit Röhricht, z. B. Schilf, Rohrkolben, Teichbinse, bestanden ist. Die nächste Zone wird aus einem Weiden-Erlen-Gürtel gebildet, auf die die Gehölze des Weiden-Pappel-Waldes folgen. In ruhigen Gewässern kann das Gemeine Schilf (*Phragmites communis*) Wassertiefen bis zu 2 m erreichen, so daß es für flache Gewässer oftmals ungeeignet ist. Das Rohrglanzgras (*Phalaris arundinacea*) und die Schlanksegge (*Carex gracilis*) hingegen dringen nicht sehr weit in das Wasser vor. Soweit Sand- und Schlammböden im Uferbereich zu befestigen sind, kann auch die Flechtbinse (*Scirpus lacustris*) mit ihren kräftigen, ausläufertreibenden Rhizomen gute Dienste leisten.

Der Weiden-Erlen-Gürtel setzt sich aus Strauchweiden, je nach Standort z. B. Mandel-, Grau-, Purpur-, Ohr- oder Lavendelweide, Baumweiden (Weiß- und Knackweide) und Erlen (zumeist Roterle) zusammen.

Werden Gruben, in denen kein Grundwasser ansteht, mit Abfallstoffen aufgefüllt, so muß sichergestellt werden, daß keine verunreinigten Sickerwässer in das Grundwasser gelangen. Dies kann erreicht werden, wenn eine etwa 1 m dicke wasserundurchlässige Bodenschicht ansteht oder aber der Untergrund mit Ton ausreichend abgedichtet wird.

Für die Rekultivierung von abgebauten Sand- und Kiesflächen können folgende Möglichkeiten in Betracht kommen:

- Die Wiederherstellung des früheren Zustandes einschließlich der früheren Nutzung. Dies dürfte bei Abgrabungen wohl nur möglich sein, wenn die Entnahmestelle wiederaufgefüllt wird, z. B. mit Abfall.
- Die Rekultivierung der Entnahmestelle mit dem Ziel, ökologisch wertvolle Biotope zu schaffen, was insbesondere in Betracht kommt, wenn es sich um Wasserflächen oder Feuchtgebiete handelt.
- Die Rekultivierung mit dem Ziel, ein Naherholungsgebiet zu gestalten, was insbesondere im Einzugsbereich von Stadt- und Verdichtungsgebieten in Betracht kommen kann.
- Das Sichselbstüberlassen einer Entnahmestelle nach Beendigung des Abbaus, wenn die Voraussetzungen gegeben sind, daß sich vielfältige Biotope entwickeln können. Das dürfte nur dann in Betracht kommen, wenn die Ränder bzw. Ufer so ausgebildet sind, daß sich die Natur selbst helfen kann oder doch nur geringer Hilfe bedarf. In diesen Fällen ist auch eine Abzäunung erforderlich, um Schäden und Störungen durch Mensch, Wild und Weidevieh auszuschalten. Eine solche Lösung darf aber nicht dazu führen, daß der Unternehmer aus seiner gesetzlichen Pflicht entlassen wird oder auf einen Landschaftspflegerischen Begleitplan verzichtet werden könnte.

Immer häufiger werden Sand- und Kiesgruben, vor allem, wenn sie Wasserflächen aufweisen, sich selbst überlassen und nicht genutzt, damit sie sich zu einem ökologisch bedeutsamen Biotop mit entsprechend vielfältigen Tier- und Pflanzenarten entwickeln können. Diese Entwicklung kann durch eine sorgfältige Nachbesserung der verbliebenen Böschungen und Ufer gefördert werden.

Im Rahmen des Bundeswettbewerbes „Unser Dorf soll schöner werden“ wurde von der Gemeinde Obermohr, Lkr. Kaiserslautern, eine abgebaute Kiesgrube vorgestellt, die bewußt nicht „gestaltet“, sondern sich selbst überlassen wurde. Sie weist bereits eine vielfältige Pflanzen- und Tierwelt auf und wurde als Naturdenkmal ausgewiesen und damit geschützt (s. Abb. 21). Ein Beispiel, wie ein Autobahn-Baggersee durch geeignete Maßnahmen vor Belastungen durch Menschen und Tiere geschützt werden und sich dadurch zu einem natürlichen Biotop entwickeln kann, wird in Abschnitt 3.2.1 vorgestellt.

Ein anderes Beispiel ist der Baggersee Güster im Herzogtum Lauenburg. Ein großflächig abgebautes Kiesgebiet wurde hier zu einer vielfältig gestalteten Seenlandschaft rekultiviert. Durch stehengebliebene Inseln und Halbinseln sind unterschiedliche Uferbereiche geschaffen worden, die teils für die Erholung (Campingplätze, Badeplätze, Bootsverleih, Wochenendhäuser, Restaurant), teils aber auch für die Vogelwelt und teils für den Angelsport ausgerichtet sind (Abb. 22).

Wenn im folgenden nur auf das Beispiel „Versuchsgelände Baggersee Gailhof“ eingegangen wird, so deshalb, weil der Bereich „Kiesgrube und Landschaft“ von DINGETHAL, F. J., JÜRGING, P., KAULE, G. und WEINZIERL, W. (1985) in einer 2. Auflage ausführlich mit Beispielen behandelt worden ist. Das Buch enthält dar-

Abb. 21. Kiesgrube in der Gemarkung Obermohr, Lkr. Kaiserslautern. Die sich selbst überlassene Kiesgrube weist bereits eine vielfältige Pflanzen- und Tierwelt auf. (Foto: Olschowy)

Abb. 22. Ausschnitt aus dem rekultivierten Abbaugebiet Güster/Lkr. Lauenburg. Am Baggersee hat sich dank flach ausgebildeter Ufer Röhricht eingestellt, so daß er sich von einem natürlichen See kaum noch unterscheidet und auch ein wertvolles Fischgewässer darstellt. (Foto: Olschowy)

über hinaus u. a. Ausführungen zur Geologie und Verbreitung der Sand- und Kiesvorkommen in der Bundesrepublik Deutschland, zur Standortwahl, zu den Folgefunktionen und zur Betriebsplanung.

3.2.1 Beispiel Versuchsgelände Baggersee Gailhof

Im Rahmen des Neubaues der Bundesautobahn Hannover–Hamburg (BAB–A7) Ende der 50er Jahre entstand durch eine

Sandentnahme direkt an der Trasse der A7 ein ca. 6 ha großer Baggersee, der im Jahre 1960 auf Antrag von Prof. Dr. PREISING, dem damaligen Amtsleiter des Niedersächsischen Landesverwaltungsamtes – Dezernat Naturschutz, Landschaftspflege, Vogelschutz –, von der Straßenbauverwaltung auf 25 Jahre als Versuchsgelände angepachtet worden ist, um landschaftsökologische und biologische Untersuchungen bei der Rekultivierung von Bodenentnahmen durchführen und erproben zu können. Das Versuchsgelände ist insgesamt 5,3 ha groß (Abb. 23 u. 24).

Die Untersuchungen wurden vom vorgenannten Dezernat des Niedersächsischen Landesverwaltungsamtes in Hannover unter Leitung von Prof. Dr. PREISING in Zusammenarbeit mit dem damaligen Institut für Landespflege und Landschaftsgestaltung der Technischen Hochschule Hannover (heute: Institut für Landschaftspflege und Naturschutz der Universität Hannover) durchgeführt und von Dipl.-Ing. Volker MONPETAIN bearbeitet. Da es Prof. Dr. PREISING vor allem darum ging, wichtige Erkenntnisse für die praktische Landschaftspflege und den praktischen Naturschutz zu gewinnen, vor allem im Rahmen der Wasserwirtschaft und des Wasserbaues auf naturgemäßer Grundlage und der planmäßigen Begrünung im Rahmen des Bodenschutzes, Windschutzes und des Uferschutzes, bot er dem genannten Institut eine enge Zusammenarbeit an und stellte das Gelände für praktische und wissenschaftliche Versuche und Exkursionen zur Verfügung. Der im Auftrag des Niedersächsischen Landesverwaltungsamtes (1981) angefertigte Bericht gibt eine Zusammenstellung und Auswertung von Beobachtungen, Maßnahmen und Forschungsvorhaben am Versuchsgelände Baggersee Gailhof wieder. Die folgenden Ausführungen sind diesem Bericht entnommen.

Der Baggersee liegt ca. 20 km nördlich der Landeshauptstadt Hannover in den Gemarkungen Gailhof und Kleinburgwedel. An seiner nordwestlichen und nordöstlichen Seite wird er geradezu linienartig von den Bundesautobahnen A 7 und A 352 begrenzt, die auf ca. 3–10 m hohen Dämmen liegen. An die Wasserfläche schließen sich im Süden feuchte bis trokkene Kiefernforste an.

Die an den Autobahntrassen geradlinig verlaufenden, im übrigen Bereich zumeist unregelmäßig geschwungenen Ufer weisen im oberen Böschungsteil und im Bereich der Wasserwechselzone eine Neigung von 1:4 auf, darunter im Unterwasserbereich überwiegend 1:2. Bei einer Profilaufnahme Ende Dezember 1961 konnte eine maximale Gewässertiefe von 5,80 m festgestellt werden. Generell dürfte die durchschnittliche Tiefe des Baggersees 4–5 m betragen.

Die Böden des Versuchsgeländes bestehen aus quarzreichen Talsanden der Wietzeniederung, in der schwach bis mäßig podsolierte Gleyböden und vereinzelt Raseneisenstein anzutreffen sind.

Vor der Ausbaggerung war die potentielle natürliche Waldgesellschaft der Feuchte Stieleichen–Birkenwald, z. T. im Übergang zum Erlen–Eichenwald.

Da durch die beiden Autobahntrassen eine gewisse Abgeschiedenheit gegeben ist, wird das Versuchsgelände selten von Personen aufgesucht. Freizeitaktivitäten wie Angeln, Baden, Boot fahren usw. sind aufgrund des allgemeinen Betretungsverbotes weitgehend unterblieben. Dieser Umstand ist besonders auf die ständige Betreuung durch Aufseher zurückzuführen.

Das Versuchsgelände sollte neben verschiedenen Methoden des Lebendverbaues und der Uferbepflanzung vor allem auch als Demonstrations- und Untersuchungsobjekt einer naturgemäßen Rekultivierung und Ausgestaltung eines Restgewässers des Lagerstättenabbaues für Zwecke der Ausbildung und Forschung sowie der praktischen Anwendung dienen.

Von den Untersuchungen erhoffte

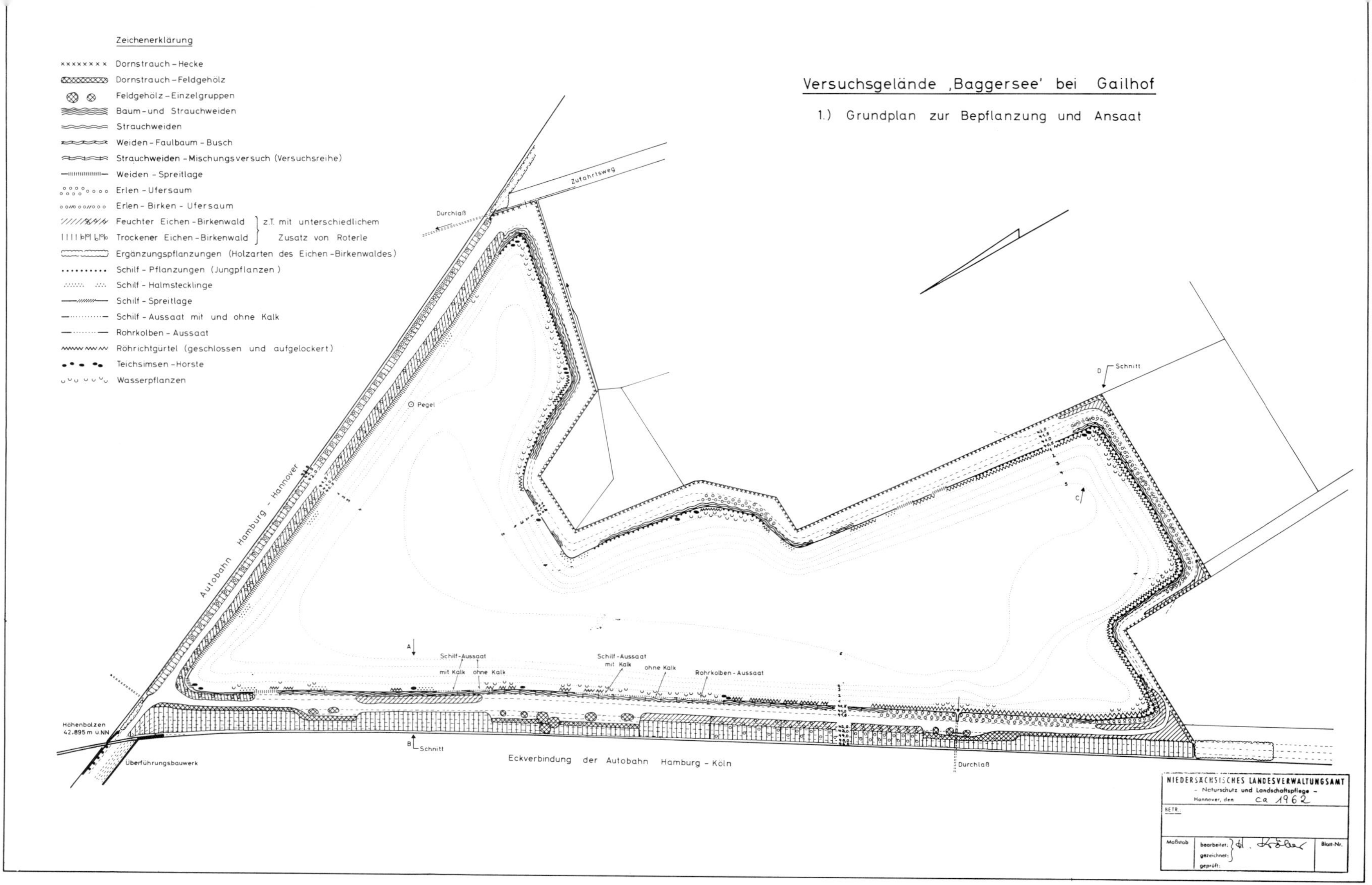
Versuchsgelände 'Baggersee' bei Gailhof
1.) Grundplan zur Bepflanzung und Ansaat
Zeichenerklärung
Dornstrauch - Hecke
Dornstrauch - Feldgehölz
Feldgehölz - Einzelgruppen
Baum- und Strauchweiden
Strauchweiden
Weiden - Faulbaum - Busch
Strauchweiden - Mischungsversuch (Versuchsreihe)
Weiden - Spreitlage
Erlen - Ufersaum
Erlen - Birken - Ufersaum
Feuchter Eichen - Birkenwald
Trockener Eichen - Birkenwald
z.T. mit unterschiedlichem Zusatz von Roterle
Ergänzungspflanzungen (Holzarten des Eichen-Birkenwaldes)
Schilf - Pflanzungen (Jungpflanzen)
Schilf - Halmstecklinge
Schilf - Spreitlage
Schilf - Aussaat mit und ohne Kalk
Rohrkolben - Aussaat
Röhrichtgürtel (geschlossen und aufgelockert)
Teichsimsen - Horste
Wasserpflanzen
Zufahrtsweg
Durchlaß
Pegel
Autobahn Hamburg - Hannover
D Schnitt
C
A
Schilf-Aussaat
mit Kalk
ohne Kalk
Schilf-Aussaat
mit Kalk
ohne Kalk
Rohrkolben - Aussaat
Höhenbolzen
42.895 m ü.NN
B Schnitt
Überführungsbauwerk
Eckverbindung der Autobahn Hamburg - Köln
Durchlaß
NIEDERSÄCHSISCHES LANDESVERWALTUNGSAMT
- Naturschutz und Landschaftspflege -
Hannover, den ca 1962
BETR.
Maßstab
bearbeitet:
gezeichnet:
geprüft:
Blatt-Nr.

Abb. 23

man sich wertvolle Ergebnisse für die praktische Landschaftspflege im Rahmen

- naturgemäßen Wasserbaues,
- der Anlage von Schutzpflanzungen in freier Landschaft,
- der Rekultivierung von Restwasserflächen und ihrer Uferzonen sowie
- der Seitenraumgestaltung an großen Verkehrsstraßen.

Es war das Ziel des durchgeführten Versuches und der daraus resultierenden Maßnahmen und Beobachtungen (z. B. im Hinblick auf Pflege- und Düngemaßnahmen), Erfahrungen bei Eingrünungs- bzw. Rekultivierungsmaßnahmen zu gewinnen über

- die Sicherung und Befestigung der Seeufer mit standortgerechten Röhricht- und Gehölzarten,
- die Erprobung unterschiedlicher Anbaumethoden und Einbringungsarten des Pflanzenmaterials auf verschiedenen Böden,
- den Aufbau naturnaher Gehölzbestände im Uferbereich und auch in den daran angrenzenden, höher gelegenen Randbereichen (Böschungen der BAB-Trassen) des Sees, ebenso die natürliche Pflanzenentwicklung (Sukzession),
- die Eignung der Roterle (*Alnus glutinosa*) als Pflegeholzart auf trockenen, sonnenseitigen Sandböschungen und zur Böschungssicherung.

Über die Entwicklung der Wasserpflanzen, die alle aus Gewässern in der näheren Umgebung des Baggersees entnommen wurden, wird berichtet, daß sich die Weiße Seerose und besonders die Gelbe Teichrose vermehrt haben; ähnliches trifft auch für die Seekanne zu, die jedoch durch Bisamrattenfraß erheblich dezimiert wurde. Viele Röhrichtarten, wie Teichsimse, Wasserschwaden, Kalmus, Aufrechter Igelkolben und Pfeilkraut, sind nach geringer Ausbreitung in den ersten Jahren in ihrem Bestand wieder zurückgegangen, da sie schlammigere oder tonigere Bodenverhältnisse bevorzugen. Der Breitblättrige Rohrkolben breitete sich in den ersten Jahren zunächst durch Samen und Rhizome stark aus, fiel dann völlig aus und ist heute kleinflächig anzutreffen. Gründe für seinen starken Rückgang dürften mit der Bodenbeschaffenheit (er ist für schlammige bzw. torfige Gewässer besser geeignet) und mit dem Verbiß durch Bisamratten, besonders in den Wintermonaten 1968, zu erklären sein. Dagegen hat sich der Schmalblättrige Rohrkolben vor allem am Langenhagener Ufer gut entwickelt und ist bis zu einer Wassertiefe von ca. 0,70 m ins offene Wasser vorgedrungen; dies gilt auch für das Schilfrohr (Abb. 25 u. 26).

Nach mehrjährigen Beobachtungen konnte als Ergebnis festgehalten werden, daß das Wachstum der Pflanzen auf Kies am langsamsten war; gute Bestände von Igelkolben, Ufer- und Sumpfsegge bildeten sich auf Grobschotter aus, und auf dem Kalkmergel ist das Weidengeflecht nicht aufgekommen.

Etwa 10–60 cm über dem mittleren Wasserspiegel (bei ca. 40,5 m ü. NN) wurden in der Uferzone verschiedene Strauchweiden, Roterlen sowie vereinzelt Baumweiden (Silber- und Bruchweide) angepflanzt. In diesem Weiden-Erlengürtel hatten zunächst die Strauchweiden die stärkste Wachstumszunahme. Inzwischen aber hat im Weiden-Erlengürtel die Roterle die stärkste Zunahme geschafft und gegenüber den Strauchweiden den höheren Wuchs erzielt, was u. a. zu einer Beschattung der Ohrweide führte und sie daher zurückgedrängt worden ist (Abb. 27). Dagegen hat sich die Aschweide wegen des ihr am ehesten zusagenden Standortes noch ausdehnen können.

Die angelegte Weidenspreitlage brachte wichtige Erkenntnisse zum Schutz von erosionsgefährdeten Ufern. Für die etwa 100 bis 200 cm langen Ruten eignen sich besonders folgende Weidenarten:

Korbweide, Mandelweide, Lorbeerweide, Ohrweide, Aschweide, Purpurweide, Lavendelweide und Großblättrige Weide.

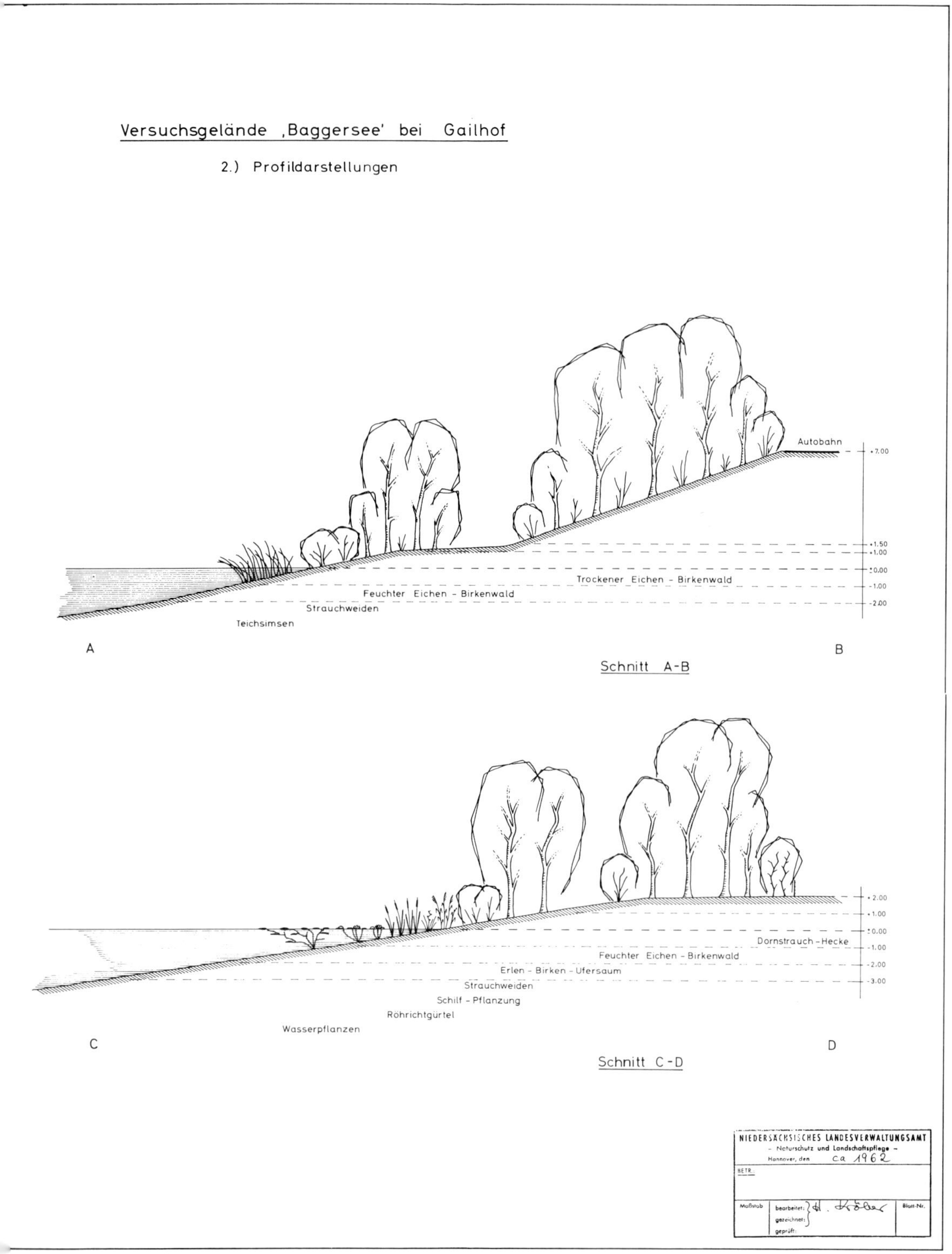
Versuchsgelände 'Baggersee' bei Gailhof
2.) Profildarstellungen
Autobahn
+7.00
+1.50
+1.00
±0.00
-1.00
-2.00
Trockener Eichen - Birkenwald
Feuchter Eichen - Birkenwald
Strauchweiden
Teichsimsen
A
B
Schnitt A-B
+2.00
+1.00
±0.00
-1.00
-2.00
-3.00
Dornstrauch-Hecke
Feuchter Eichen - Birkenwald
Erlen - Birken - Ufersaum
Strauchweiden
Schilf - Pflanzung
Röhrichtgürtel
Wasserpflanzen
C
D
Schnitt C-D
NIEDERSÄCHSISCHES LANDESVERWALTUNGSAMT
- Naturschutz und Landschaftspflege -
Hannover, den ca 1962
BETR.:
Maßstab
bearbeitet:
gezeichnet:
geprüft:
Blatt-Nr.

Abb. 24

Anzumerken ist dabei, daß die kleinblättrige Form der Purpurweide (*Salix purpurea helix*) für Spreitlagen ungeeignet erscheint, da sie sich nicht durchsetzen konnte.

Während die Anpflanzungen in den ufernahen Bereichen keine erwähnenswerten Schwierigkeiten bereiteten, erwies sich die Bepflanzung der 3–6 m hohen Autobahnböschung (A 352) mit Gehölzen als problematisch. Die Böschung hatte über den aufgeschütteten Sandboden eine geringe (10–25 cm) Mutterbodenauflage erhalten und war durch die Straßenbauverwaltung mit Rasen begrünt worden.

Am feuchten Böschungsfuß wurden überwiegend Weiden, Faulbaum, Hasel und Wilder Schneeball gepflanzt, auf der Böschung verwendete man vor allem Holzarten des Eichen-Birkenwaldes und die Roterle als Pflegeholzart. Bei der Anpflanzung von Stieleiche traten besondere Schwierigkeiten auf. Es stellte sich heraus, daß Eichen im bereits vorhandenen Rasen sehr schlecht anzuziehen sind. Auch die Eicheneinsaat ist unzweckmäßig, da der Ausfall durch Mäusefraß sehr groß ist. Die auf der trockenen Böschung und durch Dürreschäden schon frühzeitig ausgefallene Roterle wurde durch die Kiefer ersetzt. Diese hat sich während des vergangenen Jahrzehnts erheblich ausgebreitet, so daß sich geschlossene Kieferngruppen gebildet haben, die die Laubgehölze zurückdrängen.

Über den Begrünungsversuch am Baggersee Gailhof wird abschließend auf die wichtigsten Erkenntnisse hingewiesen, die als Ergebnis dieses Versuches und auch aus Erfahrungen von anderen Baggerseen in Niedersachsen gewonnen werden konnten und heute in der Fachliteratur als allgemein gültig angesehen werden:

– Die Gestaltung und Begrünung (Rekul-

Abb. 25. Ein Baggersee an der Autobahn Hannover–Hamburg, der als Versuchsfläche eingefriedet und so gegen Mensch, Wild und Weidevieh geschützt ist; so konnte sich die eingebrachte Ufervegetation bereits nach wenigen Jahren gut entwickeln. (Foto: Olschowy)

Abb. 26. Baggersee Gailhof. Als Folge der naturnahen Ausbildung der Ufer hat sich auch der Gem. Wasserhahnenfuß (*Ranunculus aquatilis*) eingestellt. (Foto: Olschowy)

Abb. 27. Baggersee Gailhof. Am Fuße der vorgenommenen Uferbepflanzung mit Gehölzen haben sich als Folge des Wellenschlages Samen der Roterle (*Alnus glutinosa*) festgesetzt, die ausgeschlagen sind und sich inzwischen zu einem geschlossenen Gehölzgürtel ausgebildet haben. (Foto: Olschowy)

tivierung) der Bodenabbauten sollte zum frühestmöglichen Zeitpunkt und bereits abschnittsweise während des noch fortschreitenden Abbaus erfolgen, da die Rekultivierung ein langwieriger Prozeß ist und nicht von heute auf morgen zu verwirklichen sein wird.

- Eine Freigabe der Abbaustätte für die Öffentlichkeit darf nicht unmittelbar nach Beendigung der Pflanzarbeiten geschehen, da die Anpflanzungen durch Betreten, Lagern usw. stark geschädigt bzw. zerstört werden; eine Einzäunung des Geländes erscheint daher zumindest in den ersten Jahren erforderlich zu sein.
- Da trotz Einzäunungsmaßnahmen an noch nicht freigegebenen Seen mit vorzeitigen Benutzungen (z. B. Angeln, Bootfahren, Surfen usw.) zu rechnen ist, ist eine Kontrolle bzw. Überwachung durch naturschutzinteressierte Personen (oder Institutionen) erforderlich.
- Die für die Begrünung zu verwendenden Pflanzenarten sollten aus den auf den jeweiligen Standorten natürlich vorkommenden Pflanzengesellschaften gewählt werden; standortfremde und ausländische Gehölze sowie Ziersträucher sind dabei nicht zu verwenden, da sie keine optimalen Lebensbedingungen vorfinden und zudem nicht in die freie Landschaft gehören.
- Nach Möglichkeit sollen Jungpflanzen

bei der Rekultivierung verwendet werden, da ihre Anpassungsfähigkeit an Boden- und Klimaverhältnisse am größten ist.
- Natürlich aufkommende Gehölze sind an Wüchsigkeit und Widerstandsfähigkeit den angepflanzten überlegen.
- Bodenentnahmestellen sollten nicht unmittelbar neben Verkehrstrassen liegen, da sonst für Erholungs- oder Naturschutzzwecke eine sinnvolle Einbindung in die Landschaft aufgrund der u. a. zerschneidenden bzw. trennenden Wirkung nicht erzielt werden kann (Niedersächs. Landesverwaltungsamt 1981).

3.3 Schwerpunkt Abbau von Steinen

Beim Aufschluß eines Steinbruches ist grundsätzlich anzustreben, am Fuße eine Baum- oder Waldkulisse zu belassen, die einen Einblick – wenigstens in den unteren Teil – verhindert. Die Wände oder Gesimse des Steinbruches sind in Abständen von etwa 10–12 m durch Bermen oder Sohlen von mindestens 2 m, besser 3 m Breite zu unterbrechen. Von der Festigkeit des Gesteins hängt es ab, wie steil die Wände ausgebildet werden können; in der Regel werden die verbleibenden Gesimse ein Verhältnis der Höhe zur Breite von nicht mehr als 1:0,5 aufweisen. Wenn die Steinbrüche später nicht aufgefüllt werden und die Steilwände sichtbar bleiben, so sollen die letzten Sprengungen so ausgeführt werden, daß eine ungleichförmige und möglichst naturnahe Struktur verbleibt; die sich aus der natürlichen Lagerung des Gesteins ergebenden Stufen sind möglichst herauszuarbeiten.

Der anfallende Abraum soll dazu benutzt werden, den Steinbruch wieder aufzufüllen oder mit einem Wall einzufassen. Das Abraummaterial ist mit geeigneten Pionierholzarten zu bepflanzen. Geologisch interessante Aufschlüsse sollen nicht verfüllt werden, sondern zugänglich bleiben. Im übrigen sollten Felswände mehr oder weniger sich selbst überlassen bleiben und der Selbstbegrünung durch die Natur nur nachgeholfen werden. Bermen werden gfl. mit Abraum, vermischt mit Feinboden, abgedeckt und bepflanzt, desgleichen Schuttkegel und Gesteinsstufen, soweit sie sich hierfür eignen. Ansprechende Felspartien sollen sichtbar bleiben und als Gestaltungselement ausgenutzt werden (s. Abb. 28 u. 29). Für verlassene Steinbrüche, deren Wände und Ränder als störende Wunden empfunden werden, kommt als Hilfsmittel für die Begrünung das Anspritzverfahren, z. B. mit Bitumen-Emulsion, in Betracht.

Der Deutsche Rat für Landespflege (1973) hat bereits vor 17 Jahren zu den landespflegerischen Problemen des ausgedehnten Abbaus von vulkanischem Gestein im Mittelrheinischen Becken Stellung genommen. Viele Feststellungen und Empfehlungen dieses Gutachtens sind auch heute noch nicht überholt. So heißt es, daß hier die Rekultivierung der Bimsabbauflächen, abgesehen von ganz wenigen Ausnahmen, allein im Hinblick auf die landbauliche Nutzung vorgenommen wird und sich auf eine Wiedereinplanierung des Geländes beschränkt. Um keine landwirtschaftliche Nutzfläche zu verlieren, werden die durch den Bimsabbau entstandenen Böschungen daher so steil wie möglich gehalten. Eine Neupflanzung von Bäumen und Sträuchern im Zuge der Wiedernutzbarmachung konnte der Rat während der Bereisung nicht feststellen. Die starke Besitzzersplitterung und die zum Teil recht zufällige Übertragung der Ausbeuterechte bedingen einen kleinparzelligen Bimsabbau, der vielfach steile Böschungen, Grate und Restflächen in der Landschaft zurückläßt, weil die Abbauflächen für eine landschaftsgerechte Rekultivierung zu klein sind. Die Vielzahl

Abb. 28. Ein aufgelassener Kalksteinbruch der Rhein. Kalksteinwerke GmbH, Wülfrath. Die Wand des Steinbruchs ist durch eine Sohle unterbrochen, auf der sich bereits von selbst ein Gehölzaufwuchs eingefunden hat; die am steilen Gesims sichtbaren Felspartien fördern das Gesamtbild. Planung: Prof. Alwin Seifert (Foto: Olschowy)

Abb. 29. Der ehemalige Steinbruch in Wülfrath kann heute dank der Ausbildung seiner Wände und seines Gehölzbestandes für Erholungszwecke genutzt werden. Planung: Prof. Alwin Seifert. (Foto: Olschowy)

der kleinen Abbaufirmen ist der landschaftsgerechten Gestaltung der ausgebeuteten Flächen ebenfalls nicht förderlich, wie es die Praxis zeigt (Abb. 30).

In seiner Stellungnahme geht der Rat auch auf positive Beispiele ein. So ist am Südhang des Krufter Ofens, eines zum Laacher See-Kessel gehörenden Vulkankegels, der Bims großflächig von der Rheinischen Bimsgruben-Gemeinschaft abgebaut worden. Diese Fläche ist nach dem Abbau vorbildlich rekultiviert worden. Die Bodenmodellierung ist dem Landschaftscharakter entsprechend vorgenommen worden. Bei der anschließenden Aufforstung wurde die Douglasie (*Pseudotsuga menziesii*) aus wirtschaftlichen Gründen bevorzugt angebaut. Um das Landschaftsbild nicht zu sehr zu verfremden, wurden die Ränder der Aufforstungsflächen mit heimischen Laubholzarten gesäumt. Wenn auch die Holzartenwahl z. T. kritisch zu beurteilen ist, so ist doch die Rekultivierung insgesamt als vorbildlich zu bezeichnen (Abb. 31).

Die Maßnahmen zum Abbau und zur Wiederherrichtung von Steinbrüchen können wie folgt zusammengefaßt werden:

- Zu den an den Grundstücksgrenzen verbleibenden Wegen, Wasserläufen und Gewässern ist ein mindestens 5 m breiter Schutzstreifen aus Sicherheitsgründen von der Abgrabung freizuhalten.
- Soll kein Grundwasser freigelegt werden, so darf der Abbau zur Vermeidung von Vernässung nicht weiter als 2 m über den mittleren Grundwasserspiegel reichen.
- Ist nach dem Abbau die Anlage eines Gewässers geplant, das der Erholung oder der Fischerei dienen soll, so ist die Abgrabung im Mittel bis mindestens 3 m unterhalb des mittleren Grundwasserspiegels zu führen.
- Ist eine fischereiliche Nutzung geplant, so sind nach Möglichkeit in einigen Teilbereichen auch größere flach ausgemuldete Wasserflächen anzulegen. Die Schaffung von ausgedehnten Flachwasserzonen, zumindest an einigen Teilen der Ufer, sollte angestrebt werden, um Röhrichte und andere Wasserpflanzen anlegen zu können.
- Im Schwankungsbereich des Grundwassers – im allgemeinen 2 m über und unter dem mittleren Wasserspiegel – sollen geeignete Maßnahmen zur Schaffung eines Wasserbiotops (z. B. Röhrichtzonen, Seggen) getroffen werden.
- Zum schadlosen Abfangen des Oberflächenwassers ist mind. 1 m über dem

Abb. 30. Bimsabbau im Neuwieder Becken. Die starke Besitzzersplitterung hat einen kleinflächigen Abbau zur Folge, so daß eine planmäßige Rekultivierung ausbleibt und auch die Böschungen nicht gestaltet und bepflanzt worden sind. (Foto: Olschowy)

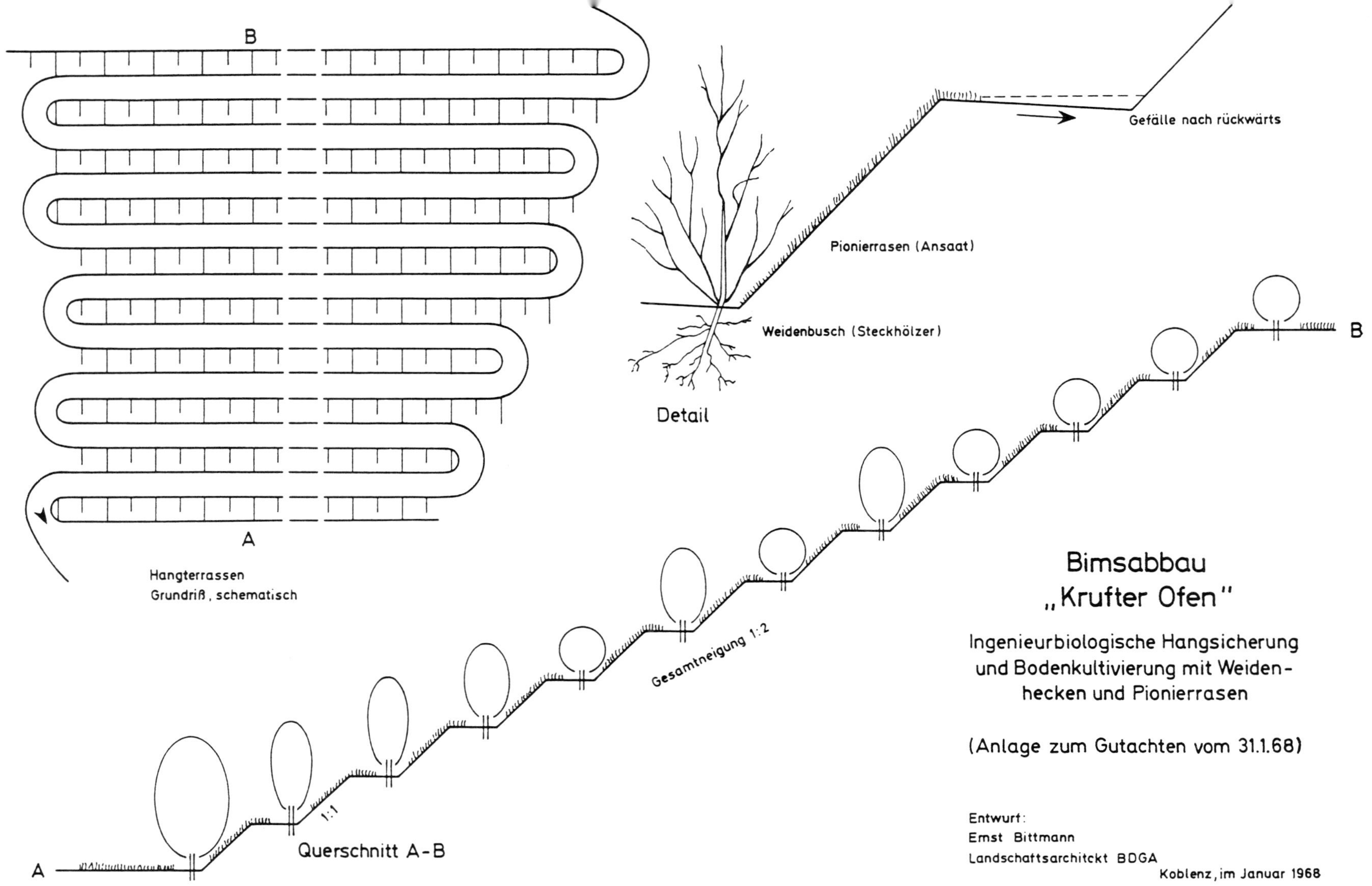
B
A
Hangterrassen
Grundriß, schematisch
Gefälle nach rückwärts
Pionierrasen (Ansaat)
Weidenbusch (Steckhölzer)
Detail
B
Gesamtneigung 1:2
1:1
Querschnitt A-B
A
Bimsabbau
„Krufter Ofen"
Ingenieurbiologische Hangsicherung
und Bodenkultivierung mit Weiden-
hecken und Pionierrasen
(Anlage zum Gutachten vom 31.1.68)
Entwurf:
Ernst Bittmann
Landschaftsarchitckt BDGA
Koblenz, im Januar 1968

Abb. 31

späteren mittleren Wasserstand eine mind. 1,50 m breite hangwärts geneigte Sicherheitsberme anzulegen.

- Die Neigung von Abbauwänden sowie die Breite von Bermen oder Sohlen richten sich in erster Linie nach der Standfestigkeit und Lagerung des Materials sowie nach dem Schichteinfall. Die Abbauwände sind standfest anzulegen, in der Regel in einem Verhältnis von 1:0,3 bis 1:0,5, und sollen in angemessener Höhe (etwa 10–15 m) durch Bermen oder Sohlen unterbrochen werden. Die Breite der Bermen an stillgelegten Wänden sollte nach Möglichkeit 3–5 m betragen.
- Die Mächtigkeit der für das Pflanzenwachstum zur Verfügung stehenden durchwurzelbaren Bodenschicht (Mutterboden und kulturfähiges Bodenmaterial) sollte bei land- und forstwirtschaftlicher Rekultivierung möglichst 1 m betragen.
- Die Herrichtungsflächen sind unverzüglich nach der Bodenabdeckung zu begrünen bzw. in Kultur zu nehmen. Böschungen und Bermen sind durch Deckeinsaaten (Gras, Klee, Leguminosen) zu sichern und anschließend mit standortgerechten Gehölzen zu bepflanzen. Auf der Grundlage eines Pflanzenschemas sollte die Bepflanzung auf die künftige Nutzung abgestimmt werden. Das gilt auch für die Befestigung und Begrünung von Ufern.

3.3.1 Beispiel Kalksteinabbau im Raum Erwitte

1. Einführung

Das Plangebiet in einer Größe von 125,2062 ha, das sich ostwärts von Erwitte, südlich der B 1 (Hellweg) und bis an die Pöppelsche auf Gemarkungsflächen der Gemeinden Erwitte und Bad Westernkotten erstreckt, gehört *naturräumlich zu den Hellwegbörden*, deren Zentrum die Soester Börde darstellt. Der Raum wird durch ausgedehnte, verschieden mächtige Lößablagerungen bestimmt. In der Soester Börde sind die Lößauflagen besonders mächtig, während im Gebiet südlich und südöstlich von Lippstadt die unter Löß liegenden Kreidekalke (Turonkalke) dichter an der Oberfläche anstehen. Es handelt sich um verlehmte Lößböden (Lößlehm), weiter nach Osten in Richtung Geseke nehmen die verbraunten, oberflächlich degradierten, meist gleiartigen Rendzinen zu.

Nördlich der B 1 liegt ein Quellhorizont mit Salz- und Mineralquellen (Bad Westernkotten), die hier aus den durchlässigen Turonkalken austreten.

Die Abgrabung und Herrichtung (Rekultivierung) des Plangebietes unterliegt dem nordrhein-westfälischen *Gesetz zur Ordnung von Abgrabungen* (Abgrabungsgesetz) vom 21. November 1972 (GV.NW. 1972 S. 372). Nach § 3 Abs. 2 Nr. 2 dieses Gesetzes darf die Genehmigung zur Abgrabung erteilt werden, wenn die Ziele und Erfordernisse der Raumordnung und Landesplanung sowie die Belange der Bauleitplanung, der Landschaftsordnung und der Erholung beachtet sind. Nach § 3 Abs. 3 sind die Belange der Landschaftsordnung in der Regel beachtet, wenn durch die Nutzung und Herrichtung des Abbau- und Betriebsgeländes

1. das Wirkungsgefüge der Landschaft durch Eingriffe in die Tier- und Pflanzenwelt, die Grundwasserverhältnisse, das Klima und den Boden nicht nachteilig geschädigt wird,
2. eine Verunstaltung auf Dauer verhindert wird und
3. Landschaftsteile von besonderem Wert nicht zerstört werden.

Nach § 4 Abs. 2 muß der Abgrabungsplan alle wesentlichen Einzelheiten der Abgrabung und der Herrichtung enthalten, so auch insbesondere den

„3. Nachweis über die fachgerechte Unterbringung des Abraumes sowie über die Sicherung und Verwendung des Mutterbodens“ und die

„4. Darstellung der Oberflächengestaltung und Wiedernutzbarmachung des Abbau- und Betriebsgeländes nach Beendigung des Abbaues einschließlich einer Schätzung der dafür entstehenden Kosten.“

Der vorliegende Rekultivierungsplan umfaßt die Maßnahmen zur Herrichtung des Abbaugebietes und ist Teil des Abgrabungsplanes.

2. *Angaben zur natürlichen Vegetation des Landschaftsraumes*

Die Angaben über die natürliche Vegetation können sich nicht auf die Abbaufläche allein beschränken, sondern müssen den umgebenden Landschaftsraum einbeziehen, weil durch den Abbau der Standort verändert wird und je nach Bodenauflage und Grundwassernähe unterschiedliche Verhältnisse aufweisen wird.

Der Landschaftsraum ostwärts von Erwitte wird vom Ackerbau geprägt und weist den Charakter einer von Bäumen und Sträuchern weitgehend ausgeräumten Börde auf. Die reale Vegetation ist auf wenige Gehölzbestände an Bauernhöfen, auf kleine Waldreste und auf die Ufervegetation an der Pöppelsche beschränkt. Schlehengebüsche und Halbtrockenrasen (Mesobrometen) sind kennzeichnend für diesen Raum. Die reale Vegetation ist als Hilfe für die künftige Begrünung des abgebauten Steinbruchs ohne wesentliche Bedeutung.

Für die Auswahl geeigneter Gehölz- und Grasarten für die zu begrünenden Flächen muß daher auf die potentielle natürliche Vegetation zurückgegriffen werden, also jene Pflanzengesellschaften, die sich auf dem Standort entwickeln würden, wenn die menschlichen Eingriffe unterblieben und er sich selbst überlassen bliebe.

Soweit die Lößlehmauflage über dem Kalkgestein eine Mächtigkeit von 30 cm übersteigt, liegt ein Flattergras-Buchenwald (Milio-Fagetum) mit der Rotbuche (*Fagus silvatica*) als vorherrschender Holzart vor. Folgende Holzarten können auf diesem Standort angepflanzt werden:

Rotbuche (*Fagus silvatica*)
Stieleiche (*Quercus robur*)
Hainbuche (*Carpinus betulus*)
Vogelkirsche (*Prunus avium*)

In den Waldmänteln und in den Feldgehölzen treten folgende Arten hinzu:

Vogelbeere (*Sorbus aucuparia*)
Aspe (*Populus tremula*)
Salweide (*Salix caprea*) – für Feldgehölze.

Zu der Waldmantelgesellschaft und zu den Feldgehölzen gehören außerdem folgende Straucharten:

Hasel (*Corylus avellana*)
Hundsrose (*Rosa canina*)
Weißdorn (*Crataegus oxyac. u. monog.*)
Schneeball (*Viburnum opulus*).

Soweit die Lößlehmauflage als gering, also unter 30 cm Höhe anzusprechen ist und der Boden mit Kalkgruß und Kalkstein durchsetzt ist, liegt ein Perlgras-Buchenwald (Melico-Fagetum) vor, in dem als Waldbaum wiederum die Rotbuche (*Fagus silvatica*) vorherrscht, die jedoch in Flurgehölzen zurücktritt oder auch ganz ausscheidet. Als bodenständige Holzarten können auf diesem Standort verwendet werden:

Rotbuche (*Fagus silvatica*)
Stieleiche (*Quercus robur*)
Traubeneiche (*Quercus petraea*)
Vogelkirsche (*Prunus avium*)
Hainbuche (*Carpinus betulus*)
Feldahorn (*Acer campestre*)
Esche (*Fraxinus excelsior*)
Sommerlinde (*Tilia platyphyllos*) – besonders geeignet als Solitärbaum
Bergahorn (*Acer pseudoplatanus*) – mit geringem Mengenanteil.

Als Gehölze für Waldmäntel, Gebüschhecken und Feldgehölze sind geeignet:

Hasel (*Corylus avellana*)
Weißdorn (*Crataegus ox. u. mon.*)

Hundsrose (*Rosa canina*)
Schneeball (*Viburnum opulus*)
Hartriegel (*Cornus sanguinea*)
Pfaffenhütchen (*Evonymus europaea*)
Heckenkirsche (*Lonicera xylosteum*)
Schlehdorn (*Prunus spinosa*)
Salweide (*Salix caprea*) – für Feldgehölze.

Standorte, die im Unterboden vom Grundwasser beeinflußt sind, weisen als potentielle natürliche Waldgesellschaft einen Frischen Perlgras-Buchenwald mit Übergängen zum buchenreichen Sternmieren-Eichen-Hainbuchenwald (Stellario-Carpinetum) auf. Die Holzarten sind die gleichen wie beim Melico-Fagetum, jedoch ist der Anteil der Esche (*Fraxinus excelsior*) etwas stärker und die Traubeneiche (*Quercus petraea*) fällt aus.

An quelligen Stellen, grundwassernahen und dauernd feuchten Standorten sowie an Bachläufen tritt der Traubenkirschen-Eschenwald (Pruno-Fraxinetum) und der Bach-Eschenwald (Cariceto remotae-Fraxinetum) auf. Hier liegt das Schwergewicht an Baum- und Straucharten auf

Esche (*Fraxinus excelsior*)
Roterle (*Alnus glutinosa*)
Silberweide (*Salix alba*)
Traubenkirsche (*Prunus padus*).

Als Straucharten sind geeignet:

Hasel (*Corylus avellana*)
Hartriegel (*Cornus sanguinea*)
Schneeball (*Viburnum opulus*)
Pfaffenhütchen (*Evonymus europaeus*).

An stehenden Wasserflächen unmittelbar oberhalb der Linie des mittleren Sommerwassers sind zu verwenden:

Purpurweide (*Salix purpurea*)
Silberweide (*Salix alba*),

und etwas höher auch

Esche (*Fraxinus excelsior*)
Stieleiche (*Quercus robur*)
Traubenkirsche (*Prunus padus*).

Zur Einsaat auf Flächen, die nicht mit Gehölzen bepflanzt werden, sind folgende Gras- und Kleearten geeignet: auf Flächen mit lehmigem Oberboden als Grundbestand, der nicht anfällig gegen Grundwasserschwankungen ist,

Rotschwingel (*Festuca rubra*)
Wiesenrispe (*Poa pratensis*)
Rotes Straußgras (*Agrostis tenuis*)

und auf flachgründigen, trockenen, steinigen Böden, so auch an sonnenseitigen Böschungen

Schafschwingel (*Festuca ovina*)
Schmalblatt-Wiesenrispengras (*Poa pratensis angustifolia*)
Rotschwingel (*Festuca rubra*)
Hopfenklee (*Medicago lupulina*)
Gem. Hornklee (*Lotus corniculatus*).

Die übrigen zu dieser Pflanzengesellschaft gehörenden Arten stellen sich von selbst ein und brauchen daher nicht angesät zu werden.

3. *Zur Gestaltung und Nutzung des Abbaugebietes*

Für die Gestaltung eines Kalksteinabbaugebietes ist die Ausbildung der *Grubenränder* von entscheidender Bedeutung. Hierbei sind folgende Gesichtspunkte zu bedenken:

a. Die Wände oder Gesimse tiefer Steinbrüche von mehr als 10 m müssen mit einer oder mehreren Zwischenbermen (Zwischensohlen) untergegliedert werden.
b. Der Aufschluß soll nicht völlig abgepflanzt werden, sondern in seinem oberen Teil sichtbar bleiben; die abschließenden Sprengungen sollen darauf Rücksicht nehmen und in den Wänden eine naturnahe Struktur hinterlassen.
c. Von der Sprengtechnik her gesehen ist eine Wandausbildung von möglichst nicht flacher als rd. 60–65 % oder etwa 1:0,5 erwünscht.
d. Um im unteren Teil des Grubenrandes eine flachere Ausbildung zu erreichen, muß hier Abraum angekippt werden, der dann in Neigungen von etwa 1:1,5 bis etwa 1:4 abgeböscht werden kann.

Die vorgeschlagene Gestaltung (vgl. Detailplan) berücksichtigt diese Forderungen.

Etwa auf halber Höhe der über 20 m hohen Kalksteinwand soll eine 3 m breite Berme ausgebildet werden. Die Berme wird mit trockenheitsvertragenden Straucharten bepflanzt, so daß der obere Teil der Kalksteinwand als geologischer Aufschluß sichtbar bleibt. Die Wände werden in einem Verhältnis von etwa 1:0,5 ausgebildet. Im unteren Teil des Grubenrandes wird an die stehengebliebene Kalksteinwand (1:0,5) Abraum angekippt, der im Normalprofil (vgl. Schnitt A–B) im Verhältnis 1:1,5, an den Winkeln des Abbaufeldes etwas flacher 1:2,5 bis 1:3 (vgl. Schnitt C–D) und zur Wasserfläche hin noch flacher 1:4 (vgl. Schnitt J–K) geböscht wird. Soweit eine Sandschürze als Filter oder ein Badestrand vorgesehen ist, soll der Abraum bis zu einem Verhältnis 1:10 ausgezogen und mit Sand überdeckt werden.

Sowohl zur Gestaltung der Böschungen im unteren Teil des Grubenrandes als auch zur Bepflanzung und Aufforstung von Flächen wird dringend *Abraum* benötigt. Für einen Gehölzwuchs vorgesehene Flächen sollen mit etwa 1 m Abraum, vermischt mit Mutterboden und Feinerde, abgedeckt werden. Dieser Abraumbedarf setzt eine Abraumbilanz voraus. Voraussichtlich wird der verfügbare Abraum nicht ausreichen oder nur knapp ausreichen, so daß der

- Abraum sorgfältig geworben werden muß,
- in einer Deponie gelagert und
- sparsam wiederverwendet werden muß.

Um die Abraumbilanz zu verbessern, sollten größere Teile der Grubensohle nicht aufgeforstet, sondern als Wasserfläche genutzt werden; dies bietet zudem den Vorteil, die biologische Vielfalt der Landschaft zu erhöhen. Außerdem sollte versucht werden, an anderer Stelle, z. B. im Zuge des Straßenbaues, Abraum zu erwerben und bis zur Wiederverwendung zu deponieren, weil das Gestaltungsziel nur erreicht werden kann, wenn ausreichend Abraum verfügbar ist.

Der anfallende *Mutterboden*, das ist die oberste, in Kultur befindliche Bodenschicht über dem Kalkstein in einer Mächtigkeit von 20–30 cm, ist gemäß § 3 Abs. 2 Nr. 3 des Abgrabungsgesetzes vor Beginn der Abbauarbeiten sorgfältig zu werben, in Mutterbodenmieten von 1.30 m Höhe und 3 m Sohlenbreite (für den Fall größerer Sohlenbreiten darf eine Höhe von 1 m nicht überschritten werden) an möglichst schattigem Ort zu deponieren, um ihn dann für Zwecke der Bepflanzung und Aufforstung wiederzuverwenden. Der Mutterboden soll jedoch nicht auf den Abraum als eigene Schicht aufgedeckt, sondern mit der obersten Abraumschicht gut vermischt werden, um ein Eindringen der Wurzeln in die Tiefe zu fördern.

Die vorgesehene Abbautiefe richtet sich nach der hier anstehenden Mächtigkeit des Schloenbachi-Pläners von etwa 30 m, so daß der Abbau in den Grundwasserbereich des Gebirges hineinreicht.

Die Gründe zur Anlage von *Wasserflächen* sind vielfältig. Der Landschaftsraum am Hellweg hat weitgehend Bördecharakter und wird durch Ackerbau geprägt. Soweit er dem Kalksteinabbau unterliegt, wird er sich grundlegend ändern, weil die Abbaugruben für eine landwirtschaftliche Nutzung – vor allem auch im Hinblick auf den Strukturwandel in der Landwirtschaft und das zunehmende Ausscheiden landwirtschaftlicher Flächen aus der Nutzung – kaum in Betracht kommen. So verbleiben als Möglichkeiten

- die Aufforstung,
- die Anlage von Wasserflächen und
- Freizeiteinrichtungen sowie
- das Sich-selbst-Überlassen

der abgebauten Flächen. Der Rekultivierungsplan sieht eine Kombination von Wasser- und Waldflächen (52,2 ha

Wasserflächen und 41,3 ha Waldflächen) vor, weil damit den Belangen der Landschaftspflege am besten gedient wird. Dies liegt im besonderen Interesse der Landschaftsökologie, weil die biologische Vielfalt der Landschaft erhöht, neue Biotope für die Tierwelt im und am Wasser geschaffen und auch Möglichkeiten der Erholung für die Bevölkerung vorgesehen werden können. Es liegt auch im Sinne der allgemeinen Zielvorstellungen künftiger Landschaftsentwicklung, weil in der Bundesrepublik Wasserflächen ein Mangelfaktor sind und daher geschaffen werden müssen, wo immer es möglich ist.

Das Ziel wird erreicht durch die Anlage eines Röhrichtgürtels auf einer Berme am Ufer (vgl. Schnitt L–M), einer standortsgemäßen Gehölzvegetation und eines Badestrandes im Ostteil des Abbaugebietes.

Nach Rücksprache mit dem zuständigen Bearbeiter des hydrogeologischen Gutachtens für den Planungsraum (Dr. Koch vom Geologischen Landesamt in Krefeld), würden sich die Wasserflächen weder für den Wasserhaushalt der Landschaft noch für die Quellhorizonte nördlich des Hellweges nachteilig auswirken. Die Planung sieht außerdem vor, am Nordrand der Wasserflächen eine etwa 20 m breite Sandschürze anzulegen, mit der ein Filtereffekt erreicht werden kann.

Bezüglich des künftigen Wasserspiegels ist zu bedenken, daß der gemessene derzeitige mittlere Grundwasserstand nicht gleichbedeutend sein muß mit dem mittleren Spiegel der künftigen offenen Wasserfläche. Das Bohrloch 1 ergibt für das Grundwasser

- einen minimalen Flurabstand von 12,90 m und
- einen maximalen Flurabstand von 30,60 m,

woraus sich ein mittlerer Flurabstand von 21,75 m errechnet. Es kann angenommen werden, daß sich der mittlere Spiegel der offenen Wasserfläche etwas tiefer einpendeln wird und im östlichen See bei etwa 23 m unter der jetzigen Geländeoberfläche liegen wird. Da das Bohrloch 1 auf einer Höhe von etwa 135 m über NN liegt, kann angenommen werden, daß der Wasserspiegel des östlichen Sees etwa die Höhe von 112 m über NN erreichen wird (vgl. Schnitte J–K und L–M). Die Messungen im Bohrloch 2 lassen für das Grundwasser einen mittleren Flurabstand von 22,90 m errechnen; der mittlere Spiegel der offenen Wasserfläche des westlichen Sees kann sich demnach auf etwa 24 m einpendeln. Das Bohrloch 2 liegt auf der Höhe von etwa 126 m über NN, so daß dann mit einem Wasserspiegel von 102 m über NN zu rechnen wäre. Eine normale Schwankung des künftigen Wasserspiegels ist für die Gestaltung ohne Bedeutung, weil sie durch die Randböschungen aufgefangen wird, die sich dann entsprechend verkürzen. Letztlich wird sich die Uferlinie der Wasserflächen nach dem künftigen Wasserspiegel richten, der sich nach Beendigung des Abbaues einstellen wird. Sollte sich herausstellen, daß die Wasserflächen die in der Planung vorgesehene Größe überschreiten, muß durch Aufschüttung von Abraummassen das Planungsziel erreicht werden.

Soweit die Abbausohle nicht als Wasserfläche verwendet wird, ist eine *Aufforstung* mit standortsgemäßen Holzarten und die Ausbildung eines artenreichen Waldmantels vorgesehen. Hierzu ist es erforderlich, daß der Abbau des Kalksteins einen Meter oberhalb des mittleren Grundwassers endet – falls zur Auffüllung einer tieferen Abbausohle nicht genügend Abraum verfügbar ist – und außerdem eine 1 m dicke Schicht aus Abraum, vermischt mit Mutterboden und Feinerde, aufgedeckt wird.

Die vorgenannte Gestaltung ist auf die beabsichtigte künftige *Nutzung* des Abbaugebietes abgestellt. Das Gebiet soll ökologischen Aufgaben dienen, also den Naturhaushalt der Landschaft durch Erhöhung der biologischen Vielfalt bereichern, neue Biotope für die Vogelwelt, das Niederwild und die Gewässerfauna schaffen, damit zur Stabilität des neu geschaffenen Ökosystems beitragen und schließlich der Bevölkerung aus dem Raum Erwitte – Lippstadt – Geseke als Naherholungsgebiet zur Verfügung stehen. Letzterem wird durch den Badestrand und ein Netz von Fuß- und Wanderwegen Rechnung getragen. Soweit die Wege auf den Bermen verlaufen und Treppen vorgesehen sind, müssen zur Sicherheit Geländer angebracht werden. Eine Nutzung der Seen für Badezwecke soll von einer späteren hygienischen Untersuchung abhängig gemacht werden, weil aufgrund der hydrogeologischen Untersuchung eine hohe Fließgeschwindigkeit des Grundwassers nachgewiesen, das biologische Selbstreinigungsvermögen des Gewässers aber noch nicht abzusehen ist. Hierdurch soll die Gefahr einer etwaigen Verunreinigung durch den Badebetrieb ausgeschlossen werden.

4. Zur Bepflanzung des Abbaugebietes

Die Wahl der geeigneten standortsgemäßen bzw. bodenständigen Gehölzarten für die Bepflanzung und die Aufforstung ergibt sich aus der potentiellen natürlichen Vegetation – vgl. Abschnitt (2).

Für eine Bepflanzung bzw. Aufforstung sind folgende Flächen vorgesehen:

- Sicherheitsstreifen zwischen Grundstücksgrenze und Abbaugrenze in einer Breite von 5–12 m
- Bermen an den Grubenwänden
- Abraumböschungen im unteren Teil der Grubenränder
- Ufergehölze am Wasser
- Röhrichtgürtel am Wasser
- Abbausohle.

Diese Fläche sollen mit folgenden Gehölzarten aufgeforstet werden (vgl. Detailplan):

Sicherheitsstreifen und Abraumböschungen

Die Sicherheitsstreifen sind entlang von Straßen und Wegen mit einer Breite von 12 m, an der Nordseite des Abbaugebietes, die der austrocknenden Südsonne ausgesetzt ist, mit 8 m und an der Südseite mit 5 m ausgelegt (vgl. Detailplan Blatt 2):

Stieleiche (*Quercus robur*)
Traubeneiche (*Quercus petraea*)
Hainbuche (*Carpinus betulus*)
Vogelkirsche (*Prunus avium*)
Feldahorn (*Acer campestre*)
Sommerlinde (*Tilia platyphyllos*)
Hasel (*Corylus avellana*)
Weißdorn (*Crataegus oxyac. u. monog.*)[1]
Schneeball (*Viburum opulus*)
Pfaffenhütchen (*Evonymus europaeus*)
Heckenkirsche (*Lonicera xylosteum*)
Salweide (*Salix caprea*)

An besonders trockenen und der Sonne ausgesetzten Rändern dieser Gehölzstreifen sollen angepflanzt werden:

Hartriegel (*Cornus sanguinea*)
Schlehdorn (*Prunus spinosa*)
Hundsrose (*Rosa canina*)

Bermen

Vogelkirsche (*Prunus avium*)
Feldahorn (*Acer campestre*)
Pfaffenhütchen (*Evonymus europaeus*)
Heckenkirsche (*Lonicera xylosteum*)
Hartriegel (*Cornus sanguinea*)
Schlehdorn (*Prunus spinosa*)
Hundsrose (*Rosa canina*)

Soweit die Berme nicht bepflanzt werden soll, ist sie mit folgenden Gras- und Kleearten anzusäen:

Schafschwingel (*Festuca ovina*)
Schmalblatt-Wiesenrispengras (*Poa pratensis angustifolia*)
Rotschwingel (*Festuca rubra*)
Hopfenklee (*Medicago lupulina*)
Gem. Hornklee (*Lotus corniculatus*)

[1] Infolge der zunehmenden Ausbreitung des Feuerbrandes soll z. Z. kein Weißdorn gepflanzt werden.

Ufergehölze an stehenden Gewässern
Unmittelbar oberhalb der Linie des mittleren Sommerwassers
 Purpurweide (*Salix purpurea*)
 Silberweide (*Salix alba*)
und darüber anschließend
 Esche (*Fraxinus excelsior*)
 Stieleiche (*Quercus robur*)
 Traubenkirsche (*Prunus padus*)
Röhrichtgürtel
 Schilf (*Phragmites communis*) – Außenseite
 Flechtbinse (*Scirpus lacustris*) – Wasserseite
Aufforstung Abbausohle (grundwasserbeeinflußt)
 Rotbuche (*Fagus silvatica*)
 Esche (*Fraxinus excelsior*) – größerer Anteil
 Stieleiche (*Quercus robur*)
 Sommerlinde (*Tilia platyphyllos*)
 Bergahorn (*Acer pseudoplatanus*) – geringer Anteil
 Hainbuche (*Carpinus betulus*)
 Vogelkirsche (*Prunus avium*)
 Feldahorn (*Acer campestre*)
Für den Waldmantel sind zu verwenden:
 Hasel (*Corylus avellana*)
 Weißdorn (*Crataegus oxyac. u. monog.*)
 Schneeball (*Viburnum opulus*)
 Heckenkirsche (*Lonicera xylosteum*)
 Hundsrose (*Rosa canina*)
 Hartriegel (*Cornus sanguinea*)
 Pfaffenhütchen (*Evonymus europ.*)
Der Waldmantel soll mehrstufig und vielartig aus Sträuchern und Bäumen 2. Ordnung aufgebaut werden, damit er sich schützend für den Waldbestand und ökologisch vorteilhaft für den Naturhaushalt der Landschaft auswirken kann.

Für die Aufforstung sollen grundsätzlich Forstpflanzen (1 × verschult, 60/100 u. 80/120 cm) und für die Bepflanzung von Sicherheitsstreifen, Böschungen und Bermen Forstpflanzen und Jungpflanzen (1–2jähr., 50/80 cm) verwendet werden. Über den Pflanzverband gibt der Detailplan Blatt 3 nähere Auskunft.

Da die Eiche auf den nicht sehr tiefgründigen Abraumflächen wegen ihrer Pfahlwurzelbildung Schwierigkeiten machen könnte, sollte zusätzlich Eichelsaatgut eingestuft werden.

6. *Abschließende Bemerkungen*

Es ist das Ziel des Rekultivierungsplanes, die Forderungen in § 3 Abs. 3 des Abgrabungsgesetzes zu erfüllen. Da die Tier- und Pflanzenwelt des bördeartigen Gebietes vor dem Abbau als verarmt zu bezeichnen ist, wird durch die Rekultivierung die biologische Vielfalt der Landschaft wesentlich erhöht. Grundwasserverhältnisse, Klima und Boden werden nicht beeinträchtigt, so daß durch den bergbaulichen Eingriff, bedingt durch die nachfolgenden Maßnahmen der Rekultivierung, das Wirkungsgefüge des Naturhaushaltes der Landschaft nicht nachhaltig geschädigt, sondern verbessert wird. Der mitunter geäußerten Befürchtung, daß durch die neuen Wasserflächen eine zu hohe Verdunstung eintreten könnte, muß entgegengehalten werden, daß z. B. dichte Wälder pro Flächeneinheit mehr Wasser verdunsten als Wasserflächen (vgl. Ellenberg „Ökosystemforschung", Berlin, 1973, S. 12). Im übrigen geht dieses Wasser nicht verloren, sondern wird nur dem Wasserkreislauf zugeführt. Auch wird durch die Maßnahmen der Bepflanzung und Aufforstung sowie die Anlage der Wasserflächen die Landschaft nicht verunstaltet, sondern bereichert. Landschaftsteile von besonderem Wert weist das Plangebiet nicht auf, so daß sie nicht zerstört werden können, wie auch außerhalb des Plangebietes keine wertvollen Landschaftsteile oder -bestandteile beeinträchtigt werden.

Im Endergebnis wird anstelle der jetzt auf Böden mit durchschnittlicher Ertragsleistung betriebenen ackerbaulichen Nutzung ein ökologisch wertvoller und für Naherholungszwecke der Bevölkerung geeigneter Landschaftsraum treten (Abb.

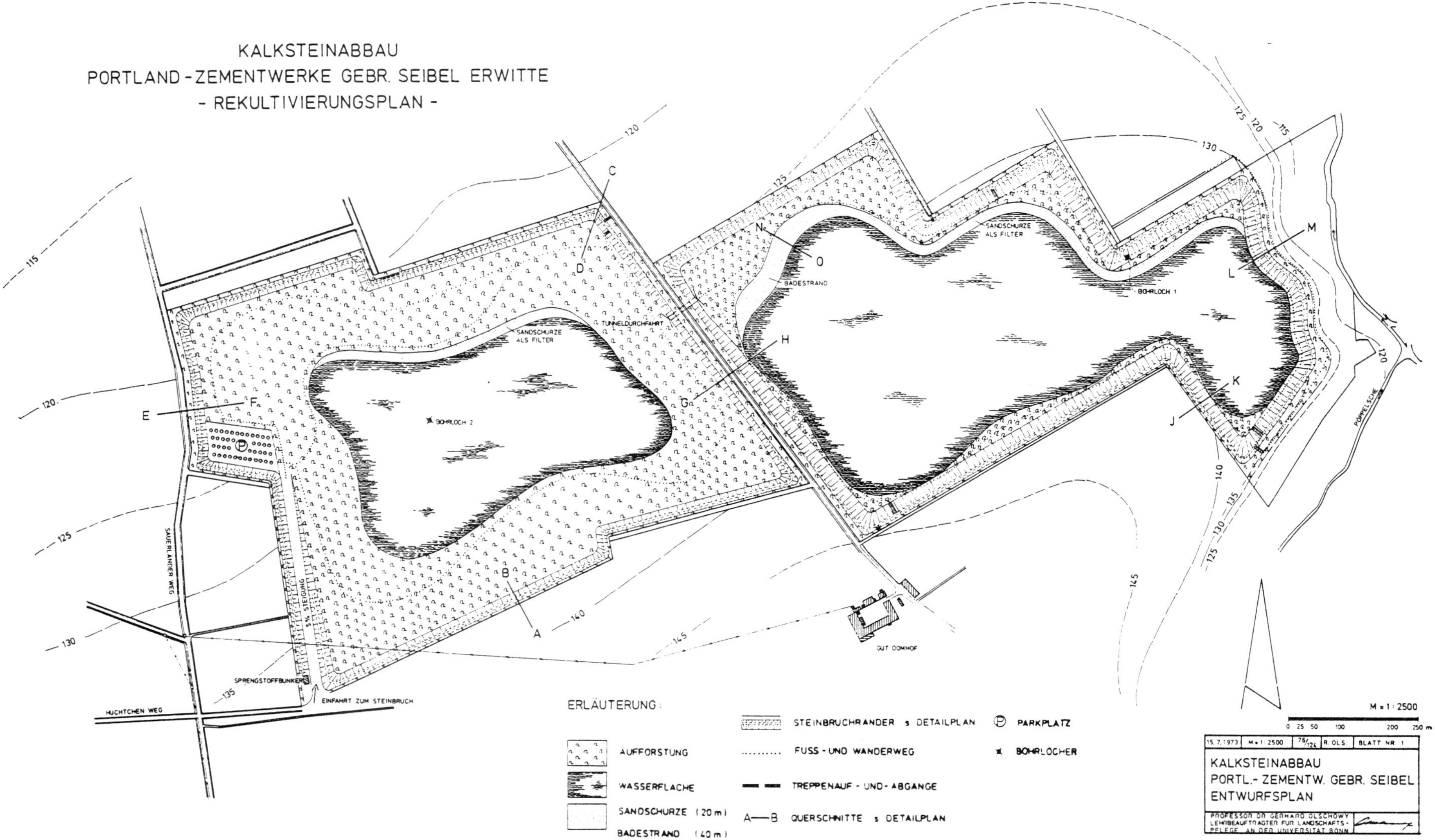

Entwurf: Prof. Dr. G. Olschowy · Mitarbeiter: Stud. Ing. R. Olschowy.

Abb. 32

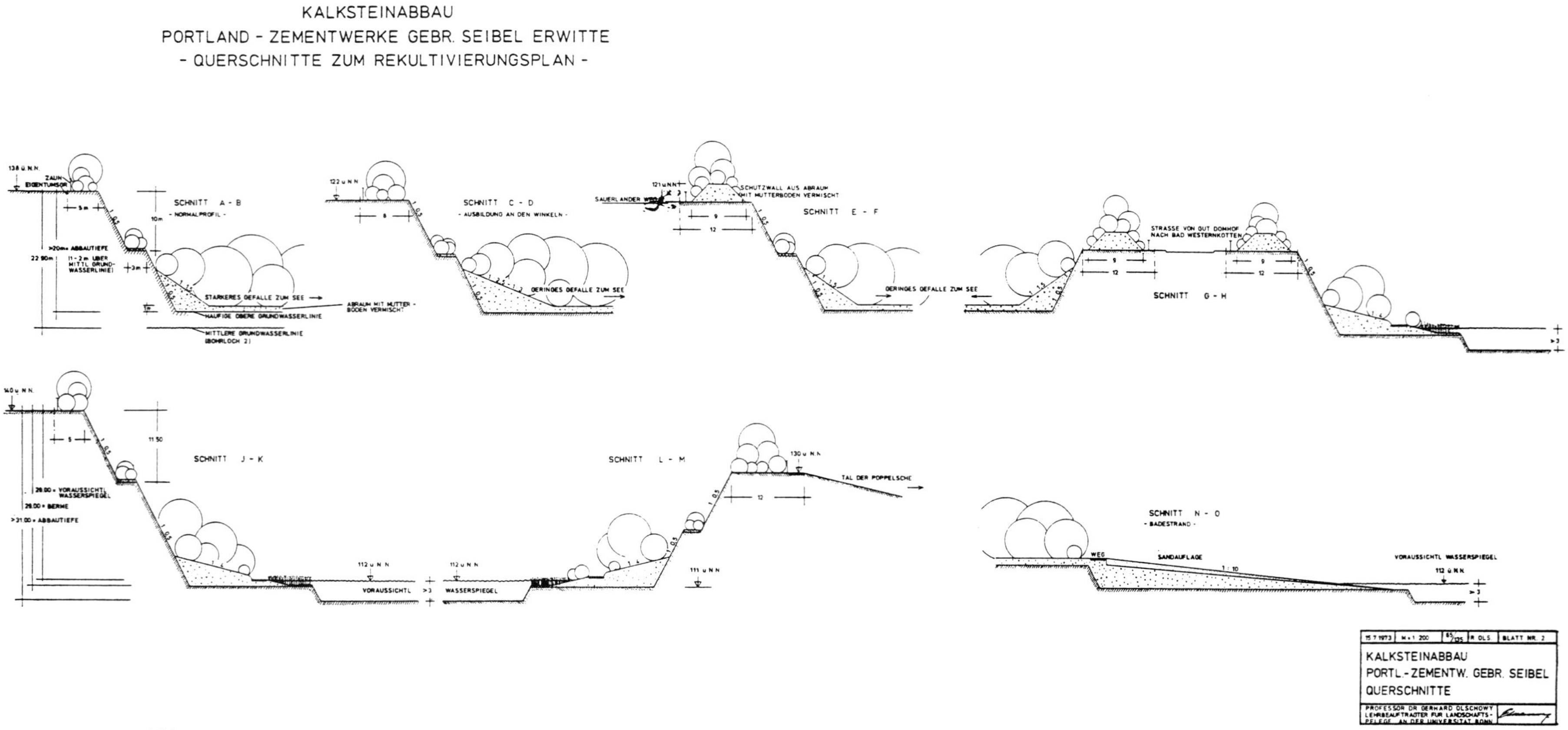
KALKSTEINABBAU
PORTLAND - ZEMENTWERKE GEBR. SEIBEL ERWITTE
- QUERSCHNITTE ZUM REKULTIVIERUNGSPLAN -
SCHNITT A - B
- NORMALPROFIL -
STARKERES GEFALLE ZUM SEE
ABRAUM MIT MUTTER-BODEN VERMISCHT
HAUFIGE OBERE GRUNDWASSERLINIE
MITTLERE GRUNDWASSERLINIE (BOHRLOCH 2)
>20m = ABBAUTIEFE
SCHNITT C - D
- AUSBILDUNG AN DEN WINKELN -
GERINGES GEFALLE ZUM SEE
SAUERLANDER WEG
SCHUTZWALL AUS ABRAUM MIT MUTTERBODEN VERMISCHT
SCHNITT E - F
GERINGES GEFALLE ZUM SEE
STRASSE VON GUT DOMHOF NACH BAD WESTERNKOTTEN
SCHNITT G - H
SCHNITT J - K
29.00 = BERME
>31.00 = ABBAUTIEFE
VORAUSSICHTL
WASSERSPIEGEL
SCHNITT L - M
TAL DER POPPELSCHE
SCHNITT N - O
- BADESTRAND -
WEG
SANDAUFLAGE
VORAUSSICHTL WASSERSPIEGEL
KALKSTEINABBAU
PORTL.-ZEMENTW. GEBR. SEIBEL
QUERSCHNITTE

Abb. 33

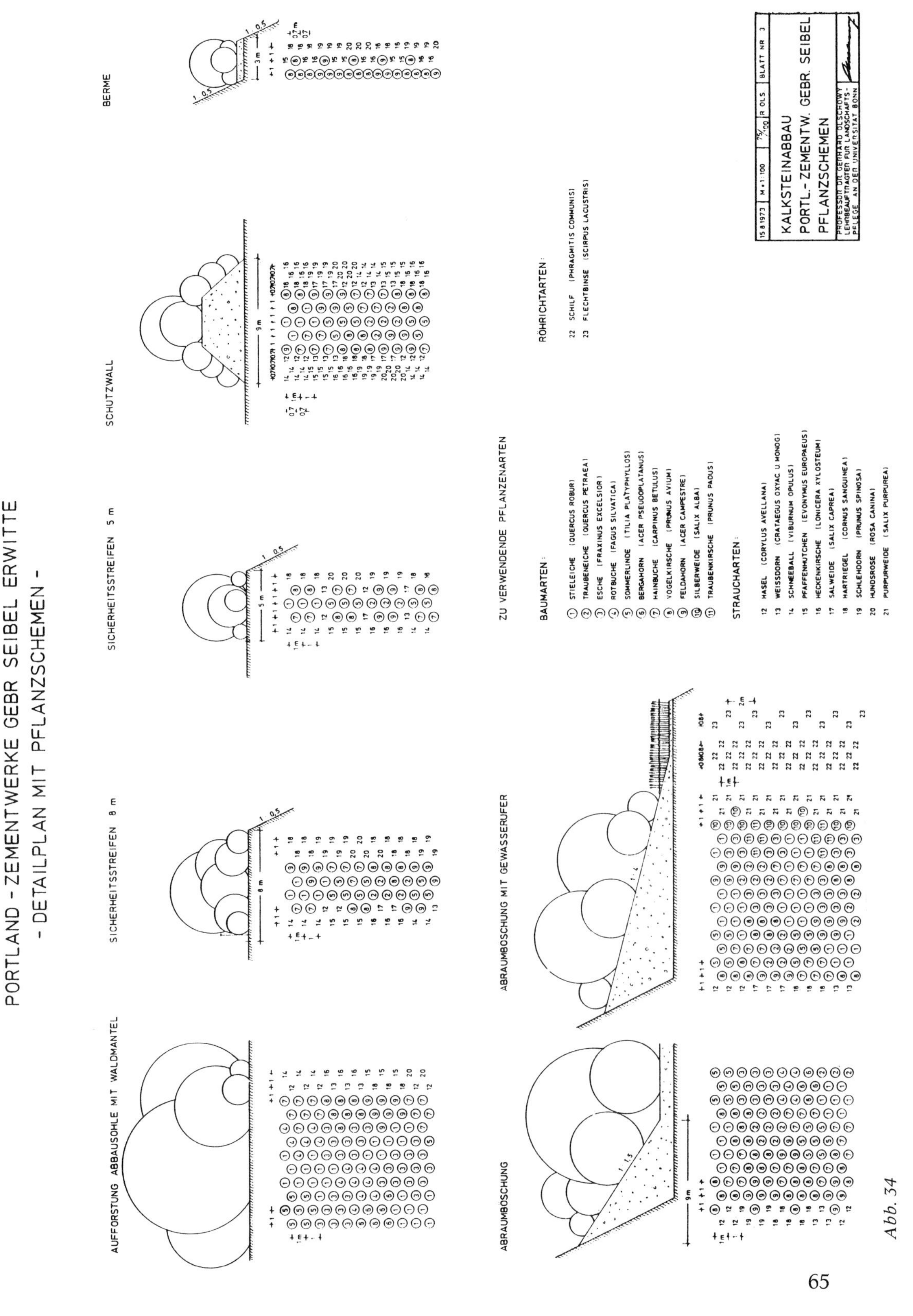
PORTLAND - ZEMENTWERKE GEBR SEIBEL ERWITTE
- DETAILPLAN MIT PFLANZSCHEMEN -
AUFFORSTUNG ABBAUSOHLE MIT WALDMANTEL
SICHERHEITSSTREIFEN 8 m
SICHERHEITSSTREIFEN 5 m
SCHUTZWALL
BERME
ABRAUMBÖSCHUNG
ABRAUMBÖSCHUNG MIT GEWÄSSERUFER
ZU VERWENDENDE PFLANZENARTEN
BAUMARTEN:
1 STIELEICHE (QUERCUS ROBUR)
2 TRAUBENEICHE (QUERCUS PETRAEA)
3 ESCHE (FRAXINUS EXCELSIOR)
4 ROTBUCHE (FAGUS SILVATICA)
5 SOMMERLINDE (TILIA PLATYPHYLLOS)
6 BERGAHORN (ACER PSEUDOPLATANUS)
7 HAINBUCHE (CARPINUS BETULUS)
8 VOGELKIRSCHE (PRUNUS AVIUM)
9 FELDAHORN (ACER CAMPESTRE)
10 SILBERWEIDE (SALIX ALBA)
11 TRAUBENKIRSCHE (PRUNUS PADUS)
STRAUCHARTEN:
12 HASEL (CORYLUS AVELLANA)
13 WEISSDORN (CRATAEGUS OXYAC U MONOG)
14 SCHNEEBALL (VIBURNUM OPULUS)
15 PFAFFENHÜTCHEN (EVONYMUS EUROPAEUS)
16 HECKENKIRSCHE (LONICERA XYLOSTEUM)
17 SALWEIDE (SALIX CAPREA)
18 HARTRIEGEL (CORNUS SANGUINEA)
19 SCHLEHDORN (PRUNUS SPINOSA)
20 HUNDSROSE (ROSA CANINA)
21 PURPURWEIDE (SALIX PURPUREA)
RÖHRICHTARTEN:
22 SCHILF (PHRAGMITIS COMMUNIS)
23 FLECHTBINSE (SCIRPUS LACUSTRIS)
KALKSTEINABBAU
PORTL.- ZEMENTW. GEBR. SEIBEL
PFLANZSCHEMEN
M = 1:100
BLATT NR 3
PROFESSOR DR GERHARD OLSCHOWY
LEHRBEAUFTRAGTER FÜR LANDSCHAFTSPFLEGE AN DER UNIVERSITÄT BONN

Abb. 34

32–34). Da die Planung infolge des zurückhaltenden Abbaues noch nicht ausgeführt ist, muß auch damit gerechnet werden, daß abweichende Lösungen angewandt werden.

3.3.2 Beispiel Kalksteinabbau Kallenhardt im Kreis Lippstadt

1. Einführung

Das Kalksteinabbaugebiet Kallenhardt, Lkr. Lippstadt, weist einerseits einen Kalkstein von hoher Qualität auf, dessen Calciumcarbonatgehalt zwischen 98,15 und 99,15 % liegt (vgl. Anlage). Andererseits stehen in diesem Raum dem uneingeschränkten Abbau von Kalkstein Belange des Naturschutzes und der Wasserwirtschaft entgegen.

Das Lörmecketal ist ein wasserwirtschaftlich bedeutsames und erhaltungswürdiges Landschaftselement, das unter Landschaftsschutz steht und daher nicht beeinträchtigt werden darf. Das eingetiefte Bachtal wird beiderseits von teilweise bewaldeten Hangflächen begleitet; es ist für diese Landschaft besonders charakteristisch. Der „Hohle Stein" am Südrand des Tales ist ein wertvolles Kultur-, Boden- und Naturdenkmal, das nicht nur selbst erhalten werden muß, sondern auch einer geordneten Kulturlandschaft als würdige Umgebung bedarf.

Das Denkmal erfordert, den nördlich

Anlage
Untersuchungsergebnisse von Kalksteinproben von der Fa. Milke, Geseke

Entnahme-Stellen der Proben:

1: Suttrop, 2. Sohle, Südwand rechts
2: Suttrop, 2. Sohle, Südwand links
3: Suttrop, Ostwand, 2. Sohle links
4: Suttrop, 1. Sohle, Südwand Mitte
5: Kallenhardt, 1. Sohle, Südwand Mitte

Zeichenerklärung:

$CaCO_3$ = (Calciumkarbonat) wurde durch Titration gewonnen, der MgO-Gehalt ist dann bekanntlich mit in den Werten.
CaO = Calciumoxyd (Ätzkalk)
MgO = Mangnesiumoxyd
SiO_2 = Kieselsäure
AL_2O_3 = Aluminiumoxyd
Fe_2O_3 = Eisenoxyd

Probe	1	2	3	4	5
$CaCO_3$	98,9	99,15	99,15	99,0	98,15
CaO	97,0	96,10	94,40	97,60	94,60
MgO	2,08	3,0	5,03	1,33	3,10
SiO_2	0,31	0,16	0,13	0,26	2,54
Al_2O_3	0,55	0,61	0,60	1,32	1,13
Fe_2O_3	0,20	0,22	0,29	0,49	0,35

Suttrop, den 13. 5. 1975

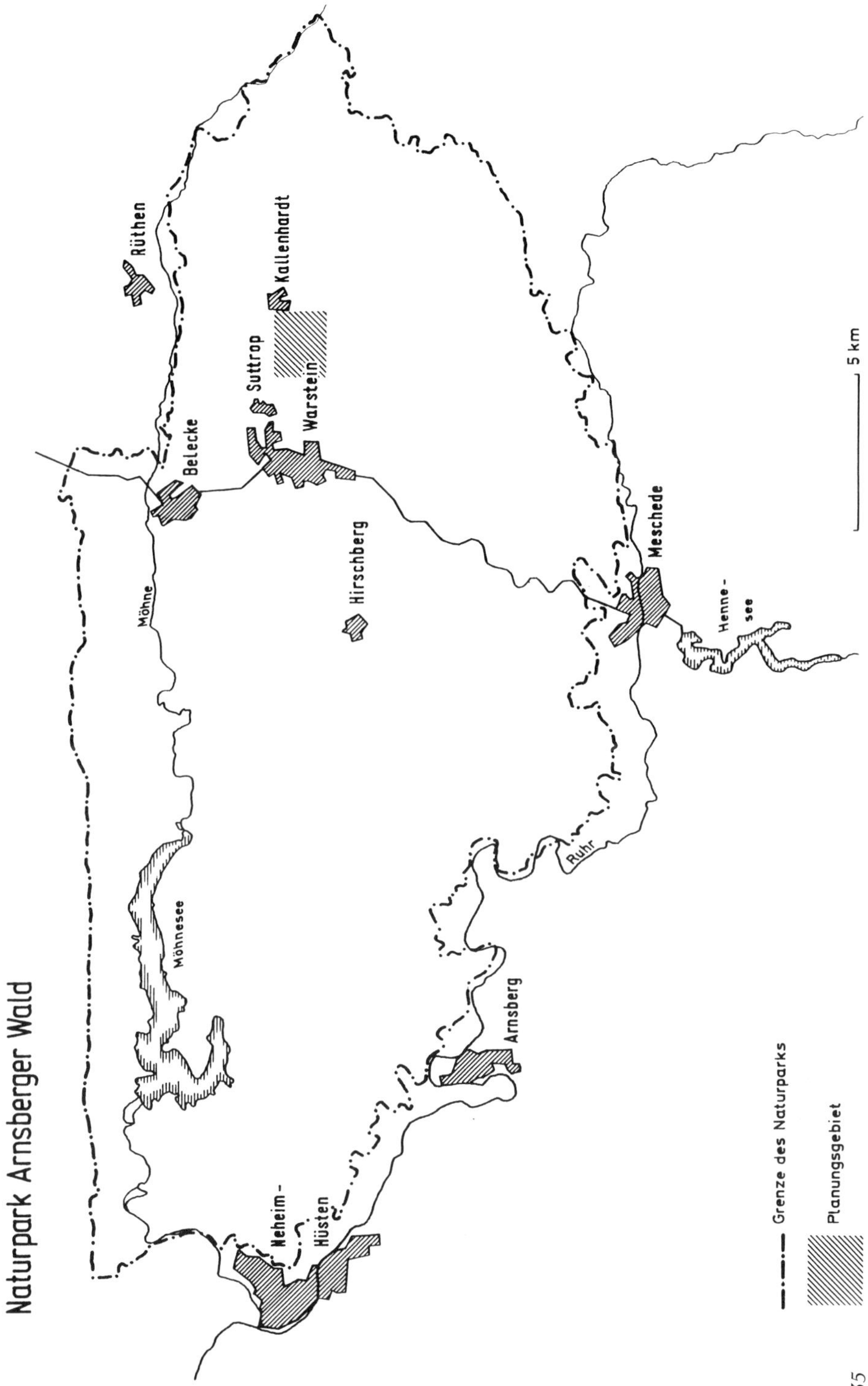
Naturpark Arnsberger Wald
Rüthen
Kallenhardt
Suttrop
Warstein
Belecke
Hirschberg
Meschede
Henne-
see
Möhne
Möhnesee
Ruhr
Arnsberg
Neheim-
Hüsten
5 km
Grenze des Naturparks
Planungsgebiet

Abb. 35

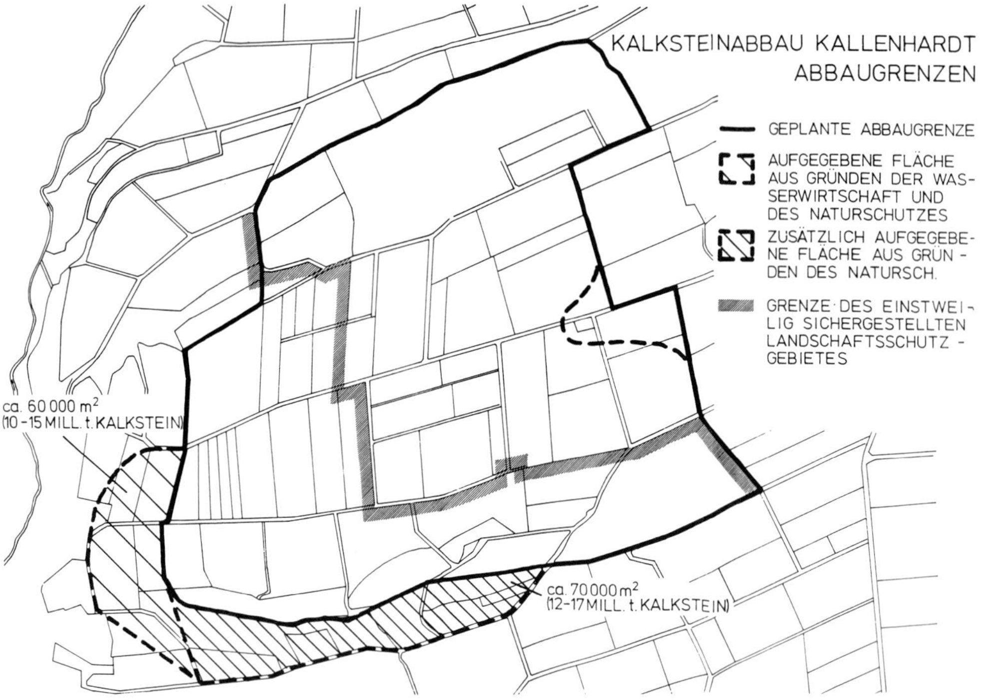

Abb. 36

gelegenen Talhang wenigstens so weit zu erhalten, daß die Tallandschaft in ihrem Charakter nicht beeinträchtigt wird. Schließlich muß sowohl für den Kalksteinabbau als auch für die Rekultivierung des Abbaugebietes in Betracht gezogen werden, daß das Gebiet im Bereich des Naturparkes Arnsberger Wald liegt, der als Erholungsgebiet besondere Aufgaben zu erfüllen hat (vgl. Abb. 35).

Der Bergbautreibende ist sich dieser hohen Verantwortung bewußt und erklärte sich nach Verhandlungen mit den zuständigen Behörden, insbesondere dem Wasserwirtschaftsamt, bereit, die in einem Gutachten von Prof. SEMMLER vorgeschlagene westliche Abbaugrenze zurückzunehmen und auf den Abbau von rd. 60 000 m^2 Fläche mit etwa 10 bis 15 Mio Tonnen Kalkstein zu verzichten. Im Hinblick auf das Naturdenkmal „Hohler Stein" wurden vom Verfasser auch die landschaftlichen Gegebenheiten im Süden des künftigen Abbaugebietes mehrmals begutachtet und eine nach Norden verlegte neue Abbaugrenze vorgeschlagen. Sie bedeutet für den Abbautreibenden einen nochmaligen Verzicht auf rd. 70 000 m^2 Abbaufläche mit etwa 12 bis 17 Mio Tonnen qualitativ wertvollem Kalkstein (vgl. Abb. 36). Der Unternehmer erklärte sich im Interesse des Naturschutzes und der Kulturlandschaft bereit, auf diesen Kompromiß als äußerstes Zugeständnis einzugehen.

Die besonderen natürlichen Gegebenheiten des Landschaftsraumes haben die zuständige Behörde für Naturschutz und Landschaftspflege veranlaßt, das bestehende Landschaftsschutzgebiet zu vergrößern und einen Teil des geplanten Abbaugebietes als Landschaftsschutzgebiet „einstweilen sicherzustellen" (vgl. Abb. 36). Dem steht ein Abbauanspruch der Fa. Fritz WEIKEN KG gegenüber, die das geplante Abbaugebiet regelmäßig dem zuständigen Landkreis gemeldet hat und von dieser Seite keinen Einspruch erhalten hat. Daraus kann ein Rechtsanspruch abgeleitet werden.

Zur Lösung des hier vorliegenden Zielkonfliktes zwischen Naturschutz und Abbaunutzung können die „Verwaltungsvorschriften zur Einführung des Abgrabungsgesetzes“ – RdErl. des Ministers für Ernährung, Landwirtschaft und Forsten v. 6. 8. 1973 – I B 2-02-12 E/73 (Min.Bl. Nordrhein-Westfalen Nr. 115 v. 6. 12. 1973) – herangezogen werden. Hier heißt es in Ziff. 2.2: „Die Belange der Landschaftsordnung und andere öffentliche Belange stehen der Genehmigung nicht in jedem Falle entgegen. Aus Abs. 3 und Abs. 4 ergibt sich, daß nachhaltige und dauernde Schäden und Verunstaltungen vermieden werden sollen. Nach dem Grundsatz der Verhältnismäßigkeit ist dabei eine Abwägung mit den wirtschaftlichen Belangen vorzunehmen.“

Das Plangebiet liegt, wenn von wenigen kircheneigenen Flurstücken abgesehen wird, im Eigentum von zwei Unternehmen, soweit sie nicht über das Vorkaufsrecht verfügen. Beide Unternehmer haben sich im Interesse einer landschaftsgerechten Wiederherstellung des Abbaugebietes bereit erklärt, einen gemeinsamen Rekultivierungsplan aufstellen zu lassen, wodurch den Erfordernissen des Naturschutzes und der Landschaftspflege optimal Rechnung getragen werden kann.

2. Naturausstattung des Plangebietes

Allgemeine Angaben

Das Kalksteinabbaugebiet von Kallenhardt (der Ortsname beruht auf der „Kahlen Hardt“, einer Anhöhe) liegt ostwärts von Warstein und Suttrop und gehört *naturräumlich* zum „Ostsauerländischen Oberland“ und hier wiederum zur Warsteiner Hochfläche. Der Naturraum ist noch Teil des Rheinischen Schiefergebirges, stellt aber bereits den Übergang zu den im Norden und Osten gelegenen niedrigeren Großräumen dar. Das Abbaugebiet weist Höhen von 400 m über NN und darüber auf. Der höchste Punkt liegt 438 m über NN.

Die Briloner und Warsteiner Hochflächen unterscheiden sich im *Gesteinsaufbau* und Landschaftscharakter sehr wesentlich von dem übrigen Ostsauerländischen Oberland bzw. dem Naturpark Arnsberger Wald. Während sonst der Wald vorherrscht, überwiegt hier auf dem flachförmigen Gebiet die ackerbauliche Nutzung. Die Hochflächen stellen inselartige Regionen devonischen Massenkalkes dar, die in naher Verbindung mit den diabasischen Decken des geologischen Briloner und Warsteiner Sattels stehen. In diesen Massenkalkzonen zeigen die Gewässer häufig Karsterscheinungen. Das oberflächennah anstehende Kalkgestein hat auch die zahlreich auftretenden Steinbrüche zur Folge.

Zum *Klima* des Raumes ist zu bemerken, daß die Tal- und Hanglagen im Nordostteil des Naturraumes in Höhenlagen von 300 m über NN Jahresmitteltemperaturen von 7–7,5 °C und in Höhenlagen von 500 m über NN 6,5 °C aufweisen. In Warstein, das über 295 m über NN liegt, wird eine jährliche Niederschlagsmenge von 968 mm gemessen.

Die *Böden* sind auf den ackerbaulich genutzten Hochflächen als mittel bis gut basenhaltige Braunerden und Parabraunerden anzusprechen, soweit nicht als Kalksteinverwitterungsboden eine Rendzina oder Pararendzina ansteht. Die Hangflächen weisen zumeist schwach basenhaltige Braunerden oder Ranker auf, die für den Ackerbau weniger geeignet sind und daher als Grünland genutzt oder sich selbst überlassen bleiben. In einer sehr langsam verlaufenden Sukzession begrünen sich diese oft verkarsteten Hangflächen über ein Buschstadium zu einem mittelwaldartigen Baumbestand.

Vegetation

Die künftigen Maßnahmen der Landschaftspflege, vor allem auch die Auswahl geeigneter Gehölzarten für Begrünungen und Aufforstungen, hängen sowohl von der realen, also der tatsächlich vorhandenen Vegetation, als auch der potentiellen natürlichen Vegetation ab. Darunter sind jene Pflanzengesellschaften zu verstehen, die sich auf den jeweiligen Standorten entwickeln würden, wenn künftig menschliche Eingriffe unterblieben und die Standorte sich selbst überlassen bleiben würden.

Um die reale wie potentielle natürliche Vegetation zu ermitteln, bedurfte es eingehender geländekundlicher Untersuchungen. Über das Ergebnis ist folgendes zu berichten:

Die *reale Vegetation* ist auf der Hochfläche des Plangebietes nur noch in wenigen Resten vorhanden, so als restliche Flurgehölze und Hofgehölze am Piperhof. Am West- und Südrand der Hochfläche endet die ackerbauliche Nutzung, die Gehölzbestände nehmen zu und verdichten sich zum Tal der Lörmecke hin und auf dem gegenüberliegenden Hang zu Waldresten und kleinen geschlossenen Waldbeständen.

Die Flurgehölze setzen sich aus folgenden Arten zusammen:

Baumarten

Stieleiche (*Quercus robur*)
Hainbuche (*Carpinus betulus*)
Rotbuche (*Fagus silvatica*)
Esche (*Fraxinus excelsior*)
Bergahorn (*Acer pseudoplatanus*)
Vogelbeere (*Sorbus aucuparia*)
Aspe (*Populus tremula*)
Vogelkirsche (*Prunus avium*)
Wildbirne (*Pirus communis*)
Kiefer (*Pinus silvestris*)

Straucharten

Feldahorn (*Acer campestre*)
Weißdorn (*Crataegus oxyac. u. monog.*)
Schlehdorn (*Prunus spinosa*)
Wildrose (*Rosa canina*)
Hasel (*Corylus avellana*)
Schwarzer Holunder (*Sambucus nigra*)
Hartriegel (*Cornus sanguinea*)
Pfaffenhütchen (*Evonymus europaea*)
Salweide (*Salix caprea*)
Sadebaum (*Juniperus communis*)

Die *potentielle natürliche Vegetation* setzt sich im Plangebiet aus folgenden Pflanzengesellschaften zusammen:

a. *Perlgras – Buchenwald* (Melico-Fagetum).
Er nimmt die Oberfläche, auf der die Ackernutzung vorherrschend ist, ein. Es steht eine gut bis mittel basenhaltige Braunerde und Parabraunerde sowie eine Rendzina bis Pararendzina an; es ist ein schluffiger bis toniger Lehm, mitunter auch grusig und steinig. Der Standort könnte einen Buchenwald mit mittlerer bis sehr guter Ertragsleistung tragen. Folgende Gehölzarten gehören dieser Gesellschaft an und sind für Aufforstungen und Flurgehölze geeignet:

Baumarten

Traubeneiche (*Quercus petraea*)
Stieleiche (*Quercus robur*)
Hainbuche (*Carpinus betulus*)
Bergahorn (*Acer pseudoplatanus*)
Sommerlinde (*Tilia platyphyllos*)
Esche (*Fraxinus excelsior*)
Rotbuche (*Fagus silvatica*) – für Aufforstung

Straucharten

Feldahorn (*Acer campestre*)
Salweide (*Salix caprea*)
Hasel (*Corylus avellana*)
Hartriegel (*Cornus sanguinea*)
Weißdorn (*Crataegus oxyac. u. monog.*)
Schlehdorn (*Prunus spinosa*)
Wildrose (*Rosa canina*)
Wasser-Schneeball (*Viburnum opulus*)

b. *Artenreicher Hainsimsen-Buchenwald* (Luzelo-Fagetum milietosum)
Er nimmt den Westrand zum Lörmecketal hin ein. Es steht eine schwach bis

mittel basenhaltige Braunerde und Ranker, teilweise podsolig, mit lehmigem Sand bis schluffigem Lehm an, der auch grus- und steinhaltig sein kann. Der Standort trägt Buchenwald, kann aber auch als Fichtenforst genutzt werden. Folgende Gehölzarten gehören dieser Gesellschaft an und sind für Aufforstungen und Flurgehölze geeignet:

Baumarten

Traubeneiche (*Quercus petraea*)
Stieleiche (*Quercus robur*)
Sandbirke (*Betula verrucosa*)
Vogelbeere (*Sorbus aucuparia*)
Hainbuche (*Carpinus betulus*)
Aspe (*Populus tremula*)
Rotbuche (*Fagus silvatica*) – für Aufforstung

Straucharten

Salweide (*Salix caprea*)
Hasel (*Corylus avellana*)
Faulbaum (*Frangula alnus*)
Wildrose (*Rosa canina*)

c. *Artenarmer Hainsimsen-Buchenwald* (Luzelo-Fagetum typicum)
Er nimmt den Rand, der sich an die Hochfläche nach Süden hin anschließt, ein. Es steht eine schwach basenhaltige Braunerde und Ranker, teilweise podsolig, mit lehmigem Sand bis schluffigem Lehm an, der grus- und steinhaltig ist. Der Standort trägt Buchenwald, kann aber auch als Fichtenforst genutzt werden. Folgende Gehölzarten gehören dieser Gesellschaft an und sind für Aufforstungen und Flurgehölze geeignet:

Baumarten

Traubeneiche (*Quercus petraea*)
Stieleiche (*Quercus robur*)
Sandbirke (*Betula verrucosa*)
Vogelbeere (*Sorbus aucuparia*)
Aspe (*Populus tremula*)
Rotbuche (*Fagus silvatica*) – für Aufforstung

Straucharten

Salweide (*Salix caprea*)
Faulbaum (*Frangula alnus*)

d. *Stieleichen-Hainbuchen-Auenwald* der Bergrandtäler (Stellario-Carpinetum der Bergrandtäler)
Er nimmt die Talaue des Lörmecketales ein. Es steht ein Auenboden und Gley mit wechselnden Bodenarten von lehmigem Sand bis zu tonigem Lehm an. Der Standort trägt einen Stieleichen-Hainbuchen-Auenwald, wie er in schmalen Bergrandtälern verbreitet ist; er wird häufig als Grünland, sowohl als Dauerweide als auch als Wiese genutzt. Folgende Gehölzarten gehören dieser Gesellschaft an und sind für Aufforstungen und Flurgehölze geeignet:

Baumarten

Stieleiche (*Quercus robur*)
Hainbuche (*Carpinus betulus*)
Bergahorn (*Acer pseudoplatanus*)

Straucharten

Wasser-Schneeball (*Viburnum opulus*)
Hasel (*Corylus avellana*)
Grauweide (*Salix cinerea*)

am Ufer

Roterle (*Alnus glutinosa*)
Bruchweide (*Salix fragilis*)
Mandelweide (*Salix triandra*)

3. *Gesetzliche Grundlagen*

Die Abgrabung und Herrichtung (Rekultivierung) des Plangebietes unterliegt dem nordrhein-westfälischen *Gesetz zur Ordnung von Abgrabungen* (Abgrabungsgesetz) vom 21. November 1972 (GV.NW. 1972 S. 372). Nach § 3 Abs. 2 Nr. 2 dieses Gesetzes darf die Genehmigung zur Abgrabung erteilt werden, wenn die Ziele und Erfordernisse der Raumordnung und Landesplanung sowie die Belange der Bauleitplanung, der Landschaftsordnung und der Erholung beachtet sind. Nach § 3 Abs. 3 sind die Belange der Landschaftsordnung in der Regel beachtet, wenn durch die Nutzung und Herrichtung des Abbau- und Betriebsgeländes

1. das Wirkungsgefüge der Landschaft durch Eingriffe in die Tier- und Pflanzenwelt, die Grundwasserverhältnisse, das Klima und den Boden nicht nachteilig geschädigt wird,
2. eine Verunstaltung auf Dauer verhindert wird und
3. Landschaftsteile von besonderem Wert nicht zerstört werden.

Nach § 4 Abs. 2 muß der Abgrabungsplan alle wesentlichen Einzelheiten der Abgrabung und der Herrichtung enthalten, so auch insbesondere den

„3. Nachweis über die fachgerechte Unterbringung des Abraumes sowie über die Sicherung und Verwendung des Mutterbodens“

und die

„4. Darstellung der Oberflächengestaltung und Wiedernutzbarmachung des Abbau- und Betriebsgeländes nach Beendigung des Abbaues einschließlich einer Schätzung der dafür entstehenden Kosten.“

Der vorliegende Rekultivierungsplan umfaßt die Maßnahmen zur Herrichtung des Abbaugebietes und ist Teil des Abgrabungsplanes. Die bereits erwähnten „Verwaltungsvorschriften zur Einführung des Abgrabungsgesetzes“ des Ministers für Ernährung, Landwirtschaft und Forsten vom 6. August 1973 behandeln in Ziff. 2.4 die wesentlichen Einzelheiten der Herrichtung, die der Abgrabungsplan enthalten soll. So sollen u. a. insbesondere Angaben gemacht werden über

- die spätere Nutzung des Abbaugebietes,
- die Gestaltung des Geländes nach dem Abbau, insbesondere Ausformung von Böschungen und bleibenden Oberflächengewässern, und die späteren Grundwasserverhältnisse,
- die Behandlung und Verwendung von Mutterboden und Abraum,
- die Maßnahmen zur Sicherung von Böschungen und Ufern,
- die Bodenvorbereitung zur Rekultivierung und für Begrünungsmaßnahmen,
- die beabsichtigten Ansaat-, Bepflanzungs- und Aufforstungsmaßnahmen und
- die voraussichtlichen Kosten der Herrichtungsmaßnahmen, aufgeschlüsselt nach Herrichtungsabschnitten und gegliedert in herrichtungsbedingte Kosten oder Mehrkosten für Erdarbeiten, Kosten für die Beseitigung betriebsbedingter Anlagen und Kosten für die vorgesehenen Rekultivierungsmaßnahmen.

Der Entwurf von „Technischen Richtlinien zur Herrichtung von Abgrabungsflächen“ des Ministers für Ernährung, Landwirtschaft und Forsten von Nordrhein-Westfalen vom 22. März 1976 sieht vor, daß der Abgrabungsplan in der Regel aus vier Planteilen bestehen soll, und zwar der Übersichtskarte, dem Lageplan, dem Abbauplan und dem Herrichtungsplan. Weitere Detailpläne können je nach Gegebenheit erforderlich sein, wie auch Pläne nötigenfalls durch Text ergänzt werden sollen. Der Herrichtungsplan im Maßstab 1:5000 oder größer sollte u. a. folgende Angaben enthalten:

- Folgenutzungen des Abbaugebietes
- Gestaltung des Geländes nach dem Abbau
- die Verwendung und Behandlung von Mutterboden, kulturfähigem Boden und sonstigem Abraum
- die Maßnahmen zur Sicherung von Böschungen, Bermen und Ufern
- Ansaat-, Pflanzungs-, Anspritz- und Aufforstungsmaßnahmen
- vorübergehende Lärm- und Staubschutzpflanzungen und Eingrünung von Betriebseinrichtungen.

In den Empfehlungen zur Gestaltung von Abgrabungsflächen heißt es: „Die Herrichtung des Betriebs- und Abbaugeländes umfaßt die Wiedereingliederung in die umgebende Landschaft, die Rekultivierung und die Gestaltung des Geländes. Ziel der Herrichtung ist es, wieder eine landschaftsökologisch intakte Landschaftseinheit entstehen zu lassen und der neu gestalteten Fläche eine konkrete

Funktion zu geben. Die rekultivierten Böden sollen eine der vorgesehenen Nutzung entsprechende, nachhaltige Leistungsfähigkeit aufweisen."

Im einzelnen enthält dieser Entwurf noch folgende Angaben, die für die Rekultivierung im Abbaugebiet Kallenhardt von Bedeutung sind:

- Zu den an den Grundstücksgrenzen verbleibenden Wegen, Wasserläufen und Gewässern ist ein mindestens 5 m breiter Schutzstreifen aus Sicherheitsgründen von der Abgrabung freizuhalten.
- Soll kein Grundwasser freigelegt werden, so darf der Abbau zur Vermeidung von Vernässung nicht weiter als 2 m über den mittleren Grundwasserspiegel reichen.
- Ist nach dem Abbau die Anlage eines Gewässers geplant, das der Erholung oder der Fischerei dienen soll, so ist die Abgrabung im Mittel bis mindestens 2 m unterhalb des mittleren Grundwasserspiegels zu führen.
- Die Anlage von Rundwanderwegen an Gewässern ist in der Regel erwünscht.
- Uferböschungen sollten grundsätzlich so gestaltet werden, daß man gefahrlos an das Ufer herantreten kann.
- Ist eine fischereiliche Nutzung geplant, so sind nach Möglichkeit in einigen Teilbereichen auch größere flachausgemuldete Wasserflächen anzulegen. Die Schaffung von ausgedehnten Flachwasserzonen, zumindest an einigen Teilen der Ufer, sollte ebenfalls angestrebt werden, um Röhrichte und andere Wasserpflanzen pflanzen zu können.
- Im Schwankungsbereich des Grundwassers – im allgemeinen 2 m über und unter dem mittleren Wasserspiegel – sollen geeignete Maßnahmen zur Schaffung eines Wasserbiotops (z. B. Röhrichtzonen, Seggen) getroffen werden.
- Zum schadlosen Abfangen des Oberflächenwassers ist mind. 1 m über dem späteren mittleren Wasserstand eine mind. 1,50 m breite hangwärts geneigte Sicherheitsberme anzulegen.
- Die Neigung von Abbauwänden sowie die Breite von Sohlen richten sich in erster Linie nach Standfestigkeit und Lagerung des Materials sowie nach dem Schichteinfall. Die Abbauwände sind standfest anzulegen und sollen in angemessener Höhe durch Bermen unterbrochen werden. Die Breite der Bermen an stillgelegten Wänden sollte nach Möglichkeit 5 m betragen.
- Die Mächtigkeit der für das Pflanzenwachstum zur Verfügung stehenden durchwurzelbaren Bodenschicht (Mutterboden und kulturfähiges Bodenmaterial) sollte bei land- und forstwirtschaftlicher Rekultivierung möglichst 1 m betragen.
- Die Herrichtungsflächen sind unverzüglich nach der Bodenabdeckung zu begrünen bzw. in Kultur zu nehmen. Böschungen und Bermen sind durch Deckeinsaaten (Gras, Klee, Leguminosen) zu sichern und anschließend mit standortgerechten Gehölzen zu bepflanzen. Auf der Grundlage eines Pflanzenschemas sollte die Bepflanzung auf die künftige Nutzung abgestimmt werden. Das gilt auch für die Befestigung und Begrünung von Ufern.

4. Erläuterung des Rekultivierungsplanes

Planungsziel

Das Planungsziel ergibt sich zwangsläufig aus der Konfliktsituation, die durch den Kalksteinabbau im Naturpark Arnsberger Wald und im Bereich eines Landschaftsschutzgebietes hervorgerufen wird. Das Ziel wird weiter durch die im Abgrabungsgesetz niedergelegten Forderungen bestimmt. Schließlich sind die Vorstellungen der Landesplanungsgemeinschaft Westfalen zu berücksichtigen. So heißt es in einer Vorlage zur Sitzung des Verwaltungs- und Planungsausschusses dieser Landesplanungsgemeinschaft am 26. Juni

1975: „Aus der Sicht der im Raum Kallenhardt am Kalkabbau interessierten Unternehmen ist eine Erweiterung des südwestlich der Ortslage Kallenhardt dargestellten Bereichs für den Abbau von Bodenschätzen erforderlich. Die Entscheidung darüber bleibt dem Verfahren zur Aufstellung des Landesentwicklungsplanes V (Lagerstätten) bzw. einer Änderung des Gebietsentwicklungsplanes vorbehalten. Bis dahin sind bei konkreten Abgrabungsvorhaben auf Abbauflächen, die an den dargestellten Bereich angrenzen, unter Berücksichtigung der Standortgebundenheit der Mineralgewinnung die wirtschaftlichen, sozialen und kulturellen Erfordernisse untereinander sowie insbesondere die Erfordernisse der Landschaftsentwicklung und der Erholung in fachplanerischen Verfahren gemäß §§ 18, 25 Abs. 4 des Gesetzes zur Landesentwicklung (GV.NW. 1974 S. 96) abzuwägen."

Somit müssen sowohl der Abbau selbst als auch die Maßnahmen zur Rekultivierung darauf abgestellt werden, den Naturpark und das Landschaftsschutzgebiet nicht zu beeinträchtigen, soweit wie möglich in ihren Funktionen zu fördern und den Wert des Gebietes für Erholung und Freizeit zu erhöhen. Dies soll in der Planung durch folgende Vorschläge erreicht werden:

- Die Südgrenze des Abbaugebietes gegenüber dem Naturdenkmal „Hohler Stein" wird so festgelegt, daß die Tallandschaft nicht beeinträchtigt und das Abbaugebiet nicht eingesehen werden kann. Das Ziel wird weiter durch die im Abgrabungsgesetz niedergelegten Forderungen bestimmt. Durch Neupflanzungen unmittelbar an der Abbaugrenze und durch eine Aufforstung der Hangfläche soll der Talrand aufgewertet und in den Landschaftsraum eingefügt werden (vgl. Abb. 37).
- Die höchste Erhebung des Abbaugebietes (438 m über NN – Wasserbehälter) soll nicht abgebaut und als Aussichtspunkt erhalten werden, weil von hier aus eine hervorragende Sicht nach allen Seiten in den Naturpark Arnsberger Wald und auch in das Lörmecketal möglich ist.
- Die Abbaufläche soll zu einem Erholungsgebiet mit vielfältigen Angeboten für eine landschaftsgebundene Freizeitbetätigung gestaltet werden. Das entspricht den Zielen des Landesentwicklungsprogrammes und des Gebietsentwicklungsplanes der Landesplanungsgemeinschaft Westfalen (Teilabschnitt Soest–Lippstadt) wie auch den Bedürfnissen der Bevölkerung der näheren und weiteren Umgebung.
- Mit der Gestaltung der Talsohle und der Grubenränder – Aufforstung mit standortgemäßen Holzarten, Anlage einer Wasserfläche mit naturnaher Ufervegetation, Bepflanzung von Bermen – soll die biologisch-ökologische Vielfalt des Gesamtgebietes erhöht und der Eingriff des Tagebaues ausgeglichen werden.

Mit den vorgenannten Vorschlägen sollen die Forderungen des Abgrabungsgesetzes § 3, Abs. 2 Nr. 2 und Abs. 3 Nr. 1–3 erfüllt werden. Das Wirkungsgefüge der bislang ackerbaulich genutzten Landschaft (Tier- und Pflanzenwelt, Grundwasser, Klima, Boden) wird durch den Eingriff des Kalksteinabbaues nicht nachhaltig geschädigt, sondern durch eine Erhöhung der biologischen Vielfalt verbessert; es entsteht ein reich ausgestattetes naturnahes Ökosystem. Damit wird eine Verunstaltung der Landschaft vermieden. Landschaftsteile von besonderem Wert werden nicht zerstört.

Nutzung und Gestaltung des Abbaugebietes

Die künftige Sohle des Abbaugebietes wird mit 330 m über NN festgelegt, also 5 m über der Quelle mit 325 m, so daß eine Beeinträchtigung des Grundwassers ausgeschlossen ist.

KALKSTEINABBAU
KALLENHARDT
FRITZ WEIKEN KG
SUTTROP/WESTF.
PETER WOSSIDLO
MÜNSTER/WESTF.
REKULTIVIERUNGSPLAN
ERLÄUTERUNG:
VORHANDENER WALD U. FLURGEHÖLZE
GEPLANTE AUFFORSTUNG U. BÖSCHUNGS-BEPFLANZUNG (SIEHE BEPFLANZUNGSPLAN)
WASSERFLÄCHE
FELSWÄNDE (GESTALTUNG SIEHE DETAILPLAN)
A—B QUERSCHNITTE (SIEHE DETAILPLAN)
WANDERWEGE
TREPPEN
P PARKPLATZ
100 m
SCHIESSTAND
AUSSICHTSTURM
KAFFEEHAUS
KLETTERGARTEN
SCHUTZHÜTTE
REITANLAGE
JUGENDHERBERGE
JUGENDFREIZEITZENTRUM
SPORTANLAGE
FREILICHTBÜHNE
KALKSTEINABBAU KALLENHARDT
FRITZ WEIKEN KG · SUTTROP
PETER WOSSIDLO · MÜNSTER
-REKULTIVIERUNGSPLAN-
PROFESSOR DR. GERHARD OLSCHOWY
LEHRBEAUFTRAGTER FÜR LANDSCHAFTSPFLEGE AN DER UNIVERSITÄT BONN

Abb. 37

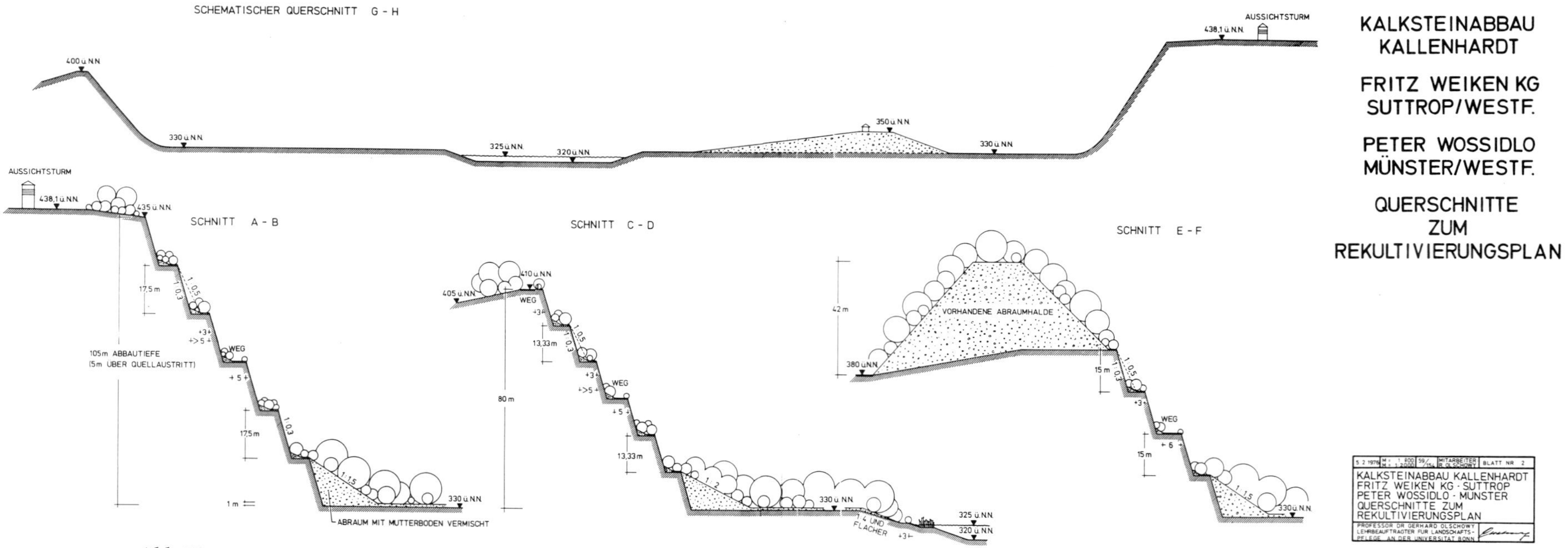
KALKSTEINABBAU
KALLENHARDT
FRITZ WEIKEN KG
SUTTROP/WESTF.
PETER WOSSIDLO
MÜNSTER/WESTF.
QUERSCHNITTE
ZUM
REKULTIVIERUNGSPLAN
SCHEMATISCHER QUERSCHNITT G - H
AUSSICHTSTURM
438,1 ü.N.N.
400 ü.N.N.
330 ü.N.N.
325 ü.N.N.
320 ü.N.N.
350 ü.N.N.
330 ü.N.N.
SCHNITT A - B
AUSSICHTSTURM
438,1 ü.N.N.
435 ü.N.N.
17,5 m
1:0,5
1:0,3
+3+
+>5+
WEG
+5+
105m ABBAUTIEFE
(5m ÜBER QUELLAUSTRITT)
17,5m
1:0,3
1:1,5
1 m
330 ü.N.N.
ABRAUM MIT MUTTERBODEN VERMISCHT
SCHNITT C - D
410 ü.N.N.
405 ü.N.N.
WEG
+3+
13,33m
1:0,5
1:0,3
+3+
+>5+
WEG
+5+
80 m
13,33m
1:2
330 ü.N.N.
1:4 UND FLACHER
+3+
325 ü.N.N.
320 ü.N.N.
SCHNITT E - F
42 m
VORHANDENE ABRAUMHALDE
380 ü.N.N.
15 m
1:0,5
1:0,3
+3+
WEG
+6+
15 m
1:1,5
330 ü.N.N.
5.2.1976
BLATT NR. 2
MITARBEITER R. OLSCHOWY
KALKSTEINABBAU KALLENHARDT
FRITZ WEIKEN KG · SUTTROP
PETER WOSSIDLO · MÜNSTER
QUERSCHNITTE ZUM
REKULTIVIERUNGSPLAN
PROFESSOR DR. GERHARD OLSCHOWY
LEHRBEAUFTRAGTER FÜR LANDSCHAFTS-
PFLEGE AN DER UNIVERSITÄT BONN

Abb. 38

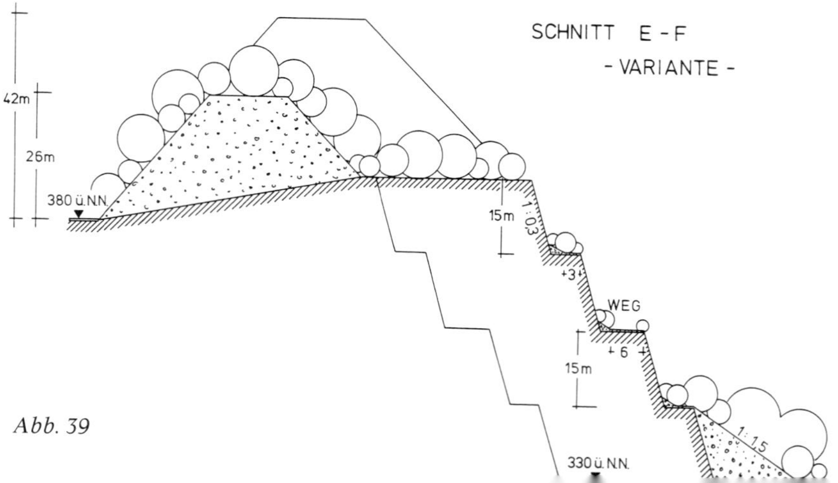
SCHNITT E - F
- VARIANTE -
42m
26m
380 ü.N.N.
15m
1:0,3
+3+
WEG
+6+
15m
1:1,5
330 ü.N.N.

Abb. 39

Die für eine künftige *Freizeitnutzung* des Abbaugeländes vorgeschlagenen Einrichtungen sehen im einzelnen vor:

Jugendherberge und Jugendfreizeitzentrum
Sportanlage
Reitanlage
Freilichtbühne
Schießstand
Klettergarten
Naturlehrpfad
Wanderwege und Schutzhütte
Aussichtsturm mit Kaffeehaus
Wasserfläche (für Angelsport)
Parkplätze.

Diese Ausstattung ist auf den derzeitigen Bedarf abgestellt, sie muß nach Abschluß des Abbaues überprüft und erforderlichenfalls geändert werden. Da die Freizeiteinrichtungen für die Öffentlichkeit bestimmt sind, ist auch die Finanzierung durch die öffentliche Hand zu regeln. So wäre es denkbar, daß einige Einrichtungen an Vereine oder an private Interessenten verpachtet oder ganz abgegeben werden.

Der *Naturlehrpfad* soll den Benutzern sowohl die Pflanzen des Waldes und die Kalksteinflora als auch die Vegetation des Gewässers nahebringen. Die *Wanderwege* erschließen das Gesamtgebiet; durch sie sollen die landschaftlichen Höhepunkte des Erholungsgebietes wie auch die Erholungseinrichtungen erreichbar sein. Auf einer breiten Zwischenberme führt ebenfalls ein Wanderweg, der durch ein Geländer gesichert werden muß; mit Hilfe von Treppen hat er Anschluß an die Oberfläche außerhalb des Abbaugebietes und auch an die Steinbruchsohle.

Die *Wasserfläche* ist als ökologisches Gewässer mit einer naturnahen Ausbildung der Ufer und entsprechender Bepflanzung mit Rohr und Ried bestimmt (vgl. Detailplan); es dient der Vogelwelt und der Fischzucht. Angelsport in beschränktem Umfang sollte zugelassen werden. Auf der Böschung zum Ufer hin ist im Abstand von einem Meter über dem Wasserspiegel eine drei Meter breite Sicherheitsberme vorgesehen. Die Uferböschung selbst soll mit einer Neigung von 1:4 ausgebildet werden.

Die *Ausbildung der Steinbruchwände* wird von der Festigkeit des Gesteins, dem Abbaubetrieb und der künftigen Begrünung bestimmt. Die Struktur des Kalksteins und die Breite der Bermen von mindestens fünf Meter erlaubt es, die Wände etwas steiler, und zwar im Verhältnis 1:0,3 auszubilden und die vertikalen Abstände der Bermen mit 13 bis max. 17,5 m auszulegen. Die Bermen müssen wegen des Abbaubetriebes zunächst mit > 5 m ausgelegt werden; später kann zur Wand hin eine Böschung aus Abraum angeschüttet werden, so daß eine drei Meter breite Berme verbleibt und eine Bepflanzungsfläche von insgesamt sechs Meter Breite erreicht wird. Am Fuß der untersten Wand wird so viel Abraum angeschüttet, daß ein Böschungswinkel von 1:1,5 bis 1:2 entsteht; der Kegel ist als Übergang zur Steinbruchsohle bestimmt (s. Abb. 38 u. 39).

Verwendung von Mutterboden und Abraum

Der anfallende *Mutterboden*, das ist die oberste, in Kultur befindliche Bodenschicht über dem Kalkstein in einer Mächtigkeit von 20–30 cm, ist gemäß § 3 Abs. 2 Nr. 3 des Abgrabungsgesetzes vor Beginn der Abbauarbeiten sorgfältig zu werben, in Mutterbodenmieten von 1,30 m Höhe und 3 m Sohlenbreite (für den Fall größerer Sohlenbreiten darf eine Höhe von 1 m nicht überschritten werden) an möglichst schattigem Ort zu deponieren, um ihn dann für Zwecke der Bepflanzung und Aufforstung wiederzuverwenden. Der Mutterboden soll jedoch nicht auf den Abraum als eigene Schicht aufgedeckt, sondern mit der obersten Abraumschicht gut vermischt werden, um ein Eindringen der Wurzeln in die Tiefe zu fördern.

Sowohl zur Gestaltung der Böschungen im unteren Teil des Steinbruchrandes als auch zur Bepflanzung und Aufforstung von Flächen auf der Steinbruchsohle wird dringend *Abraum* benötigt. Für einen Gehölzwuchs vorgesehene Flächen sollen mit etwa 1 m Abraum, vermischt mit Mutterboden und Feinerde, abgedeckt werden. Dieser Abraumbedarf setzt eine Abraumbilanz voraus. Voraussichtlich wird der verfügbare Abraum nur knapp ausreichen, so daß der

- Abraum sorgfältig geworben werden muß,
- in einer Deponie gelagert und
- sparsam wiederverwendet werden muß.

Um die Abraumbilanz zu verbessern, könnte die Abraumhalde am Nordrand des Abbaugebietes später wieder abgebaut werden. Das hätte zudem den Vorteil, zusätzlichen Kalkstein für den Abbau zu gewinnen.

Bepflanzung

Die Wahl der geeigneten standortsgemäßen bzw. bodenständigen Gehölzarten für die Bepflanzung und die Aufforstung ergibt sich aus der potentiellen natürlichen Vegetation.

Für die Bepflanzung oder Aufforstung sind folgende Flächen vorgesehen:

- Sicherheitsstreifen an der Abbaugrenze
- Bermen an den Steinbruchwänden
- Abraumböschungen im unteren Teil der Steinbruchwände und an der Abraumkippe
- Steinbruchsohle und ebene Flächen außerhalb des Steinbruchs
- Südhang
- Uferbereich an der Wasserfläche
- Röhrichtgürtel.

Diese Flächen sollen mit folgenden Gehölz- und Pflanzenarten bepflanzt oder aufgeforstet werden (vgl. Detailplan „Pflanzschemen“):

Sicherheitsstreifen

Stieleiche	Hasel
Traubeneiche	Weißdorn[1]
Hainbuche	Salweide
Vogelkirsche	Hartriegel
Sandbirke	Schlehdorn
Vogelbeere	Wildrose
Aspe	Faulbaum

Die Sicherheitsstreifen sind, wie den Detailplänen Blatt 2 und 3 zu entnehmen ist, in einer Breite von 3 m ausgelegt worden, um nach der freiwilligen Rücknahme der Abbaugrenzen seitens des Bergbautreibenden weitere Flächenverluste zu vermeiden. Die Sicherheitsstreifen sollen dicht bepflanzt und mit einem Zaun ausgestattet werden.

Bermen

Sandbirke	Weißdorn
Vogelbeere	Hartriegel
Aspe	Schlehdorn
Feldahorn	Wildrose

Soweit die Bermen nicht bepflanzt werden sollen, sind sie mit folgenden Gras- und Kleearten anzusäen:

Schafschwingel (*Festuca ovina*)
Schmalblatt-Wiesenrispengras (*Poa pratensis angustifolia*)
Rotschwingel (*Festuca rubra*)
Hopfenklee (*Medicago lupulina*)
Gem. Hornklee (*Lotus corniculatus*)

Böschungsflächen, die nicht sofort mit Gehölzen bepflanzt werden können, müssen zunächst durch Deckeinsaaten (Hopfenklee und Gem. Hornklee) gegen Bodenabtrag geschützt werden.

Abraumböschungen

Stieleiche	Aspe
Traubeneiche	Hasel
Hainbuche	Weißdorn
Vogelkirsche	Salweide
Sandbirke	Hartriegel
Vogelbeere	

[1] Infolge der zunehmenden Ausbreitung des Feuerbrandes soll z. Zt. kein Weißdorn gepflanzt werden.

Steinbruchsohle (einschl. Aufforstung ebener Flächen außerhalb des Steinbruchs)

Rotbuche	Esche
Stieleiche	Sommerlinde
Traubeneiche	Bergahorn

Für den Waldmantel sind zu verwenden:

Hainbuche	Weißdorn
Vogelkirsche	Wasser-Schneeball
Sandbirke	Salweide
Vogelbeere	Schlehdorn
Aspe	Wildrose
Feldahorn	Faulbaum
Hasel	

Südhang (Aufforstung)

Stieleiche	Aspe
Traubeneiche	Weißdorn
Rotbuche	Salweide
Hainbuche	Hartriegel
Vogelkirsche	Schlehdorn
Sandbirke	Wildrose
Vogelbeere	Faulbaum

Uferpflanzung

Roterle
Bruchweide
Mandelweide
Gemeines Schilf (*Phragmitis communis*) – Uferseite
Flechtbinse (*Scirpus lacustris*) – Wasserseite

Der Waldmantel soll mehrstufig und vielartig aus Sträuchern und Bäumen 2. Ordnung aufgebaut werden, damit er sich schützend für den Waldbestand und ökologisch vorteilhaft für den Naturhaushalt der Landschaft auswirken kann.

Für die Aufforstung sollen grundsätzlich Forstpflanzen (1 × verschult, 60/120 cm) und für die Bepflanzung von Sicherheitsstreifen, Böschungen und Bermen Forstpflanzen und Jungpflanzen (1–2jähr., 50/80 cm) verwendet werden. Über den Pflanzverband gibt der Detailplan nähere Auskunft (Abb. 40).

Da die Eiche auf den nicht sehr tiefgründigen Abraumflächen wegen ihrer Pfahlwurzelbildung Schwierigkeiten machen könnte, sollte zusätzlich Eichelsaatgut eingestuft werden.

5. *Abschließende Bemerkungen*

Es ist das Ziel des Herrichtungsplanes (Rekultivierungsplan), die in § 3 Abs. 3 des Abgrabungsgesetzes festgelegten Forderungen zu erfüllen. Da das engere Abbaugebiet vor dem Abbau landwirtschaftlich genutzt wird und keine nennenswerten Flurgehölze oder andere naturnahe Zellen aufweist, wird durch die Maßnahmen der Rekultivierung die biologische Vielfalt der Landschaft wesentlich erhöht.

Grundwasserverhältnisse, Klima und Boden werden durch den Abbau nicht beeinträchtigt, so daß durch den bergbaulichen Eingriff, bedingt durch die nachfolgenden Maßnahmen der Rekultivierung, das Wirkungsgefüge des Naturhaushaltes der Landschaft nicht nachhaltig geschädigt, sondern verbessert wird. Durch die vorgesehenen Aufforstungen und Bepflanzungen sowie die Anlage der Wasserfläche wird die Landschaft nicht verunstaltet, sondern mit natürlichen Elementen bereichert.

Als Landschaftsteile von besonderem Wert müssen im weiteren Plangebiet das Naturdenkmal „Hohler Stein", das Lörmecketal und die Höhen im Abbaubereich angesehen werden. Dem wird durch die Änderung (Rückverlegung) der Abbaugrenzen, durch die landschaftspflegerischen Maßnahmen am Rande der Abbauflächen und die Erhaltung der höchsten Erhebung mit 438 m üb. NN Rechnung getragen.

Anstelle der z. Zt. auf Böden mit durchschnittlicher Ertragsleistung betriebenen ackerbaulichen Nutzung soll eine der Freizeit und Erholung dienende Nutzungsform treten. Der neue Landschaftsraum soll eine hohe ökologische Vielfalt aufweisen und sich vorteilhaft in den Naturpark Arnsberger Wald einfügen (Abb. 41–43).

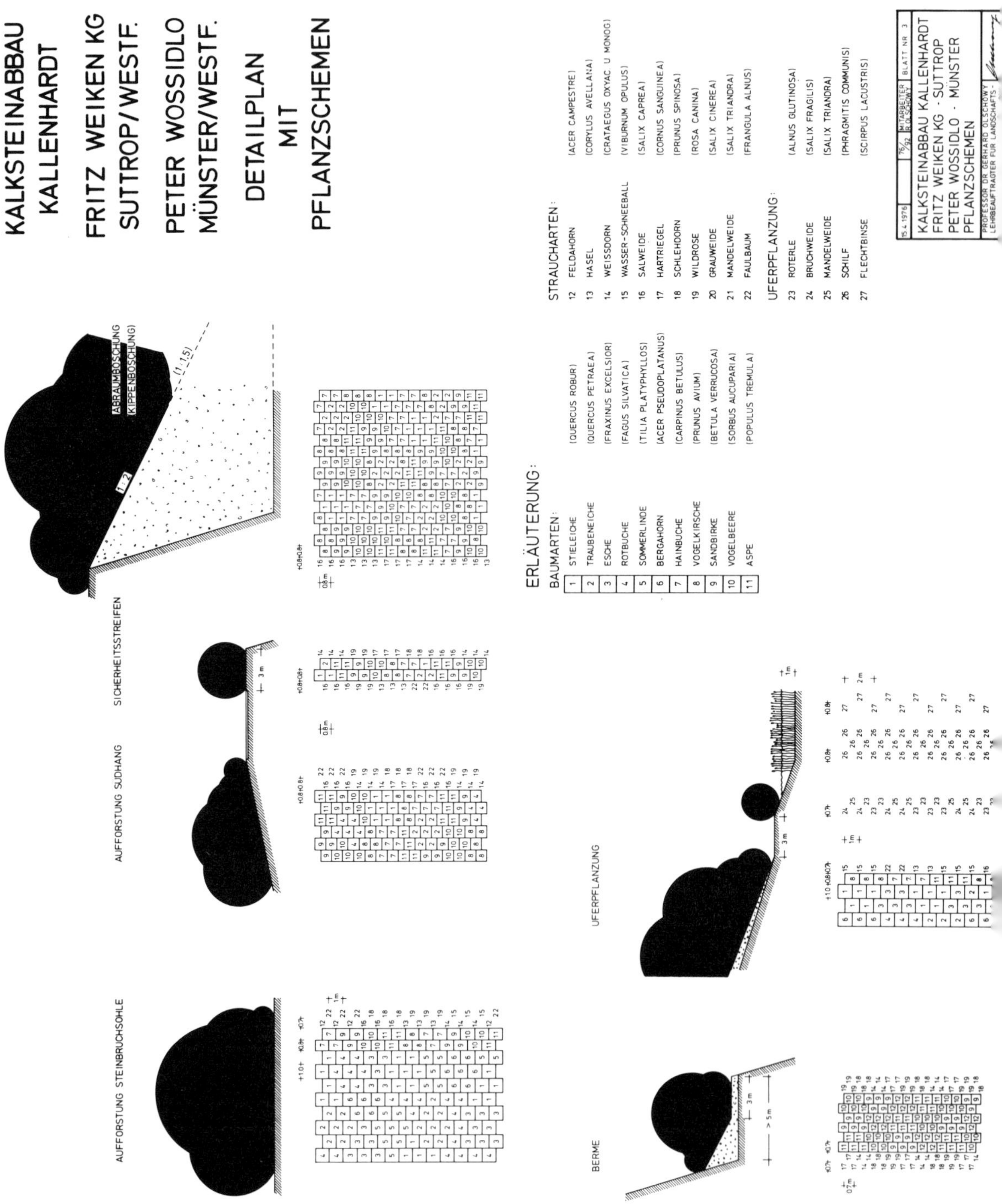
KALKSTEINABBAU KALLENHARDT
FRITZ WEIKEN KG SUTTROP/WESTF.
PETER WOSSIDLO MÜNSTER/WESTF.
DETAILPLAN MIT PFLANZSCHEMEN
ABRAUMBÖSCHUNG
(KIPPENBÖSCHUNG)
1:2
(1:1,5)
AUFFORSTUNG STEINBRUCHSOHLE
AUFFORSTUNG SÜDHANG
SICHERHEITSSTREIFEN
BERME
UFERPFLANZUNG
ERLÄUTERUNG:
BAUMARTEN:
1 STIELEICHE (QUERCUS ROBUR)
2 TRAUBENEICHE (QUERCUS PETRAEA)
3 ESCHE (FRAXINUS EXCELSIOR)
4 ROTBUCHE (FAGUS SILVATICA)
5 SOMMERLINDE (TILIA PLATYPHYLLOS)
6 BERGAHORN (ACER PSEUDOPLATANUS)
7 HAINBUCHE (CARPINUS BETULUS)
8 VOGELKIRSCHE (PRUNUS AVIUM)
9 SANDBIRKE (BETULA VERRUCOSA)
10 VOGELBEERE (SORBUS AUCUPARIA)
11 ASPE (POPULUS TREMULA)
STRAUCHARTEN:
12 FELDAHORN (ACER CAMPESTRE)
13 HASEL (CORYLUS AVELLANA)
14 WEISSDORN (CRATAEGUS OXYAC. U. MONOG.)
15 WASSER-SCHNEEBALL (VIBURNUM OPULUS)
16 SALWEIDE (SALIX CAPREA)
17 HARTRIEGEL (CORNUS SANGUINEA)
18 SCHLEHDORN (PRUNUS SPINOSA)
19 WILDROSE (ROSA CANINA)
20 GRAUWEIDE (SALIX CINEREA)
21 MANDELWEIDE (SALIX TRIANDRA)
22 FAULBAUM (FRANGULA ALNUS)
UFERPFLANZUNG:
23 ROTERLE (ALNUS GLUTINOSA)
24 BRUCHWEIDE (SALIX FRAGILIS)
25 MANDELWEIDE (SALIX TRIANDRA)
26 SCHILF (PHRAGMITIS COMMUNIS)
27 FLECHTBINSE (SCIRPUS LACUSTRIS)
15.4.1976
MITARBEITER
BLATT NR. 3
KALKSTEINABBAU KALLENHARDT
FRITZ WEIKEN KG · SUTTROP
PETER WOSSIDLO · MÜNSTER
PFLANZSCHEMEN
PROFESSOR DR. GERHARD OLSCHOWY

Abb. 40

Abb. 41. Kalksteinabbau Kallenhardt – Blick vom Naturdenkmal „Hohler Stein". Zustand vor dem Abbau, nach dem Abbau und nach der Rekultivierung. (Foto: Fritz Weiken GmbH & Co KG)

Abb. 42. Kalksteinabbau Kallenhardt – Zustand der Böschung nach dem Abbau. (Foto: Fritz Weiken GmbH & Co KG)

Abb. 43. Kalksteinabbau Kallenhardt – Zustand der Böschung nach der Ausformung und Bepflanzung. (Foto: Fritz Weiken GmbH & Co KG)

4 Großflächiger Tieftagebau

Es soll eingangs nicht unerwähnt bleiben, daß der größte Abbau von Braunkohle in Gesamtdeutschland in der ehemaligen DDR vorgenommen wird. Der großfläche Abbau im Tagebau im Raum Leipzig–Borna und in der Niederlausitz ist insoweit ein besonderes Problem, als die Braunkohle die wesentliche Energiequelle der ehemaligen DDR ist. Die Fördermenge 1982 betrug 277 Mio. t und z.Z. etwa 300 Mio. t; als Folge des Abbaus werden jährlich 1,35 Milliarden cbm Erde bewegt. Da es sich hier um schwefelreiche Braunkohle (bis zu 4% Schwefelgehalt) handelt und die technischen Schutzmaßnahmen, wie der Einbau von Abscheidefiltern in den Kraftwerken, noch sehr unzureichend sind, muß das zwangsläufig zu erheblichen Schäden an Waldbeständen durch Schwefeldioxid führen. Im Jahre 1980 haben die Schwefeldioxid-Emissionen in der ehemaligen DDR 234 kg je Kopf der Bevölkerung betragen – die gesamte SO_2-Emission der ehemaligen DDR wird heute mit 5 Mio. t angegeben –, was eine besonders hohe Belastung bedeutet. So sind in der ehemaligen DDR auch die geschädigten und gefährdeten Waldflächen im Verhältnis wesentlich größer als in der Bundesrepublik Deutschland. Die großflächigen Tagebaugebiete in der ehemaligen DDR wurden zwar rekultiviert, jedoch wurde nicht die alte bäuerliche Kulturlandschaft wiederhergestellt, sondern großflächige Wirtschaftslandschaften, zumeist auch ohne die erforderliche Gliederung mit landschaftlichen Elementen. Dies dürfte zweifellos auch die Folge der dort tätigen Landwirtschaftlichen Produktions-Genossenschaften sein.

4.1 Allgemeine Angaben über das Rheinische Braunkohlengebiet

4.1.1 Vorbemerkung

Im großflächigen Tagebau werden in der Bundesrepublik Deutschland z.B. Kreide, Bims, Kieselgur und Ölschiefer abgebaut. Im Tieftagebau, der eine Reihe besonders schwieriger Probleme landschaftspflegerischer Art mit sich bringt, werden heute z.B. Kalkstein, Erz und Braunkohle gewonnen. Neben vielen kleineren Braunkohlevorkommen im Bundesgebiet steht der Abbau am Niederrhein wegen der Größe und Tiefe seiner Aufschlüsse im Vordergrund des Interesses – auch des Natur- und Umweltschutzes.

Gesetzliche Regelungen, die sich auf die Ordnung der Oberflächennutzung und die Gestaltung der Landschaft während des Bergbaubetriebes und nach dem Abbau erstrecken, sind Voraussetzungen für eine befriedigende Rekultivierung und einen geordneten Wiederaufbau der gestörten Kulturlandschaft. Dies muß auch die geänderten Ansprüche der heutigen Gesellschaft, vor allem auf ausreichende Freiflächen für Freizeit und Erholung, einschließen. Das Beispiel des Rheinischen Braunkohlengebietes soll aufzeigen, daß es möglich ist, die Erfordernisse von Wirtschaft, Gesellschaft und Natur aufeinander abzustimmen und den Belangen des Landbaues, der Landschaftsentwicklung, der Neuordnung des ländlichen Raumes am Rande eines Verdichtungsgebietes und auch der Erholung ausreichend Rechnung zu tragen.

4.1.2 Einführung in die Gegebenheiten

Der Abbau der Braunkohle begann im 18. Jahrhundert mit Klein- und Kleinsttagebauen in der ehemaligen Wald-Ville zwischen Brühl und Liblar, einem Laubmischwaldgebiet, das forstwirtschaftlich und jagdlich genutzt wurde und kaum stehende Gewässer aufwies (STÜRMER, A., 1985). Heute wird das Gebiet durch zahlreiche bis 70 ha große Wasserflächen geprägt. Dieses Wald-Seengebiet gehört nunmehr als Naturpark zum Zweckverband Naturpark Kottenforst-Ville. Im Jahre 1848 wies der Bereich Wald-Ville bereits 38 Gruben auf mit einer Fördermenge von 96 000 t Braunkohle. Um 1877 nahm die erste Brikettfabrik im Revier ihren Betrieb auf und im Jahre 1884 wurde auf der Grube „Brühl" erstmals aus Braunkohle Strom erzeugt. Im Jahre 1894 wurde der erste Abraumbagger mit einer täglichen Leistung von 7000 m^3 und 1909 der erste Kohlebagger mit der gleichen Leistung eingesetzt. Die Entwicklung ging weiter, und so werden heute Schaufelradbagger und Absetzgeräte mit einer Leistung von 200–240 000 t/Tag eingesetzt. Die Rekultivierung abgebauter Flächen begann nach dem ersten Weltkrieg im Südrevier mit der Anpflanzung von Bäumen (STÜRMER, A., 1985).

Das Braunkohlenvorkommen in der Köln-Aachener Bucht am Niederrhein ist das bedeutendste im Bundesgebiet und das größte zusammenhängende Braunkohlengebiet Europas; es erstreckt sich auf eine Fläche von etwa 2500 km^2, und zwar aus dem Raum Brühl – Bonn – Euskirchen im Südosten über Mönchengladbach – Rheydt hinaus nach Nordwesten bis zur niederländischen Grenze. Es findet im Westen seine Begrenzung am Rande der Eifel, im Osten am Rhein. Das Braunkohlenplangebiet umfaßt nach § 25, Abs. 2, des Landesplanungsgesetzes vom 5. Oktober 1989 ganz oder zum Teil das Gebiet der Kreise Aachen, Düren, Euskirchen, Erftkreis, Heinsberg, Neuss, Rhein-Sieg-Kreis, Viersen sowie der kreisfreien Städte Köln und Mönchengladbach (Abb. 44).

Die Kohlenflöze im rheinschen Revier haben eine Mächtigkeit von 10–80 m, im Durchschnitt 30–40 m; sie sind durch zahlreiche Verwerfungen gestört, von denen der Erftsprung am ausgeprägtesten ist. Die Flöze sind im mittleren Tertiär, etwa im Übergang vom Oligozän zum Miozän und im Miozän vor etwa 12 bis 20 Mio. Jahren entstanden. Die Mammutbäume (Sequoia) haben einen großen Anteil an der Kohlebildung; den Urwäldern gehörten auch Nyssa, Tsuga und Taxodiaceen an. Da die Flöze hohen Drücken und Temperaturen, wie sie bei gebirgsbildenden Vorgängen an anderer Stelle entstanden, nicht ausgesetzt waren, zeigt sich die Kohle hier im Stadium der Braunkohle. Die Gesamtvorräte werden auf 55 Mrd. t geschätzt, von denen nach dem heutigen Stand der Technik insgesamt etwa 35 Mrd. t im Tagebau als wirtschaftlich vertretbar abgebaut werden können. Die Braunkohlenförderung im Rheinland stieg von rd. 86,5 Mio. t im Jahre 1965 nach zeitweise vor- und rückläufiger Entwicklung auf 104,2 Mio. t im Jahre 1989. Die Gesamtförderung an Braunkohle betrug 1989 in der Bundesrepublik Deutschland 109,9 Mio. t, so daß auf das Rheinland rd. 95 % entfallen. Von der im Rheinland geförderten Braunkohle gingen 1989 rd. 84 % in die Elektrizitätserzeugung, der Rest wird vor allem zur Herstellung von Briketts und Braunkohlenstaub verwendet.

Naturräumlich gehört das Gebiet zur Niederrheinischen Bucht, die sich in Form eines Dreiecks zwischen den Höhen der Eifel und des Bergischen Landes erstreckt und nach Südosten in das Rheinische Schiefergebirge vorschiebt. Durch einen tektonischen Einbruch ist ein junges Senkungsfeld entstanden, das seit dem Ende der Tertiärzeit durch Urrhein, Urmaas, Erft und Ruhr mit pliozänem

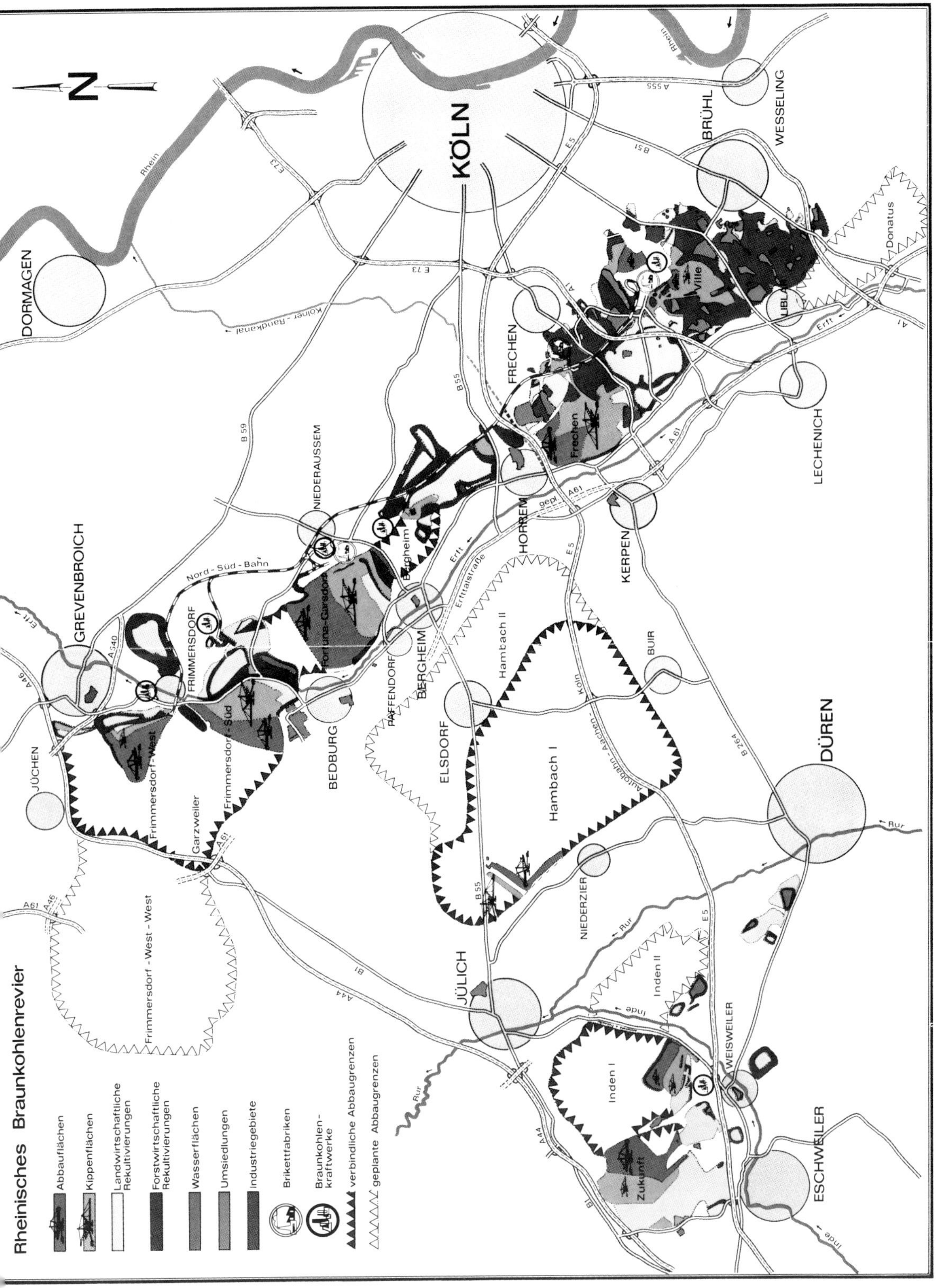

Rheinisches Braunkohlenrevier
Abbauflächen
Kippenflächen
Landwirtschaftliche Rekultivierungen
Forstwirtschaftliche Rekultivierungen
Wasserflächen
Umsiedlungen
Industriegebiete
Brikettfabriken
Braunkohlen-kraftwerke
verbindliche Abbaugrenzen
geplante Abbaugrenzen
N
KÖLN
DORMAGEN
GREVENBROICH
JÜCHEN
FRIMMERSDORF
NIEDERAUSSEM
BEDBURG
PAFFENDORF
BERGHEIM
ELSDORF
HORREM
FRECHEN
BRÜHL
WESSELING
LIBLAR
LECHENICH
KERPEN
BUIR
DÜREN
NIEDERZIER
JÜLICH
WEISWEILER
ESCHWEILER
Rhein
Erft
Rur
Inde
Kölner - Randkanal
Nord - Süd - Bahn
Erfttalstraße
Frimmersdorf - West
Frimmersdorf - Süd
Frimmersdorf - West - West
Garzweiler
Fortuna-Garsdorf
Bergheim
Frechen
Ville
Donatus
Hambach I
Hambach II
Inden I
Inden II
Zukunft
Autobahn - Aachen - Köln
E 5
E 73
A 61
A 1
A 44
A 46
A 540
A 555
B 1
B 51
B 55
B 59
B 264

Abb. 44

Schotter, Hauptterrassenschotter, Sanden und Tonen aufgefüllt ist. Im nördlichen Teil des Reviers stehen außerdem auf der Haupt- und Mittelterrasse noch verschieden mächtige Lößdecken als äolische Ablagerungen an. Die ausgedehnten Lößlehmplatten werden infolge ihrer ausschließlich ackerbaulichen Nutzung auch als Börden bezeichnet. Später einsetzende tektonische Bewegungen und tiefgreifende Sprünge neigten und versetzten die abgelagerten Schichten. Es entstanden drei Hauptschollen, nämlich die Rur-, die Erft- und die Kölner/Ville-Scholle.

Die bedeutendste Scholle ist die Ville-Scholle, die sich als Vorgebirge auch landschaftsmorphologisch deutlich heraushebt. Die Ville ist ein schmaler, rd. 40 km langgestreckter Höhenrücken mit Erhebungen von 160 m über NN im Süden und dann abfallend bis 80 m über NN im Norden; seine Breite wechselt von etwa 2,5 bis 8 km. Die Ville verläuft in Südost-Nordwest-Richtung zwischen Rheintal und Erfttal von Brühl-Liblar bis Bergheim-Niederaußem. Hier lag das Braunkohlenflöz so nahe an der Oberfläche, daß es über einer geringmächtigen Decke von Rheinschottern, Sanden und Tonen leicht im Tagebau gewonnen werden konnte. Dies ist das „Altrevier" des Rheinischen Braunkohlenbergbaues, das nahezu abgebaut ist.

Im Westen grenzt das von SO nach NW ausgerichtete Revier an die Erftniederung, die eine ökologisch und hydrologisch wertvolle Übergangsformation zwischen der Lößbörde und dem Villerücken darstellt. Jenseits der Erft schließt sich im Westen und Norden bei Frimmersdorf/Grevenbroich das hochwertige Agrarland der Erper, Titzer und Rommerskirchener Lößplatten an.

Die Niederrheinische Bucht liegt im Regenschatten der Eifel und des Hohen Venn; so rechnen die Jülich-Zülper Börde und vor allem die Erfttrockenmulde zu den deutschen Trockengebieten. Die Niederschläge für das Rheinische Braunkohlengebiet sind mit 620 mm/Jahr im langjährigen Durchschnitt (mit Schwankungen zwischen 550 und 730) bei einem optimalen Niederschlagsbedarf von 800 mm als zu gering anzusehen. Die Sommerniederschläge von Mai bis Oktober liegen im Durchschnitt unter 350 mm. Die erhöhte Lage der Ville bewirkt für dieses Gebiet ein geringes Ansteigen der Niederschläge.

Während zu Beginn des Braunkohlentagebaues im Süden des Reviers nur ein etwa 10 bis 20 m mächtiges Deckgebirge anstand und das Verhältnis von Abraum zu Kohle etwa 0,3:1 betrug, hat sich dies mit dem in die Tiefe verlagernden Abbau nach Norden hin verändert. Heute haben die Tagebaue im Inde-Revier Tiefen von über 100 m und im nördlichen Revier bereits von 250 m, von der Erdoberfläche gemessen, erreicht, was einem Verhältnis von Abraum zu Kohle von 3:1 entspricht. In den neuen Aufschlüssen im Tagebau Hambach treten Deckgebirge von über 400 m auf, so daß Tagebautiefen bis zu 500 m zu erwarten sind. Zu diesem tiefen Tagebau hat man sich deshalb entschlossen, weil sich ein Untertagebau ähnlich dem Steinkohlenbergbau schon wegen der außerordentlich ungünstigen Bedingungen (starker Wasseranfall) als nicht durchführbar erwies (Schmitt, D. et al. 1980). Das Verhältnis von Abraum zu Kohle wird sich in den tieferen Tagebauen auf 4:1 bis 6:1 (im Tagebau Hambach 6,3:1) stellen. Im Jahre 1989 betrug das Abraum/Kohle-Verhältnis für das ganze Abbaugebiet 4,1:1.

Die Wirtschaftlichkeit des Tieftagebaues wird durch moderne technische Einrichtungen gewährleistet. Heute wird fast ausnahmslos mit neuzeitlichen Großgeräten, Großraumwagen und Transportbändern gearbeitet. Infolge der besonderen Art der Lagerstätten kommen nur Schaufelradbagger zum Einsatz. Diese Bagger können sich am besten den wechselnden Verhältnissen der Lagerstätten anpassen.

Außerdem läßt sich mit ihnen eine gute Trennung der einzelnen Deckgebirgsschichten sowie auch von Abraum und Kohle durchführen. Ihr Arbeitsbereich umfaßt im Hochschnitt bis zu 65 m und im Tiefschnitt bis zu 30 m. Während der Arbeit verbraucht ein solches Gerät die gleiche Strommenge wie eine Stadt von rd. 50 000 Einwohnern. Die großen Geräte, die rd. 13 000 t wiegen, 83 m hoch, 220 m lang und auf Raupen selbstbeweglich sind, vermögen in einer ununterbrochenen Betriebszeit von 19 Stunden über 200 000 Tonnen Kohle oder ebensoviel Kubikmeter Abraum zu bewegen. Ab 1978 ist der erste Schaufelradbagger von 255 m Länge, 85 m Höhe und 13 000 t Gewicht und einem Schaufelraddurchmesser von 21,6 m mit der Leistung von 240 000 m^3/Tag im Tagebau Hambach eingesetzt. Beide Gerätetypen können auf 15 Raupenfahrwerken 10 m in der Minute zurücklegen (Abb. 45 u. 46).

Abb. 45. Ein Schaufelradbagger im Einsatz zum Abbau des Deckgebirges (Abraum) im Rheinischen Braunkohlenrevier. (Foto: Olschowy)
Abb. 46. Ein Absetzgerät, das den Abraum verkippt. Die Leistung ist die gleiche wie bei den Groß-Schaufelradbaggern (200–240 000 t/Tag). (Foto: Rheinbraun)

4.1.3 Gesetzliche Grundlagen der Rekultivierung

Die Ausarbeitung, Aufstellung und Genehmigung der Pläne für die in Abschnitt 4.2 behandelten Planungs- und Rekultivierungsbeispiele wurden in einer Zeit vorgenommen, in der noch andere gesetzliche Regelungen gültig waren als die z. Z. vorliegenden Gesetze. Zum Verständnis der Pläne muß daher auch auf die seinerzeitigen Gesetze und Vorschriften eingegangen werden. Da sich der Abbau der Braunkohle und die Rekultivierung und Renaturierung über Jahrzehnte erstrekken können, kann nicht ausbleiben, daß Planung und Ausführung nicht voll übereinstimmen, weil auch den geänderten gesetzlichen Vorschriften Rechnung getragen werden muß.

Die Sicherstellung einer geordneten Raumgestaltung im Rheinischen Braunkohlengebiet erforderte eine besondere gesetzliche Grundlage. Am 25. April 1950 wurde daher vom Landtag des Landes Nordrhein-Westfalen das „Gesetz für die Gesamtplanung im Rheinischen Braunkohlengebiet"(Braunkohlengesetz) erlassen, dessen letzte Fassung das Datum vom 3. Dezember 1974 trägt. Nach diesem Gesetz war im Rahmen des Landesplanungsrechts für das Land Nordrhein-Westfalen und als Teil der Landesplanung zur Sicherstellung einer geordneten Raumgestaltung des Rheinischen Braunkohlengebietes für dieses Gebiet ein Gesamtplan aufzustellen. Das Plangebiet erstreckt sich auch auf die von dem Braunkohlenbergbau betroffenen Gemeinden und hat eine Größe von fast 1500 km^2. Der damals gültige Gesamtplan, in Teilabschnitten aufgestellt, umfaßt

a. die Festlegung der Räume, in denen bergbauliche und sonstige Industriebetriebe angelegt werden können, und der Gebiete, die für land- und forstwirtschaftliche Nutzung vorbehalten bleiben, sowie Festlegung der Siedlungsgebiete,
b. die Festlegung der Ortschaften, Ortschaftsteile oder einzelner Gebäude, die im Interesse des Bergbaues zu beseitigen, und der Stellen, an die die Bewohner umzusiedeln sind,
c. die Festlegung der Räume, in denen Verkehrswege, Bahnen aller Art, Energie- und Wasserleitungen angelegt oder verlegt werden können sowie in denen sie zu beseitigen sind,

und was hier besonders hervorzuheben ist,

d. die Gestaltung der Gewässer,
e. die land- und forstwirtschaftliche und allgemeine Landschaftsgestaltung unter Berücksichtigung der Denkmal-, Natur- und Landschaftspflege.

Das damals für Nordrhein-Westfalen gültige Allgemeine Berggesetz vom 24. Juni 1865, zuletzt geändert am 3. Dezember 1974 zur Anpassung an das Bundesrecht, legte fest, daß sich die Aufsicht der Bergbehörde auch auf die „Sicherung und Ordnung der Oberflächennutzung und Gestaltung der Landschaft während des Bergbaubetriebes und nach dem Abbau" erstreckt.

Weiterhin wurde am 25. April 1950 ein Gesetz über die Errichtung einer Gemeinschaftskasse im Rheinischen Braunkohlengebiet erlassen, worin eine Gemeinschaftshaftung des Rheinischen Braunkohlenbergbaues für die Rekultivierungsaufgaben festgelegt war. Diese Haftung wurde durch Zwangsmitgliedschaft in einer Kasse erreicht, in die 1 Dpf. je Tonne geförderter Rohkohle einzuzahlen war. Auf diese Weise konnte die Rekultivierung nach Auslaufen des Bergbaubetriebes finanziell sichergestellt werden, falls ein verantwortlicher und zahlungsfähiger Bergwerksbesitzer nicht mehr vorhanden ist.

Der gesetzlich vorgeschriebene Gesamtplan bzw. die Einzelpläne hierzu wurden durch den „Planungsausschuß für das Rheinische Braunkohlengebiet" (Braunkohlenausschuß), ein Sonderausschuß der Landesplanungsgemeinschaft

Rheinland, aufgestellt. Dem Ausschuß gehörten u. a. Vertreter der Staats- und Kommunalverwaltung, der gewerblichen Wirtschaft, der Landwirtschaft, der Gewerkschaft und auch des Bergbautreibenden an; seit 1980 wird der Ausschuß nach politischen Gegebenheiten zusammengesetzt. Der Ministerpräsident des Landes Nordrhein-Westfalen als Landesplanungsbehörde erklärt den Plan im Einvernehmen mit den zuständigen Fachministern für verbindlich.

Das Landesplanungsgesetz von Nordrhein-Westfalen in der Fassung vom 5. Oktober 1989 enthält als Abschnitt III Sondervorschriften für das Rheinische Braunkohlengebiet. Nach § 26, Abs. 1, wird als Sonderausschuß des Bezirksplanungsrates des Regierungsbezirkes Köln der Braunkohlenausschuß errichtet. Dieser Ausschuß trifft nach § 31, Abs. 1, die sachlichen und verfahrensmäßigen Entscheidungen zur Erarbeitung der Braunkohlenpläne und beschließt deren Aufstellung. Die Braunkohlenpläne bestehen nach § 24 aus textlichen und zeichnerischen Darstellungen und müssen Angaben enthalten über die Grundzüge der Oberflächengestaltung und Wiedernutzbarmachung in Abbau- und Aufschüttungsgebieten einschließlich der im Rahmen der Rekultivierung angestrebten Landschaftsentwicklung. Nach der 2. Durchführungsverordnung vom 24. Oktober 1989 zum Landesplanungsgesetz sind bei der Erarbeitung der Braunkohlenpläne auch die Landesanstalt für Ökologie, Landschaftsentwicklung und Forstplanung sowie die nach § 29 BNatSchG anerkannten Naturschutzverbände zu beteiligen. Die Braunkohlenpläne bedürfen nach § 34, Abs. 1, der Genehmigung der Landesplanungsbehörde. Nach § 34, Abs. 5, sollen die Braunkohlenpläne vor Beginn eines Abbauvorhabens im Braunkohlenplangebiet aufgestellt und genehmigt sein. Die Betriebspläne der bergbaulichen Betriebe sind mit den Braunkohlenplänen in Einklang zu bringen.

Auch nach dem damaligen Allgemeinen Berggsetz durfte der Betrieb eines Bergwerkes nur aufgrund eines Betriebsplanes geführt werden. Der Betriebsplan unterlag der Prüfung durch die Bergbehörde. Im Rahmen der Bergaufsicht werden daher von dem Bergwerkbesitzer – heute nur noch die Rheinischen Braunkohlenwerke AG – besondere Betriebspläne verlangt. Nach § 51 des Bundesberggesetzes in der Fassung vom 12. Februar 1990 dürfen auch „Gewinnungsbetriebe" nur aufgrund von Plänen (Betriebsplänen) errichtet, geführt und eingestellt werden, die vom Unternehmer aufgestellt und von der zuständigen Behörde zugelassen worden sind. Die Aufstellung von Rahmenbetriebsplänen, auf die bereits im Abschnitt 1 „Einführung" hingewiesen wurde, ist in § 57, Abs. 2a, Bundesberggesetz geregelt.

Das neue Naturschutzrecht greift auch in die Fachplanungen ein. So heißt es in § 8 BNatSchG, der die Eingriffe in Natur und Landschaft behandelt:

> „(4) Bei einem Eingriff in Natur und Landschaft, der aufgrund eines nach öffentlichem Recht vorgesehenen Fachplanes vorgenommen werden soll, hat der Planungsträger die zum Ausgleich dieses Eingriffs erforderlichen Maßnahmen des Naturschutzes und der Landschaftspflege im einzelnen im Fachplan oder in einem landschaftspflegerischen Begleitplan in Text und Karte darzustellen; der Begleitplan ist Bestandteil des Fachplanes."

Da das novellierte Nordrhein-Westfälische Landschaftsgesetz vom 18. Februar 1975 inzwischen das Bundesnaturschutzgesetz als Rahmengesetz ausgefüllt hat, gilt es zwangsläufig auch für die Fachplanung. Wie bereits im Abschnitt 1 „Einführung" dargelegt, sind auch Betriebspläne des Bergbaues Fachpläne, wenn sie nach dem geänderten Berggesetz vom 12. Februar 1990 einem Planfeststellungsverfahren unterworfen sind.

Das Landschaftsgesetz in seiner Fassung vom 20. Juni 1989 legt in § 4 Abs. 2 im einzelnen fest, welche Maßnahmen als Eingriffe gelten, so u. a.

- die oberirdische Gewinnung von Bodenschätzen,
- die Aufschüttungen ab 2 m Höhe mit einer Grundfläche von mehr als 400 m^2,
- die Entwässerung von Mooren, Sümpfen und Brüchen sowie die Beseitigung von Tümpeln und Weihern mit einer Fläche von mehr als 100 m^2,
- die Umwandlung von Wald und
- die Beseitigung von Hecken, soweit sie prägende Bestandteile der Landschaft sind.

Die im damaligen Braunkohlengesetz nur allgemein geregelte Rekultivierungspflicht wurde durch ein Abkommen zwischen der Rheinische Braunkohlenwerke AG und der Landesregierung Nordrhein-Westfalen vom 7. 3. 1961 (Lößabkommen) – ergänzt am 13. 6. 1966 – zugunsten der landwirtschaftlichen Rekultivierung konkretisiert. Umfang und Ausdehnung dieser Rekultivierung wurden mit bestimmt durch die Entfernung zwischen dem Ort der Lößgewinnung und den zu rekultivierenden Flächen, weil die Transportkosten berücksichtigt wurden.

Zur Wiederherstellung landwirtschaftlich nutzbarer Böden hatte der Minister für Wirtschaft, Mittelstand und Verkehr des Landes Nordrhein-Westfalen als oberste Bergaufsichtsbehörde in Zusammenwirken mit dem Minister für Ernährung, Landwirtschaft und Forsten des Landes „Richtlinien für das Aufbringen von kulturfähigem Bodenmaterial" erarbeitet, die die Bergbehörden seit 1967 im Betriebsplanzulassungsverfahren anwenden. Die derzeitigen rechtlichen Bestimmungen zum Schutz des Mutterbodens sind im § 202 des Baugesetzbuches vom 8. Dezember 1986 verankert.

4.1.4 Auswirkungen des Tagebaues

Mit dem großflächigen, verstärkten Abbau des Braunkohlevorkommens im Tieftagebau ist zwangsläufig ein tiefer Eingriff in die Landschaft und ihren Naturhaushalt verbunden. Dies gilt im besonderen für den Wasserhaushalt, was ausgedehnte wasserwirtschaftliche Maßnahmen erforderlich macht. Der Tieftagebau erfordert eine Senkung des Grundwasserstandes bis zu 250 m und im neu aufzuschließenden Tagebau Hambach bis zu 500 m Tiefe. Der Anschlußtagebau Garzweiler II im Abbaufeld Frimmersdorf-West-West und seine Ausweitung in Richtung Nordwesten können im Untergrund einen Einfluß auf den Venloer Graben haben, so daß hier ein einseitiger und nachteiliger Abfluß des Grundwassers nicht auszuschließen ist. So ist auch eine Beeinträchtigung des Naturhaushaltes im Maas-Schwelm-Nette-Gebiet mit dem internationalen Naturpark zu erwarten, worauf die Landesregierung von Nordrhein-Westfalen (1987) in ihren „Leitentscheidungen zur künftigen Braunkohlepolitik" hinweist. Auch das von der Bundesforschungsanstalt für Naturschutz und Landschaftsökologie im Auftrag von Rheinbraun durchgeführte und 1986 abgeschlossene „Bio-ökologische Gutachten für den Nordraum des Rheinischen Braunkohlenreviers" kommt zu dem Ergebnis, daß den großen naturschutzwürdigen Gebieten an Schwalm und Nette eine einmalige und hohe Bedeutung zukommen (vgl. Ministerium für Umwelt, Raumordnung und Landwirtschaft 1987).

Bereits das Umweltprogramm des Landes Nordrhein-Westfalen vom Oktober 1983 behandelt als Maßnahme Nr. 18 die „Verminderung ökologisch nachteiliger Auswirkungen im Braunkohlentagebau". Diese soll erreicht werden durch Beurteilungskriterien für das landesplanerische Verfahren zur „Erarbeitung, Aufstellung und Genehmigung von Braunkohlenplänen“ (ökologisches Anforderungsprofil). In einer Vorbemerkung hierzu, die vom Institut für Landes- und Stadtentwicklungsforschung des Landes Nordrhein-Westfalen (1988) veröffentlicht wurde, heißt es: „Um Fehlentwicklungen bei künftigen Braunkohlenplanungen zu vermeiden – das gilt insbesondere für denkbare Tagebaubereiche wie Frimmersdorf-West-West und Hambach II – sollen die Erkenntnisse aus dem ökologischen Anforderungsprofil zukünftig vor der Entscheidung der Frage, ob landesplanerische Braunkohlenplanverfahren eingeleitet werden, vorliegen. Durch Ausfüllung des ökologischen Anforderungsprofils soll die grundsätzliche ökologische Vertretbarkeit eines Vorhabens nachgewiesen werden, bevor planerische Überlegungen zur Gestaltung von Einzelaspekten angestellt werden. Der Kriterienkatalog für dieses ökologische Anforderungsprofil sieht als Sachbereiche Wasser, Naturschutz und Landschaftspflege, Waldbau, Landwirtschaft und Immissionsschutz vor. Der Sachbereich „Naturschutz und Landschaftspflege“ sieht für die vorzunehmenden Erhebungen und Untersuchungen zur Beurteilung im einzelnen vor:

- Darstellung des geplanten Eingriffs,
- Darstellung des zu erwartenden Auswirkungsbereichs auf der Basis geohydrologischer Verhältnisse,
- Bestandsaufnahme des derzeitigen Landschaftszustandes,
- Darlegung der zu erwartenden, unabwendbaren Grundwasserabsenkungen,
- Darlegung der durch den Abbau, die Aufschüttung und die Grundwasserabsenkung zu erwartenden Änderungen der Realnutzung, des Naturhaushaltes und des Landschaftsbildes,
- Erarbeitung eines Rekultivierungskonzeptes zur Minimierung des Eingriffs sowie Darstellung und Vorschlag zusätzlich erforderlicher Ausgleichs- und Ersatzmaßnahmen zur Kompensierung des Eingriffs.

Das ökologische Anforderungsprofil hat deutliche Berührungspunkte mit § 8 BNatSchG, der die Eingriffe in Natur und Landschaft regelt, wie auch der Prüfung der Umweltverträglichkeit. Auf die Notwendigkeit, rechtzeitig eine Umweltverträglichkeitsprüfung vorzunehmen, wird in Abschnitt 4.1.6 eingegangen.

Der Rahmen dieses Beitrages erlaubt es nicht, die großen wasserwirtschaftlichen Probleme im einzelnen darzulegen, die als zwangsläufige Folge des einsetzenden Tieftagebaues der Regelung bedürfen. Es sei nur festgestellt, daß in einem Raum von rd. 1300 km^2 etwaige Schäden durch Wassermangel für Bevölkerung, Landwirtschaft, Forstwirtschaft und Industrie möglichst vermieden oder ausgeglichen und die Vorflut der Gewässer geregelt werden müssen. Das setzt voraus, daß sich die Untersuchung der wasserwirtschaftlichen Probleme nicht auf den unmittelbaren Tagebaubereich begrenzen darf, sondern auf der Grundlage einer Umweltverträglichkeitsprüfung ein wasserwirtschaftliches Gesamtkonzept erarbeitet werden muß, das auch Grundlage für die Durchführung der notwendigen Ausgleichsmaßnahmen ist. Auf die Verpflichtung zur Prüfung der Umweltverträglichkeit wurde bereits im Abschnitt 1 „Einführung“ hingewiesen.

Um das Grundwasser von dem Tagebau fernzuhalten, werden entlang seiner Grenzen Brunnengalerien angelegt, mit deren Hilfe der Grundwasserspiegel abgesenkt wird. Im Jahresdurchschnitt werden zur Entwässerung der Tagebaue seit 1985 rd. 650 Mio. m^3 Grundwasser gehoben. Von dem herausgepumpten Grundwasser werden 255 Mio. m^3 genutzt, der Rest wird über die Erft und einen eigens gebauten Randkanal zum Rhein und über die Rur abgeleitet. Der Abfluß beträgt z. Z. rd. 12 m^3/sec, davon etwa 0,5 m^3/sec in den Randkanal, etwa 10,5 m^3/sec in die Erft und rd. 1 $m/^3$sec in die Rur. Im Durchschnitt aller Tagebaue müssen für eine Tonne Braunkohle rd.

6 m^3 Grundwasser gehoben werden; gebietsweise hat sich ein Verhältnis von Wasserhebung zu Kohleförderung von bis zu 15:1 eingestellt.

Von vornherein stand fest, daß nur ein Zusammenwirken aller Beteiligten den Erfolg gewährleisten konnte. Darum entschloß sich das Land Nordrhein-Westfalen – nach dem bewährten Muster der bereits bestehenden wasserwirtschaftlichen Großverbände –, alle vorhandenen Interessengruppen in einem Wasserverband zusammenzuführen. Dies ist mit dem Gesetz über die Gründung des Großen Erftverbandes vom 3. Juni 1958 geschehen. Gerade bei diesem bedeutenden Verband hat der Gesichtspunkt der Zusammenarbeit weitester Kreise im Gesetz seinen Niederschlag gefunden. Der Große Erftverband trägt jetzt den Namen Erftverband.

Da der Braunkohlenbergbau im Tagebau betrieben wird, muß zunächst einmal das über den Kohleflözen liegende Deckgebirge, das in Zukunft bis zu 400 m mächtig sein kann, abgetragen werden; damit wird die gesamte Kulturlandschaft beansprucht und vor allem das *Relief der Landschaft* völlig verändert. Land- und forstwirtschaftliche Nutzflächen werden in erheblichem Maße in Anspruch genommen. Der anfallende Abraum wird soweit wie möglich zur Auffüllung von ausgekohlten Abschnitten, also für sogen. Innenkippen verwendet. Überschüssiges Material aber muß auf sogen. Außenkippen geschüttet werden, so z. B.

- Höhe Vollrath (Tagebau Frimmersdorf) mit 270 Mio. m^3 und rd. 100 m Höhe,
- „Auf dem Niercheen“(Tagebau Inden) mit 40 Mio m^3 und 40 bis 60 m Höhe,
- Glessener Höhe (Tagebau Fortuna-Garsdorf) mit 170 Mio. m^3 und 40–80 m Höhe,
- Sophienhöhe (Tagebau Hambach) mit über 1 Mrd. m^3 und 120–200 m Höhe.

Die Eingliederung solcher Hochkippen in die Landschaft und ihre land- und forstwirtschaftliche Nutzung stellen der Landschaftsplanung besonders schwierige Probleme.

Zur zwangsläufigen Auswirkung des großflächigen Tagebaues gehört die *Umsiedlung* von Bauernhöfen und ganzen geschlossenen Ortschaften, was zu einer völlig andersartigen Siedlungsstruktur führt. Die Bevölkerungsdichte ist mit rd. 400 Einwohnern pro qkm zwischen Köln, Düsseldorf und Aachen sehr hoch. Bis zum Jahre 2000 werden von der Umsiedlung insgesamt rd. 27 500 Personen mit über 5000 Anwesen erfaßt. Die nichtbäuerlichen Anwesen werden soweit wie möglich in bestehende Ortschaften umgesiedelt, um dem Bestreben nach einer Verdichtung der Wohngebiete nachzukommen und vorhandene Einrichtungen der Infrastruktur auszunutzen. In zunehmendem Maße aber werden heute völlig neue Orte erbaut. Für die Umsiedlung landwirtschaftlicher Betriebe war anfänglich vorgesehen, die Hofstellen in Form von kleinen Weilern unmittelbar in die voll arrondierten Flurstücke zu legen. Nunmehr hat sich die Erkenntnis durchgesetzt, die Hofstellen zu großen Weilern oder Ortsteilen zusammenzufassen. Das erleichtert die Erschließung, ermöglicht eine bessere Anpassung an die sich wandelnde Agrarstruktur und fördert die überbetriebliche Zusammenarbeit. Um geeignete Vorschläge für die Umsiedlung landwirtschaftlicher Betriebe zu erhalten, hat der Minister für Ernährung, Landwirtschaft und Forsten des Landes Nordrhein-Westfalen im Jahre 1966 für eine 830 ha große rekultivierte Fläche einen europäischen Ideenwettbewerb mit dem Thema „Die neue Agrargemeinde im rekultivierten Wirtschaftsraum“ ausgeschrieben. Die eingegangenen Vorschläge reichten von der konservativen Einzelhofsiedlung bis zum völligen Zusammenschluß aller Hofstellen zu gemeinsamen Betriebs- und Bewirtschaftsformen. Die Jury entschied sich für eine Lösung, die drei Siedlungsschwerpunkte, also eine deutliche Konzentration der Betriebe zu landwirtschaftlichen Weilern von acht bis 10 Höfen, vorsieht (vgl. Abschnitt 4.2.1). Im übrigen sei darauf hingewiesen, daß in den wiedergegebenen Plänen nur mögliche Standorte von Bauernhöfen und Weilern dargestellt werden. Die endgültigen Standorte können erst in späteren Bebauungsplänen festgesetzt werden. Auch die Zahl der benötigten Hofstellen muß später dem tatsächlichen Bedarf angepaßt werden.

Auch die Verlegung von *Straßen, Wasserläufen und Eisenbahnen* sind Maßnahmen, die sich mittelbar auf die Struktur und das Bild der Landschaft auswirken. Der beim Aufschluß anfallende wertvolle *Löß* – ein willkommenes Geschenk der Natur – soll nutzbringend verwendet werden. Schließlich müssen die verbleibenden *Restwasserflächen* in die Landschaft eingefügt und sinnvoll genutzt werden. Dieser Katalog von Maßnahmen und Aufgaben läßt deutlich werden, in welch enger Beziehung der großflächige Tagebau zur Landschaftsplanung und zur Landschaftsgestaltung steht.

4.1.5 Wissenschaftliche Untersuchungen

Die landschaftsökologischen und landschaftsanalytischen Untersuchungen als Grundlage aller raumrelevanten Planungen und besonders der Landschaftsplanung stoßen im Tagebau auf besondere Schwierigkeiten. Das ist darauf zurückzuführen, daß die Standorte, so z. B. die Innen- und Außenkippen, noch gar nicht untersucht werden können, wenn die Landschaftsplanung bereits einsetzen muß. Es kommt hier darauf an, das verwendete Abraummaterial zu analysieren und vor allem den zum Auftrag auf künftige Kulturflächen bestimmten Boden, seinen Wasserhaushalt, seinen Nährstoff- und Kalkgehalt und seine Erosionsempfindlichkeit gründlich zu untersuchen. Die Ergebnisse von agrarmeteorologischen Untersuchungen auf ähnlichen Standorten müssen ausgewertet, falls erforderlich Kippenmodelle erbaut und ihr Verhalten gegenüber dem Wind im Windkanal ermittelt werden. Auch im Vergleich mit verwandten Standorten und älteren Kippen wird sich dann feststellen lassen, welche potentielle natürliche Vegetation sich auf den zu rekultivierenden Flächen entwickeln wird und welche natürlichen Faktoren in der Nutzung und Gestaltung des Plangebietes zu berücksichtigen sind.

In den vergangenen Jahren sind mit Unterstützung des Landes Nordrhein-Westfalen und der Rheinischen Braunkohlenwerke AG eine Reihe von wertvollen wissenschaftlichen Arbeiten abgeschlossen worden, die für die Landschaftsplanung ausgewertet werden konnten. Hier seien die bodenkundlichen Grundlagenuntersuchungen und die Lößuntersuchungen des Geologischen Landesamtes Nordrhein-Westfalen in Krefeld und der früheren Landesanstalt für Immissions- und Bodennutzungsschutz des Landes Nordrhein-Westfalen in Essen, die Untersuchungen von Spülflächen durch das Institut für Pflanzenbau der Universität Bonn, die ökologischen und ornithologischen Untersuchungen im alten Südrevier durch die frühere Bezirksstelle für Naturschutz und Landschaftspflege in Aachen, agrarmeteorologische Messungen an Kippen durch den Deutschen Wetterdienst, Windkanalversuche durch die Technische Universität Hannover, pflanzensoziologische Kartierungen im Erfttal und vegetationskundliche Sukzessionsuntersuchungen durch die Bundesforschungsanstalt für Naturschutz und Landschaftsökologie in Bonn-Bad Godesberg sowie Untersuchungen der Forschungsstelle für Grünland und Futterbau des Landes Nordrhein-Westfalen in Kleve genannt. Die ausgearbeiteten landschaftsplanerischen Gutachten konnten auf den Ergebnissen der genannten Untersuchungen aufbauen. Inzwischen konnten auch die ersten großflächigen Landschaftsplanungen in die Wirklichkeit umgesetzt werden.

Die Bundesforschungsanstalt für Naturschutz und Landschaftsökologie konnte im Jahre 1966 im Rheinischen Braunkohlenrevier eine Versuchsdauerfläche auf einer frisch geschütteten Kippe in einer ausgekohlten Grube einrichten, um langfristig die natürliche Vegetationsentwicklung zu studieren. Kontinuierliche Beobachtungen von der ersten Besiedlung eines Rohbodens mit Pionierpflanzen und Pioniertieren über Folgegesellschaften bis zum gehölzreichen Stadium fehlten bislang, wenn von kurzfristigen Beobachtungen abgesehen wird. Bereits im ersten Jahre hatten sich 42 Arten höherer Pflanzen spontan eingestellt, davon etwa die Hälfte durch Windverbreitung. Absolut vorherrschend waren Therophyten, doch hatten auch schon einige Holzgewächse Fuß gefaßt, die zu den Pionierholzarten gerechnet werden müssen. Bereits zwei Jahre später konnten erhebliche Artenverschiebungen festgestellt werden. Mit der Beobachtung der höheren Pflanzen ist gleichzeitig eine Untersuchung der Bodenflora und Bodenfauna verbunden; desgleichen wird die Veränderung des Substrats während der Bodenbildung untersucht. Auf bestimmten Teilflächen sind zusätzlich einige Hauptholzarten ausgesät worden, um die Frage zu klären, in welchem Umfang diese Baumarten auf dem Rohboden zu keimen und die Jugendphase zu überstehen vermögen. Mit diesen Untersuchungen sollen auch die Ursachen der Vegetationsdynamik, wie sprunghaftes Ausbreiten der einen oder anderen Art, plötzliche Wuchsstockungen oder Ausfälle einzelner Arten, geklärt werden (Abb. 47).

Als eine wissenschaftliche Voruntersuchung für den Abbau, die Landschaftsplanung und den Wiederaufbau der Landschaft kann das „Ökologische Gutachten" betrachtet werden, das im Auftrage des Regierungspräsidenten von Köln für den geplanten Tagebau Hambach in Auftrag gegeben und 1975 vorgelegt wurde (vgl. Abschnitt 4.2.7).

Als eine wissenschaftliche Arbeit neueren Datums kann die Dissertation von Axel Stürmer (1985) herausgestellt werden, in der er „Zur künftigen Rekultivierung von landwirtschaftlich genutzten Gebieten im Rheinischen Braunkohlenrevier unter Berücksichtigung landschaftsökologischer und landschaftsgestalterischer Belange" Stellung nimmt. Die Arbeit behandelt sowohl die Entwicklung des Abbaus der Braunkohle als auch die künftigen Gestaltungsmöglichkeiten unter Bezug auf eine Modellplanung.

4.1.6 Planungsziel – Zielkonflikte – Umweltverträglichkeitsprüfung

1. Planungsziele

Die Ziele des Naturschutzes und der Landschaftspflege, die sich zwangsläufig in der Landschaftsplanung niederschlagen, sind im Bundesnaturschutzgesetz und den entsprechenden Ländergesetzen – für Nordrhein-Westfalen im Landschaftsgesetz vom 8. Febr. 1975 in der Fassung vom 20. Juni 1989 – festgelegt. So heißt es in § 1 BNatSchG:

„(1) Natur und Landschaft sind im besiedelten und unbesiedelten Bereich so zu schützen, zu pflegen und zu entwikkeln, daß

1. die Leistungsfähigkeit des Naturhaushaltes,
2. die Nutzungsfähigkeit der Naturgüter,
3. die Pflanzen- und Tierwelt sowie
4. die Vielfalt, Eigenart und Schönheit von Natur und Landschaft als Le-

Abb. 47. Versuchsfläche der Bundesforschungsanstalt für Naturschutz und Landschaftsökologie im 1. Jahr nach der Aufschüttung; vorherrschend ist das Klebrige Greiskraut *(Senecio viscosus)*. (Foto: Bundesforschungsanstalt für Naturschutz und Landschaftsökologie)

> bensgrundlage des Menschen und als Voraussetzung für seine Erholung in Natur und Landschaft nachhaltig gesichert sind."

Die in § 2 des Bundesnaturschutzgesetzes dargelegten Grundsätze sollen die Ziele verwirklichen. Abs. 1 Nr. 2 lautet:

> „Unbebaute Bereiche sind als Voraussetzung für die Leistungsfähigkeit des Naturhaushalts, die Nutzung der Naturgüter und für die Erholung in Natur und Landschaft insgesamt und auch im einzelnen in für ihre Funktionsfähigkeit genügender Größe zu erhalten. In besiedelten Bereichen sind Teile von Natur und Landschaft, auch begrünte Flächen und deren Bestände, in besonderem Maße zu schützen, zu pflegen und zu entwickeln."

Das Bundesnaturschutzgesetz (§§ 5–7) und die entsprechenden Ländergesetze haben auch der Landschaftsplanung eine gesetzliche Grundlage gegeben und ihre Hauptziele festgelegt:

- Erhaltung und Entwicklung eines leistungs- und funktionsfähigen Naturhaushalts der Landschaft, insbesondere der Pflanzen- und Tierwelt und ihrer Biotope, Biozönosen und Ökosysteme,
- Erhaltung und Entwicklung der Nachhaltigkeit und Nutzungsfähigkeit der Naturgüter („Ressourcen"),
- Erhaltung und Entwicklung der Landschaft als Erlebnis-, Erholungs- und Freizeitraum.

Die Landschaftsplanung vollzieht sich entsprechend den Ebenen der Raumplanung in folgenden Einzelplänen:

- Landschaftsrahmenplan (Regionalplanung)

- Landschaftplan (Bauleitplanung der Gemeinden; in Nordrhein-Westfalen auf Kreisebene)
- Grünordnungsplan (Bauleitplanung)
- Landschaftspflegerischer Begleitplan (Fachplanung).

2. *Zielkonflikte*

Diese Ziele des Naturschutzes und der Landschaftplanung müssen erwartungsgemäß wie mit anderen Fachplanungen so auch mit dem Bergbau in einem Zielkonflikt stehen. Nach dem früher gültigen Braunkohlengesetz war als Teil der Landesplanung zur Sicherstellung einer geordneten Raumgestaltung ein „Gesamtplan“ aufzustellen, der aber auch in „Teilabschnitten“ aufgestellt werden konnte, was die Regel war. Nach dem jetzt gültigen Bundesberggesetz in der Fassung vom 12. Februar 1990 besteht nach § 51 eine Betriebsplanpflicht; d.h. die Betriebspläne müssen vom Unternehmer aufgestellt und von der zuständigen Behörde zugelassen werden. Nach § 52, Abs. 2, kann die zuständige Behörde verlangen, daß Rahmenbetriebspläne, für deren Zulassung ein Planfeststellungsverfahren durchzuführen ist, und für bestimmte Teile des Betriebes Sonderbetriebspläne aufgestellt werden. Die Landschaftsplanung muß darauf abgestellt werden, d.h. die planerischen Aussagen sind auf die Bereiche der Betriebspläne begrenzt, auch wenn sich die angrenzenden Gebiete in ihrem jetzigen oder späteren Zustand zwangsläufig auf die Planung auswirken. Die Landschaftsplanung kann in ihrem Inhalt mittelbar in den Betriebsplan integriert werden oder im Sinne eines Landschaftspflegerischen Begleitplanes als Bestandteil des Betriebsplanes aufgestellt werden. Letzteres hat zumeist den Vorteil, daß die ökologischen Aussagen wie auch die notwendigen Ausgleichsmaßnahmen übersichtlicher dargestellt werden können.

Gewisse Einschränkungen ergeben sich für die vorzuschlagende Oberflächengestaltung auch aus den *technischen Erfordernissen*. So können sich z.B. die Absetzgeräte nicht auf Flächen bewegen, die ein größeres Gefälle als 1:10 aufweisen. Damit stößt eine mitunter erwünschte stärkere Profilgestaltung mit betonten Erhöhungen und Eintiefungen auf Schwierigkeiten, weil es einen Sonderbetrieb erforderlich machen würde, der kostenaufwendig ist. Das gilt auch für die Ausbildung von Böschungen, die vom Betrieb her eher steil als flach ausgebildet werden können, obwohl Randböschungen einer Kippe um so flacher gestaltet werden sollen, je höher die Kippe ist, nach Möglichkeit aber nicht unter einem Verhältnis von 1:3 bis 1:3,5. Andererseits kann es seitens der Landschaftsgestaltung begrüßt werden, wenn in der Landschaft – als Folge von besseren Arbeitsbedingungen für das Absetzgerät – langgestreckte Böschungen und Absätze verbleiben, denn sie können ein willkommenes Gliederungselement in der sonst gleichförmig ausgebildeten Landschaft bedeuten.

In erhöhtem Maße treten heute Zielkonflikte zwischen Naturschutz und Landschaftspflege einerseits und der *Landwirtschaft* andererseits auf. Das trifft auch in zunehmendem Maße für die landwirtschaftliche Rekultivierung von Tagebauflächen zu. Wenn heute z.B. von verantwortlichen Vertretern der Flurbereinigung, der Landwirtschaftskammern und der Landesämter für Agrarordnung gefordert wird, die zu rekultivierenden Bördegebiete nur durch „punktuelle Flächenpflanzungen“ aufzulockern, so verbirgt sich dahinter nicht nur eine mangelnde Kenntnis landschaftsökologischer Zusammenhänge in einer Agrarlandschaft, sondern spiegelt die betont einseitige ökonomische und produktionsbezogene Einstellung wider, die zur erschreckenden Ausräumung unserer Bördelandschaften von Baum und Strauch, z.B. am Niederrhein, in der Hildesheimer Börde und in der Wetterau, in den letzten 100 Jahren geführt hat. Wenn das Ausmaß der ausgestorbenen, verschollenen und gefährdeten Tier- und Pflanzenarten im gleichen Zeitraum auffallend angestiegen ist, so haben Flurbereinigung und intensive Landbewirtschaftung ihren erheblichen Anteil an dieser Entwicklung. Nach SUKOPP, H. et al. (1978) sind Landwirtschaft und Flurbereinigung mit 339 Pflanzenarten, das sind 58,3 % aller gefährdeten Arten der Farn- und Blütenpflanzen, die größten aller Verursacher des Artenrückganges. Der hohe ökologische Wert von linear angelegten Flurgehölzen darf auch deshalb nicht unbeachtet bleiben, weil nach Untersuchungen des Agrarökologen Prof. Dr. TISCHLER (1968) Universität Kiel, von den Rändern dieser Gehölze eine stetige Erneuerung der durch intensive Bodenbearbeitung gestörten Bodenflora und -fauna vor sich geht.

Es bleibt unverständlich, daß auch von der Landwirtschaftskammer Bonn das so unbestimmte und im Grunde nichtssagende „punktuelle Grün" vertreten wird, obwohl anerkannte Wissenschaftler im Jahre 1955 Untersuchungen im Bördegebiet der Köln-Aachener-Bucht über die Auswirkungen von Windschutzpflanzungen in Zusammenarbeit mit der Kammer vorgenommen haben, die zu eindeutigen Ergebnissen führten. So wurde ermittelt, daß z. B. das Rübenrohgewicht bis zu einer Entfernung, die der 28fachen Höhe des Schutzstreifens entspricht, im Mittel um 5,6 % und der Zuckermehrertrag um 8,5 % als Folge des Windschutzes ansteigt. Wenn heute seitens der Landwirtschaft an Flurgehölzen in der Art von Schutzpflanzungen kein Interesse besteht, so ist dies nicht zuletzt eine Folge der derzeitigen Überproduktion. Für den Boden wie auch seine Produkte aber wäre es besser, den Einsatz von Dünge- und Pflanzenschutzmitteln einzuschränken, anstatt auf landschaftsökologische Elemente zu verzichten. Ein systematisch angelegtes Netz von Pflanzungen zum Boden-, Wind- und Klimaschutz dient nach vorliegenden wissenschaftlichen Untersuchungen der Ertragssicherheit und ist ein wesentlicher Beitrag zu einem ausgeglichenen Naturhaushalt der Landschaft. Der Einsatz moderner landwirtschaftlicher Maschinen wird durch ein solches System nach allen vorliegenden Erfahrungen im In- und Ausland nicht beeinträchtigt.

Wenn man bedenkt, daß z. B. in echten Steppengebieten, so z. B. im Bezirk Rostow am Don, systematisch Schutzpflanzungen angelegt werden, um das örtliche Klima günstig zu beeinflussen und die Ertragsbedingungen zu verbessern, so sollten die Bördegebiete am Niederrhein, die von Natur aus keine Steppe, sondern Waldland sind, ein Minimum an Naturzellen aufweisen und systematisch gegliedert werden. Im Nationalen Bericht der Bundesrepublik Deutschland für das „Man and the biosphere" (MAB) – Programm der UNESCO werden für intensiv genutzte Landschaften mindestens 2–5 % Fläche für natürliche Elemente gefordert, zu denen Flurgehölze, Schutzpflanzungen, Waldreste, Feuchtgebiete u. ä. gehören. „Punktuelle" Flächenpflanzungen müssen eingebunden sein in geschlossene Baum- und Strauchpflanzungen, die entlang von Wasserläufen, Straßen, Böschungen und soweit erforderlich auch an Wirtschaftswegen verlaufen und die Landschaft gliedern und zur „Kulturlandschaft" werden lassen. Dies entspricht auch dem heute zunehmend geforderten „Biotop-Verbundsystem", in dem ökologisch bedeutsame Biotope mit Hilfe durchgehender Pflanzungen miteinander verbunden werden, was dem Biotop- und Artenschutz zugute kommt.

In einer Zeit des gehobenen Umweltbewußtseins der Bevölkerung ist es eine Pflicht des Landbaues, sich diesen berechtigten Forderungen nach einer geordneten und gepflegten Kulturlandschaft nicht zu entziehen, sondern durch Maßnahmen der Landschaftspflege seinen

Beitrag zu leisten. Damit könnte auch die landwirtschaftlich genutzte Flur wieder in das System der Erholungslandschaft einbezogen werden.

Dem Bestreben, die bäuerlichen Fluren und Höfe wieder stärker in den Erholungsverkehr einzubeziehen, steht gebietsweise, so auch in rekultivierten Gebieten des Rheinischen Braunkohlenreviers, die Zunahme von reinen Mastviehbetrieben entgegen, die aus Gründen der Geruchsbelästigung von Siedlungen und auch von Erholungsschwerpunkten einen Mindestabstand von 1000 m einhalten müssen.

Ein weiterer Zielkonflikt ergibt sich aus der *Wasserwirtschaft*. Bei der Gestaltung der Oberflächen von Innen- und Außenkippen wäre es ohne Schwierigkeiten möglich, größere Wasserflächen als Seen auszuweisen. In einer Stellungnahme des Großen Erftverbandes heißt es, daß die Anlage einer ständigen Wasserfläche ohne die Gewährleistung eines dauernden Wasseraustausches mit den anerkannten Regeln der Wasserwirtschaft nicht in Einklang zu bringen sei. Im wesentlichen wird dies mit dem hohen Besatz des Erftwassers mit Schadstoffen, so vor allem Phosphaten, begründet. Aus der Sicht der Ökologie wie der Landschaftsgestaltung aber kommt den Wasserflächen in dem Aufbau neuer Landschaften eine erhöhte Bedeutung zu. Gewässer und Gewässerufer haben insoweit besondere ökologische Aufgaben zu erfüllen, als sie wesentlich zur Artenvielfalt von Pflanzen und Tieren beitragen. Außerdem können sie wenigstens teilweise auch für Erholungszwecke gestaltet werden, zumal Wasserflächen in der Bundesrepublik Deutschland ein Mangelfaktor sind. Es wird der Ausschöpfung aller gegebenen Möglichkeiten bedürfen, um zu landschaftsgerechten Lösungen zu gelangen.

Als Vorstellung für die Endgestaltung des Tagebaues Hambach wird häufig von einem Restsee oder Speicherbecken mit einem Fassungsvermögen von 2,5–3 Mrd. m^3 gesprochen, der größer ist als alle deutschen Talsperren zusammen. Eine solche Lösung ist für die Wasserversorgung, vielleicht auch für die Wasserführung des Rheins, interessant, nicht jedoch für die ökologische Vielfalt der Landschaft. Für den Naturhaushalt eines größeren Landschaftsraumes ist nicht die Größe und Tiefe eines Sees oder sein Fassungsvermögen von entscheidender Bedeutung, sondern das Ausmaß der Berührungsflächen von Wasser und Land sowie die naturnahe Ausbildung von Uferzonen auf langen Strecken. Das aber kann nur mit einer größeren Zahl von Seen erreicht werden. Aus der Sicht des Bergbaues aber ist in Hambach nur ein großer Restsee durchführbar, weil wegen der Tiefe des Sees für eine Aufteilung in mehrere Seen die Abraummassen fehlen und auch die Sicherheit der Zwischenflächen nicht gewährleistet werden kann. Ein Ausgleich könnte jedoch durch eine naturnahe Ausgestaltung der Ufer geschaffen werden, so durch einen vielgestaltigen Verlauf und eine verschiedenartige Ausbildung zum Wasser hin sowie eine standortgemäße Bepflanzung.

3. *Prüfung der Umweltverträglichkeit*

Um Zielkonflikte weitgehend zu vermeiden oder doch aufzulösen, sollten vermeidbare Eingriffe in Natur und Landschaft unterlassen und unvermeidbare ausgeglichen werden. Dieses Ziel kann in erster Linie erreicht werden durch

- die rechtzeitige Prüfung der Umweltverträglichkeit eines Projektes,
- das Instrument der Landschaftsplanung,
- die Festlegung von Ausgleichsmaßnahmen im Fachplan oder in einem Landschaftspflegerischen Begleitplan und
- die frühzeitige und gleichberechtigte Zusammenarbeit der Fachverwaltung mit der für Naturschutz und Landschaftspflege zuständigen Behörde.

Geplante und projektierte Eingriffe in

Natur und Landschaft setzen zwangsläufig eine Umweltverträglichkeitsprüfung (UVP) voraus, wenn man die Vermeidbarkeit oder Unvermeidbarkeit von Beeinträchtigungen und damit selbstverständlich auch das Ausmaß der Beeinträchtigungen feststellen und belastende Eingriffe verhindern oder ihre nachteiligen Auswirkungen vermindern will. Wie bereits in Abschnitt 1 dargelegt, muß die UVP auch im Rahmen der bergbaulichen Planung und im Stadium der Voruntersuchung oder Vorplanung vorgenommen werden, was eine Zusammenarbeit mit der Landschaftsplanung ermöglicht, die wesentliche Grundlagen zur Prüfung beitragen kann. Als Folge des Bundesnaturschutzgesetzes wird sie als Landschaftsrahmenplan auf der Ebene der Regionalplanung und als Landschaftsplan auf der Ebene der Bauleitplanung vollzogen, wenn von der abweichenden Regelung in Nordrhein-Westfalen abgesehen wird. Landschaftsrahmenplan und Landschaftsplan sind im übrigen auch Grundlage für die Fachplanungen, in denen vor allem Projekte festgesetzt werden, die sehr häufig als Eingriffe in Natur und Landschaft zu werten sind. Im Rahmen der UVP wie auch der Landschaftsplanung wird eine Bewertung von Eingriffen in den Naturhaushalt der Landschaft vorgenommen. Diese landschaftsökologische Bewertung ist eine Voraussetzung, um das Ausmaß der Belastung des Naturhaushaltes und des Landschaftsbildes durch anthropogene Eingriffe ermitteln zu können. Die Prüfung muß Angaben über die möglichen Belastungen der natürlichen Umwelt, der Menschen und die möglichen Auswirkungen auf andere Nutzungen enthalten, um bereits daraus die Nutzungskonflikte zu erkennen, die sich aus der Mehrfachnutzung des Raumes ergeben können.

Eine Umweltverträglichkeitsprüfung sollte eigentlich, den Planungsstufen entsprechend, in drei unterschiedlichen Verfahren vollzogen werden:

- Ein Verfahren innerhalb der Landes- und Regionalplanung zur Beurteilung und Ermittlung des „Makrostandortes“ im überörtlichen Raum,
- eine spezielle UVP bei bekanntem Planungsfall im Rahmen der Bauleitplanung der Gemeinden zur Beurteilung und Ausweisung des „Mikrostandortes“ und
- eine spezielle UVP für ein Projekt im Rahmen der Fachplanung zur Bewertung des Vorhabens und der Ausweisung von Flächen und Trassen (Olschowy, R. 1978).

Wenn ein Planungsvorhaben oder Projekt auf seine Umweltverträglichkeit hin geprüft werden soll, so setzt das voraus, daß

- eine Bestandsaufnahme der natürlichen Gegebenheiten (Landschaftsfaktoren) des betroffenen Raumes vorgenommen wird und
- eine Bewertung dieser Gegebenheiten in ökologischer Hinsicht vorgenommen wird, und zwar als Grundlage für
- die Prüfung der möglichen Auswirkungen eines Eingriffs in Natur und Landschaft und hier insbesondere auf den Naturhaushalt und das Erscheinungsbild der Landschaft.

Die Prüfung der Umweltverträglichkeit stellt eine besondere Art der Bewertung von Eingriffen dar. Die ökologische Bewertung (Landschaftsdiagnose) von einzelnen Landschaftsfaktoren, ganzen Raumeinheiten und von anthropogenen Eingriffen in die Landschaft baut auf der Bestandsaufnahme (Landschaftsanalyse) auf. Die Bewertung als Grundlage für landschaftsbezogene Planungen sollte grundsätzlich im Zusammenhang mit der möglichen oder beabsichtigten Inanspruchnahme bzw. Nutzung des Raumes gesehen werden.

Die landschaftsökologische Bewertung ist eine Voraussetzung, um das Ausmaß der Belastung des Naturhaushaltes und des Landschaftsbildes durch Eingriffe in Natur und Landschaft ermitteln zu können. Das Ziel dieser Untersuchungen muß es sein, Belastungsgrenzen zu erkennen und festzusetzen. Es soll hier noch einmal darauf hingewiesen werden, daß der Grundlagenteil eines Landschaftsplanes Angaben zur Bestandsaufnahme und Bewertung der natürlichen Gegebenheiten eines Landschaftsraumes enthält, die im Zuge der UVP ausgewertet werden sollten.

Da mit dem großflächigen Tieftagebau zwangsläufig ein tiefer Eingriff in Natur und Landschaft verbunden ist, ist es erforderlich, vor dem Aufschluß eine Untersuchung und Prüfung der Umweltverträglichkeit vorzunehmen. Im Jahr 1975 wurde auf Veranlassung des Regierungspräsidenten von Köln als Vorsitzender des Braunkohlenausschusses ein umfassendes „Ökologisches Gutachten“ als vertiefte Umweltverträglichkeitsprüfung für den geplanten Groß- und Tieftagebau Hambach im Rheinischen Braunkohlengebiet erstellt. Neben dem Bergbau waren die Fachgebiete Geologie und Boden, Wasserwirtschaft, Landwirtschaft, Forstwesen, Klima und Lufthygiene, Vegetation, freilebende Tierwelt, Erholung und Landschaftsökologie beteiligt.
Die Schwerpunkte dieses Gutachtens sind:
- Erfassung des derzeitigen Zustandes,
- Aussagen zu den erwarteten ökologischen Auswirkungen des Tagebaues einschließlich der daraus abzuleitenden Maßnahmen,
- Hinweis auf Forschungen und Untersuchungen, die in den nächsten Jahren noch in Teilbereichen durchzuführen sind.

Die Schwerpunkte lassen erkennen, daß sich das Gesamtökologische Gutachten aus
- einer Bestandsaufnahme der natürlichen Gegebenheiten,
- einer Bewertung der natürlichen Gegebenheiten und des geplanten Eingriffs
- und den daraus abzuleitenden Maßnahmen

zusammensetzt.

Ein vom Braunkohlenausschuß eingesetzter Arbeitskreis erarbeitete die Vorgaben für die Gutachter und faßte die wesentlichen Ergebnisse der 11 Einzelgutachter zusammen. Dieses wertvolle ökologische Gutachten hätte in seinem Wirkungsgrad sicher noch gewinnen können, wenn die Einzelgutachten von einem unabhängigen wissenschaftlichen Gremium ausgewertet worden wären, so daß ggf. auch die erforderlichen landschaftspflegerischen Auflagen und Ausgleichsmaßnahmen hätten zusammengefaßt herausgestellt werden können (vgl. Abschn. 4.2.7).

4.1.7 Landschaftsplanung und Rekultivierung

1. Landschaftsplanung

Nach § 8 Abs. 4 BNatSchG hat der Planungsträger die zum Ausgleich des Eingriffs erforderlichen Maßnahmen des Naturschutzgesetzes und der Landschaftspflege im einzelnen im Fachplan oder in einem Landschaftspflegerischen Begleitplan, der Bestandteil des Fachplanes ist, in Text und Karten darzustellen. Der Landschaftspflegerische Begleitplan gehört zur Landschaftsplanung, die sich in folgenden Ebenen vollzieht:
- Regionalplanung (Landschaftsrahmenplan)
- Kreisplanung (in Nordrhein-Westfalen: Landschaftsplan)
- Bauleitplanung (Landschaftsplan)
- Fachplanung (Landschaftspflegerischer Begleitplan).

Die in jüngster Zeit aufgestellten Pläne zur Wiedernutzbarmachung der Sophienhöhe im Tagebau Hambach, des Tagebaues Frechen und des Tagebaues Fortuna-Garsdorf stellen Betriebspläne im Sinne des bergrechtlichen Betriebsplanverfahrens dar, in denen nach § 52 und § 55,

Abs. 7, Bundesberggesetz „die erforderliche Vorsorge zur Wiedernutzbarmachung der Oberfläche in dem nach den Umständen gebotenen Ausmaß getroffen ist". In ihrem Inhalt erfüllen diese Pläne auch die Anforderungen von § 8 Abs. 4, Bundesnaturschutzgesetz, denn die Maßnahmen des Naturschutzes und der Landschaftspflege sind im einzelnen im Betriebsplan dargestellt. Die Betriebspläne stellen in der gleichen Weise wie Landschaftspflegerische Begleitpläne die künftige Oberflächengestaltung dar. Hierzu gehören die höhenmäßige Reliefgestaltung, die Entwässerung und die Wasserrückhaltung, die wegemäßige Erschließung, die Waldflächen und Feldgehölze, der Verlauf von Schutzpflanzungen, die Erholungseinrichtungen, die Gliederung der landwirtschaftlichen Nutzflächen, die Lage der bäuerlichen Siedlungen usw. Inzwischen sind viele Betriebspläne vom Braunkohlenausschuß genehmigt und von der Bergbehörde zugelassen worden, die auch inzwischen zu wesentlichen Teilen ausgeführt werden konnten, so auch die vom Verfasser landschaftspflegerisch geplanten Tagebaue Kippraum Berrenrath, Kippe Nierchen, Kippraum Fortuna/Beißelsgrube/Fischbach, Außenkippe Glessen, Innenkippe Inden, Abbaugebiet Vereinigte Ville, Innenkippe Frimmersdorf Süd, Innenkippe Frechen, Tagebau Fortuna-Garsdorf und Außenkippe Sophienhöhe des Tagebaues Hambach.

2. *Rekultivierung*

Die Maßnahmen der Wiederherstellung oder Rekultivierung der vom Tagebau in Anspruch genommenen Flächen sehen im wesentlichen

- eine landwirtschaftliche Rekultivierung,
- eine forstwirtschaftliche Rekultivierung,
- einen Wiederaufbau von Erholungslandschaften (u. a. Wald- und Wasserflächen),
- eine Umsiedlung von bäuerlichen Betrieben und Ortschaften und

Rheinisches Braunkohlenrevier
Betriebsfläche und Wiedernutzbarmachung
Bestandsdarstellung

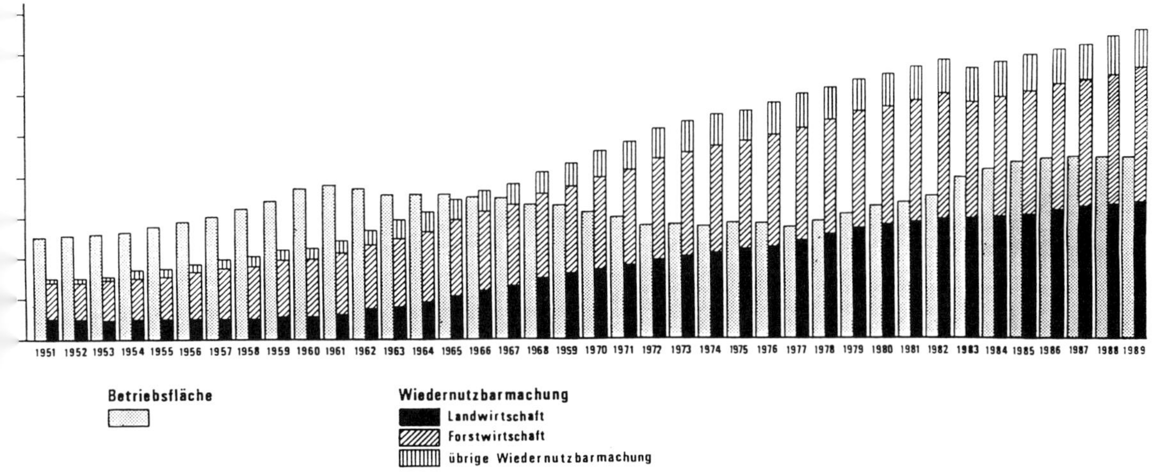

Abb. 48

– die Verlegung von Wasserläufen, Straßen und Eisenbahntrassen

vor.

Die vom Tagebau bis zum Jahre 1985 in Anspruch genommenen Flächen von rd. 23 940 ha wurden bis zu diesem Zeitpunkt wie folgt rekultiviert:

Landwirtschaft	6 706 ha = 28,0 %
Forstwirtschaft	6 555 ha = 27,4 %
Sonstiges	1 842 ha = 7,7 %
	15 103 ha = 63,1 %

Im Jahre 1989 wurden insgesamt 388 ha Flächen wieder nutzbar gemacht, davon

Landwirtschaft	171 ha
Forstwirtschaft	179 ha
übrige Rekultivierung	38 ha (Abb. 48).

Die *landwirtschaftlichen Rekultivierungsmaßnahmen* werden weitgehend bestimmt durch das im Westen und Norden des Reviers anstehende Lößmaterial, das Mächtigkeiten bis zu 20 m erreicht. Es handelt sich zumeist um jungen, frischen Würmlöß, der kalkreich ist, relativ wenig Tonsubstanz und viel Feinsand aufweist. Er wird im gewachsenen Profil von seinem Verwitterungsprodukt, dem Lößlehm, überlagert, der sich zur Parabraunerde entwickelt hat und über einen hohen Anteil von bindigem Material verfügt. Beim Abbau werden beide Lößarten miteinander vermischt, wodurch sich der Anteil von abschlämmbaren Bodenteilchen (= Teilchen unter 0,01 mm Korngrößendurchmesser) erhöht. Das ist sehr vorteilhaft zur Herstellung wertvoller Kulturflächen. Der hohe Wert des Lößmaterials für eine landwirtschaftliche Nutzung liegt in seinem günstigen Porenvolumen im gewachsenen Löß von nahezu 50 %, das einen guten Luft- und Wasserhaushalt zur Folge hat, und seinem hohen Kalkgehalt. Der Kalk läßt eine gute Krümelstruktur, günstige sekundäre Tonminerale und eine stabile Humusform entstehen. Andererseits haben die bisherigen Erfahrungen und Untersuchungen gezeigt, daß umgelagerter Löß zunächst einen schlechten Wasserhaushalt aufweist, sehr leicht zum Zerfließen neigt und daher besonders gefährdet gegen Abtrag durch Oberflächenwasser ist. Die abfließenden Oberflächenwässer führen dabei Ton- und Schluffteilchen mit sich. Die große Anfälligkeit der Lößböden gegen Abtrag wird aus ihrer Kornzusammensetzung erklärt. Löß besitzt einen hohen Anteil von nicht quellfähigem Schluff mit geringer Kohäsion, während ihm Grobsand und Steinanteile fehlen. Besonders das unverwitterte Lößmaterial neigt dazu, leicht zu zerfließen. Aus diesen Erfahrungen muß für den auf die Kippenoberfläche aufgetragenen Löß die Nutzanwendung gezogen werden. Das bedeutet, daß die Flächen nur leicht geneigt sein dürfen, die Schläge nach Möglichkeit dem Relief angepaßt und in Richtung der Höhenlinien bearbeitet werden sollen.

Die Erosionsempfindlichkeit des Lösses verlangt, daß den neuen Kulturflächen möglichst eine Neigung von nicht mehr als etwa 1,5 % gegeben wird, was in der Gestaltung der Kippenoberflächen berücksichtigt werden muß.

Mückenhausen (1955) hat Lößmaterial aus dem Raum Fortuna untersucht. Nach seinen Angaben zeigt der Löß je nach Horizont einen CaO-Gehalt von 141 bis 277 mg/100 g Boden und einen pH-Wert von 6,5 bis 8 (in H_2O) bzw. von 6,3 bis 7,4 (in KCl). Obwohl der CaO-Gehalt variiert, bewegt sich die Bodenreaktion um den neutralen Punkt und weicht nur gering in den sauren oder alkalischen Bereich ab. Die Analysenwerte einer Mischprobe aus Kippenboden vom Tagebau Frechen sind nach Angaben der Rheinischen Braunkohlenwerke AG folgende:

CaO	210 mg/100 g Boden
K_2O	7,1 mg/100 g Boden
P_2O_5	3,6 mg/100 g Boden
pH	6,9

Korngröße in v. H. des Feinbodens < 2 mm:

$< 0{,}002$	12,28 %

0,002–0,006	2,08 %
0,006–0,02	18,38 %
0,02 –0,06	44,68 %
0,06 –0,2	6,04 %
0,2 –2,0	16,53 %

Die für eine landwirtschaftliche Nutzung vorgesehenen Flächen werden z. Z. – je nach Entfernung von der Lößquelle – mit 1 bis 2 m Löß überzogen. Für den Auftrag gibt es folgende Möglichkeiten:

a. mittels Hochschüttung durch das Absetzgerät; hier wird die Verkippung des Unterbodens und des Lösses mit einem Gerät durchgeführt;
b. mittels eines kleinen Absetzers auf einer vorher verkippten und vorbereiteten Fläche;
c. mittels Gleisfahrzeugen, wobei der Löß durch einen auf Gleisen fahrenden Pflug einplaniert wird;
d. mittels Lkw oder Förderband (gleisloser Betrieb);
e. mittels Spülverfahren, wobei Löß und Wasser vermischt und über Rohrleitungen auf eine als Polder eingedeichte Kippenfläche gepumpt werden.

Die anfängliche Entwicklung des hydraulischen Verfahrens wurde vom Minister für Ernährung, Landwirtschaft und Forsten des Landes Nordrhein-Westfalen gefördert. Beim Naßverfahren wird der Löß im Verhältnis von 1:1,5 mit Wasser vermischt und in vorbereitete Polder auf der Kippenoberfläche von etwa 3 ha Größe eingeleitet. Die Untersuchung über den Wert dieser aufgespülten Böden für die landwirtschaftliche Nutzung, durchgeführt vom Institut für Pflanzenbau der Universität Bonn, ergaben, daß schon nach einem Jahr der Bewirtschaftung das Porenvolumen des aufgelandeten Bodens genauso groß ist wie das des gewachsenen. Bei normal bewirtschaftetem Altland kann mit einem Porenvolumen um 46 % gerechnet werden. Im Trockenverfahren hergestellte Böden zeigen Werte zwischen 43 und 45 %, und bei den Spülflächen wird bereits nach zwölf Monaten ein Porenvolumen zwischen 48 und 50 % erreicht. Die beachtlichen Werte dürften vor allem auf den hohen Kalkgehalt des Lößmaterials zurückzuführen sein. Bei der Vermischung mit Wasser fällt durch Flockung Bikalziumkarbonat aus, wodurch eine wesentliche Stützung des Bodengefüges herbeigeführt wird. Außerdem quellen durch die Vermischung mit Wasser die feinen Bodenteilchen und schrumpfen nach deren Abtrocknung. Die hierbei entstehenden Hohlräume füllen sich mit Luft. Um diese günstigen Werte in der Zukunft zu halten, sollte die Bearbeitung und weitere Fruchtfolge darauf abgestimmt werden. Nach allen bislang vorliegenden Ergebnissen kann die „Auflandung" von Lößboden der üblichen Lößumlagerung im „Trockenverfahren" vorgezogen werden.

Da durch das Spülverfahren vollkommen ebene Flächen entstehen, ist künftig im Interesse des Bodenschutzes gegen Erosion die Möglichkeit gegeben, die geneigten Kippenflächen in waagerechte Polderflächen zu gliedern. Um die aufgespülten Lößflächen für die landwirtschaftliche Nutzung vorzubereiten, müssen zunächst tiefwurzelnde Leguminosen angebaut werden, wozu sich auch hier Luzerne und Steinklee besonders gut eignen. Beide Arten produzieren in größerem Ausmaße organische Substanz und reichern den Boden mit Stickstoff an. Wird die Luzerne nach 2–3 Jahren umgebrochen, so hinterläßt sie einen beachtlichen Anteil Humus und Stickstoff im Boden. Von der Luzerne ist auch bekannt, daß sie mit ihren Wurzeln 7–8 m tief in den Boden vordringt und damit auch tiefere Schichten erschließt, während der Steinklee den Vorteil hat, daß er sich beinahe zu jeder Jahreszeit aussäen läßt. Nach dem Anbau von „Meliorations- und Pionierpflanzen" können dann anspruchsvollere Kulturpflanzen, wie Raps, Zuckerrüben und Gerste, mit guten Erträgen angebaut werden. Zur Erleichterung der landwirtschaftlichen Nutzung der umgelagerten Lößrohböden ist für einen

Zeitraum von etwa 5 Jahren eine Bewirtschaftung mit besonderen Anbau- und Behandlungsmaßnahmen (Zwischenbewirtschaftung) angebracht. Dadurch soll die Entstehung eines humus- und nährstoffreichen Bodens mit günstiger Struktur herbeigeführt werden, der einem normalen Boden mit stetiger Ertragsleistung entspricht. Die Zwischenbewirtschaftung, die der Umlagerung des Lößbodens unmittelbar folgt, wird von Schirrhöfen der Rheinischen Braunkohlenwerke AG betrieben.

Mückenhausen (1955) hält den laufenden Humusumsatz für ebenso wichtig wie die anzustrebende Anreicherung des Bodens mit Humus. Eine geregelte und gute Humuswirtschaft – also Versorgung des Bodens mit organischer Substanz und schonende Fruchtfolge – sind für die Fruchtbarkeit des Lößbodens entscheidend. Auf diese Weise können die Erträge auf aufgeschüttetem Löß bereits in einigen Jahren denen auf gewachsenem Lößboden nahekommen. In etwa 15 Jahren kann sich eine normale Bodenkrume, also ein A-Horizont, gebildet haben. Wie Heide (1957) berichtet, zeigen rekultivierte Lößböden der Grube Neurath bereits nach 10jähriger Bewirtschaftung gute Werte im Hinblick auf die Humusform. Es wurde ein C/N-Verhältnis (Verhältnis von Kohlenstoff zu Stickstoff im Humus) von 6 bis 8:1 festgestellt, das damit noch über dem von Schwarzerdehumus liegt.

In der *forstwirtschaftlichen Rekultivierung* liegen bereits langjährige Erfahrungen vor. Die Aufforstungen der 20er Jahre zeichnen sich durch eine außerordentliche Vielseitigkeit in der Holzartenwahl aus. Während bei den ersten systematischen Begrünungsversuchen – auf die Sicherung der Grubenböschungen ausgerichtet – bevorzugt wurzelintensive Baumarten wie Robinie, Rot- und Weißerle Verwendung fanden, wurden schon bald alle einheimischen Laubholzarten und eine Vielzahl von Nadelholzarten in das Experimentier-Programm auf ehemaligem Grubengelände einbezogen. Die Laub- und Nadelholzarten wurden sowohl in Reihen- und Einzelmischung als auch in klein- und großflächigen Reinbeständen angebaut. Obwohl dabei die artbedingten Wachstumsunterschiede oft völlig unberücksichtigt blieben, haben diese ersten forstlichen Rekultivierungsversuche eine besondere Bedeutung, weil sie heute bereits langfristige Untersuchungen über den Wachstumsrhythmus der einzelnen Baumarten auf rohen Böden zulassen.

Mit dem Jahr 1950 wurde ein durch Kriegs- und Nachkriegszeit bedingter Rekultivierungsnachholbedarf durch großflächigen Pappelanbau gedeckt. Es kamen dabei neben einigen damals bekannten Balsampappeln fast ausschließlich Schwarzpappel-Hybriden in einer Sortenvielfalt auf die Flächen, die dann noch mit Erlen unterbaut wurden. Der aufgelockerte, aus verkipptem Abraum bestehende Boden sagt der Bastardpappel durchaus zu. Qualität und Wuchsleistung älterer Pappelbestände im Rheinischen Revier bestätigen dies.

Die waldbaulich als Vorwald aufzufassenden Pappel/Erlen-Anbauten wurden bereits gegen Ende der 50er Jahre abgelöst durch den Direktanbau mit standortgerechten Laubholzarten, die nur noch vorübergehend mit Pappeln im weiten Verband als Schirm überstellt wurden. Dabei dominiert die Rotbuche neben Stiel- und Traubeneiche, Ahorn, Ulme, Linde, Kirsche u.a. natürlichen Vertretern der ursprünglichen Waldbestockung. Der Direktanbau mit den anspruchsvolleren Baumarten, ohne den Umweg über eine Pionierbestockung, wurde durch die Verwendung des als „Forstkies" bezeichneten diluvialen Mischbodens aus Kies, Sand und Schotter der Rheinhauptterrasse mit Löß aus dem 1. Schnitt der Tagebaue möglich. Dieses nach bodenkundlicher Beurteilung für die Forstpflanzen günstigste Bodensubstrat wird seit etwa 1960 auf alle für die forstliche Rekultivierung vorgesehenen Flächen in einer Mächtigkeit von 3–5 m aufgetragen. Die Nährstoffversorgung und die physikalische Struktur des Mischbodens ermöglichen eine tiefe Durchwurzelbarkeit, aus der trotz Grundwasserferne und relativ geringer Wasserkapazität ein günstiger Bodenwasserhaushalt resultiert.

Der Holzartenwahl bei der forstlichen Rekultivierung geht heute grundsätzlich eine Beurteilung des Standortes voraus, wobei die Messungen des pH-Wertes und der quantitative Anteil der schluffigen Bestandteile an dem Bodensubstrat eine besondere Rolle spielen. Über einen gegenüber gewachsenen Böden wesentlich engeren Pflanzverband bei der Kulturbegründung und der gleichzeitigen Einsaat mit Lupine zur Bodendeckung wird versucht, dem Boden möglichst viel organische Substanz zuzuführen. Dabei liefert die Lupine neben der Stickstoffanreicherung einen wertvollen Strahlungsschutz und verhindert die Ausblasung der für die Humusbildung so wertvollen Laubstreu aus den Neukulturen.

Bei der räumlichen Ausweisung forstlicher Rekultivierungsflächen werden künftig zwei Maßnahmen besondere Beachtung finden. Einmal sollen grundsätzlich die landwirtschaftlichen Nutzflächen durch breite Waldstreifen von Industrie- und Wohnbereichen getrennt und geschützt werden. Außerdem werden die breiten Ränder, die sich aus der landschaftsgerechten Profilgestaltung der Abraumkippen ergeben, mit standortgemäßen Waldgesellschaften aufgeforstet, um die Kippen harmonisch in den Landschaftsraum einzufügen. Dabei müssen allerdings die aus bergbautechnischen Gründen notwendigen Aufgaben der Böschungssicherung und des Erosionsschutzes sowohl bei der Holzartenwahl als auch bei der Wahl spezieller biologisch-technischer Rekultivierungsmethoden berücksichtigt werden (vgl. Abschnitt 4.2.9).

Zur landschaftsgerechten Gliederung landwirtschaftlich genutzter Feldfluren sollen nach vorliegenden Erfahrungen Schutzpflanzungen angelegt werden, die in der Regel 3–5 m breit sein sollen. In einem Bericht über die Informationsfahrt des Instituts für Siedlungs- und Wohnungswesen der Universität Münster (Schmitt, D., et al, 1980) heißt es über die rekultivierte Kippe Berrenrath:

> „Die umgebenden Waldstreifen und das Netz von Windschutzpflanzungen sowie die in Weilernähe eingebrachten Gehölzgruppen verdeutlichen die Bemühungen, in der Gesamtgestaltung nicht allein der eigentlichen Zweckbestimmung der Agrarlandschaft zu entsprechen, sondern durch ein abwechslungsreiches und durchgrüntes Bild eine übergangslose Einfügung in die umgebende Erholungslandschaft zu erreichen.“

Der vorteilhafte Einfluß von Schutzpflanzungen, die sich auf viele meteorologische Faktoren, insbesondere den Wasser- und Wärmehaushalt, günstig auswirken können, ist durch zahlreiche Untersuchungen nachgewiesen. Das Einzugsgebiet des Windes wird bestimmt durch das Relief und die in der Landschaft verteilten Wälder, Waldstreifen, Feldhecken, sonstigen Feldgehölzen, weiter durch Siedlungen und dgl. mehr. Auf Höhen und in Tälern kann es zu einer Verdichtung der Strömungslinien kommen. In einer von Baum und Strauch ausgeräumten Landschaft findet der Wind freie Anlaufflächen und kann sich erodierend auswirken. Das wirksamste Mittel, das Einzugsgebiet des Windes zu untergliedern und den Bodenabtrag zu verhindern, ist in der Anlage von Schutzpflanzungen gegeben. Sie vermindern die Windgeschwindigkeit besonders in Bodennähe und nehmen dem Wind die Angriffskraft auf den Boden. Schutzpflanzungen wirken sich vor allem vorteilhaft auf den Wasserhaushalt des Bodens aus. Sie schützen gegen zu starke Wasserabgabe (Evaporation) des Bodens und der Kulturpflanzen, erhöhen die Taubildung und die relative Luftfeuchtigkeit.

Außerdem werden durch die Herabminderung der Windgeschwindigkeit die Faktoren Kohlensäure, Luft- und Bodenwärme vorteilhaft beeinflußt. Die Summe der einzelnen verbesserten Klimafaktoren ergibt eine Verbesserung der gesamten ökologischen Wachstums- und Ertragsbedingungen (OLSCHOWY, 1978**a**). Wind- und Bodenschutzpflanzungen sind auch ein geeignetes Mittel, um in schneearmen Wintern die durch Windfrost bedingten Auswinterungsschäden an Winterfrüchten abzuwehren.

Straßen- und Wegebegleitpflanzungen wie auch Schutzpflanzungen haben die zusätzliche Aufgabe, Waldbestände, Vogelschutzgehölze, Siedlungsgrün, Ufervegetation, Böschungsbepflanzungen miteinander zu verbinden und so zu geschlossenen Systemen von Wald und Flurgehölzen beizutragen. Die Abstände linear verlaufender Gehölzpflanzungen – in Nord-Süd-Richtung bis zu 500 m und in West-Ost-Richtung mit noch größeren Abständen erlauben eine Bewirtschaftung großer Nutzflächen und den ungehinderten Einsatz moderner Maschinen.

Auch DILLA, L. (1974) berichtet in seinem Beitrag über „Windschutzstreifen helfen der Landwirtschaft“:

> „Für die landwirtschaftlichen Rekultivierungsflächen im rheinischen Braunkohlenrevier liegen als Grundlage für die Flächengestaltung und Errichtung von Windschutzanlagen wertvolle gelände-klimatologische Untersuchungen der Agrarmeteorologischen Versuchs- und Beratungsstelle Bonn vor, die interessante Ergebnisse über die Wind- und Temperaturverhältnisse auf den Halden und Hochhalden, z. B. Fortuna, Goltsteinkuppe, Vollrather- und Glessener Höhe erbrachten.“

Wie bereits in Abschnitt 4.1.6 (2) erwähnt, wird in der Gestaltung der Kulturlandschaften heute in zunehmendem Maße ein Biotop-Verbundsystem angestrebt, um vor allem gefährdeten Tierarten die Möglichkeit zu geben, ihre Lebensstätten zu wechseln. Die Anlage von Schutzpflanzungen, Wege-, Straßen-, Gewässer- und Böschungspflanzungen muß darauf abgestellt werden und ökologisch bedeutende Biotope miteinander verbinden.

Mit der landschaftsgerechten Ausbildung der Kippen bieten sich reizvolle Möglichkeiten, eine bewegte und vielfältige Landschaft zu gestalten. Die Formgebung einer Kippe trägt wesentlich dazu bei, sie befriedigend in ihre Umgebung einzufügen. Kegelförmige Aufschüttungen, wie sie für Bergehalden häufig anzutreffen sind, sind fast immer landschaftsfremd, abgesehen davon, daß der natürliche Schütt- und Böschungswinkel des Materials eine befriedigende Anpflanzung erschwert. Aufschüttungen in Form eines Tafelberges lassen sich bereits besser einfügen, obwohl auch hier der aufgeschüttete Körper nicht allzu gleichförmig ausgebildet werden sollte. Dies läßt sich erreichen, wenn die Oberfläche mit Niveauunterschieden oder besser sattelförmig ausgeführt wird sowie die Kippenränder und die einzelnen Böschungen mit verschiedenen Neigungen und ausreichend breiten Bermen ausgebildet werden. Grundsätzlich sollen steile Randböschungen vermieden werden, wodurch die Windströmungen besser aufgeleitet und schädliche Turbulenzen vermieden werden können. Selbst in Fällen, in denen die Menge des Schüttmaterials und die verfügbare Fläche in einem ungünstigen Verhältnis zueinander stehen, sollten keine Böschungen entstehen, die steiler als 1:2 ausgelegt sind. Wo es irgend möglich ist, soll eine General- oder Grundneigung von 1:3 oder noch flacher angestrebt werden, da sich solche Kippen besser in die Umgebung einfügen und leichter bepflanzen lassen; Grundneigungen von 1:2,5 müssen auf wenige Ausnahmen beschränkt bleiben. Bei einer Generalneigung von 1:3 ist es möglich, die oberen Teile der Kippenränder steiler, z. B. 1:2, die mittleren 1:3, die unteren flacher, etwa 1:4, auszuformen, so daß die Kippe in

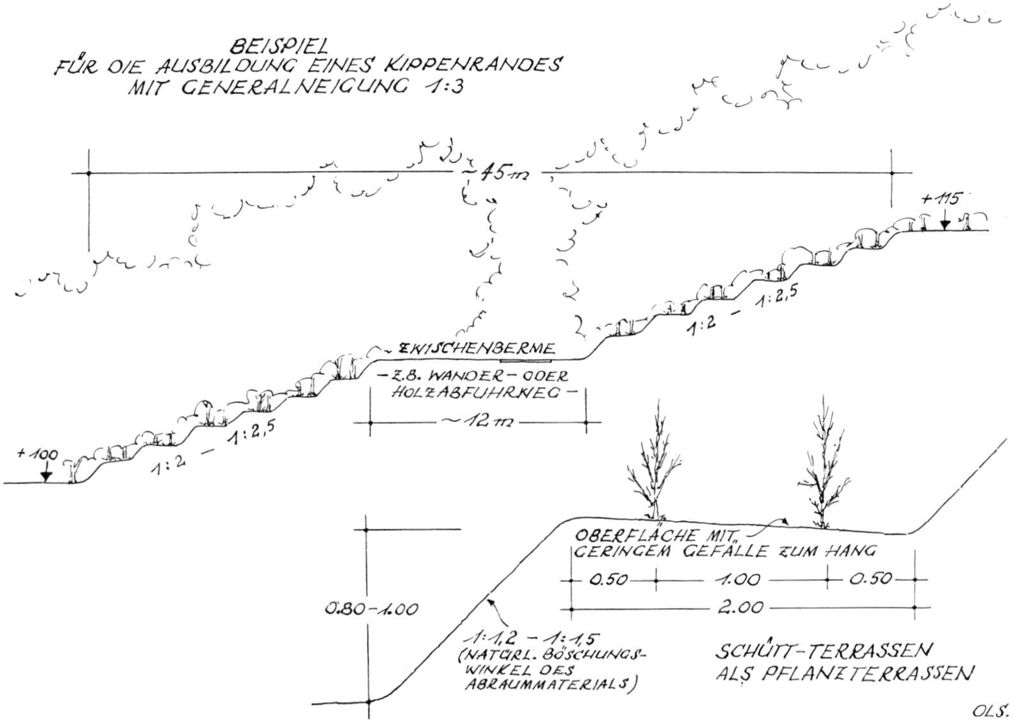
BEISPIEL
FÜR DIE AUSBILDUNG EINES KIPPENRANDES
MIT GENERALNEIGUNG 1:3
~45 m
+115
1:2 – 1:2,5
ZWISCHENBERME
– Z.B. WANDER- ODER
HOLZABFUHRWEG –
~12 m
+100
1:2 – 1:2,5
OBERFLÄCHE MIT
GERINGEM GEFÄLLE ZUM HANG
0.50
1.00
0.50
2.00
0.80–1.00
1:1,2 – 1:1,5
(NATÜRL. BÖSCHUNGS-
WINKEL DES
ABRAUMMATERIALS)
SCHÜTT-TERRASSEN
ALS PFLANZTERRASSEN
OLS.

Abb. 49

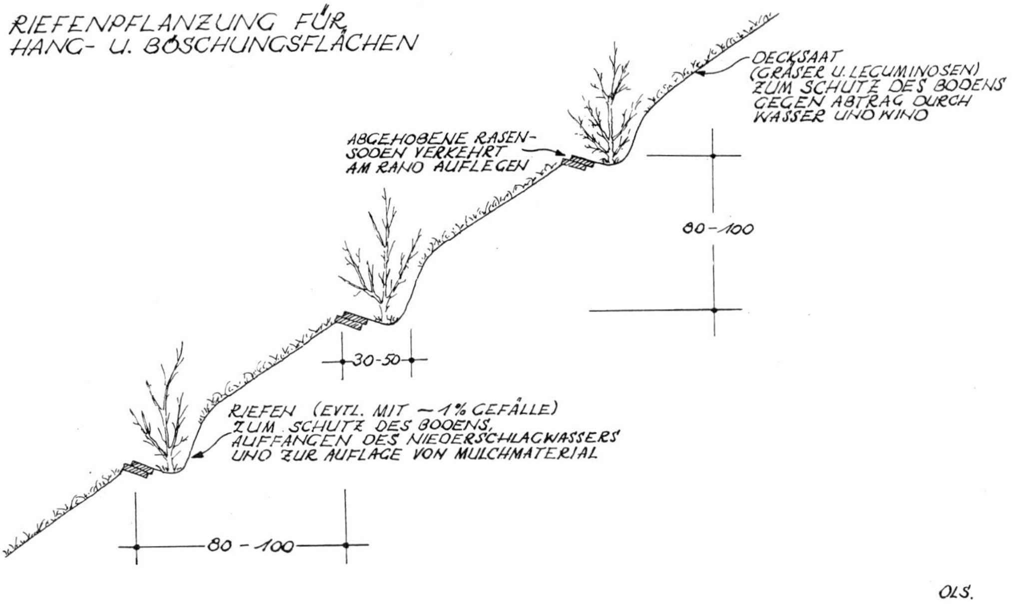
RIEFENPFLANZUNG FÜR
HANG- U. BÖSCHUNGSFLÄCHEN
DECKSAAT
(GRÄSER U. LEGUMINOSEN)
ZUM SCHUTZ DES BODENS
GEGEN ABTRAG DURCH
WASSER UND WIND
ABGEHOBENE RASEN-
SODEN VERKEHRT
AM RAND AUFLEGEN
80–100
30–50
RIEFEN (EVTL. MIT ~1% GEFÄLLE)
ZUM SCHUTZ DES BODENS,
AUFFANGEN DES NIEDERSCHLAGWASSERS
UND ZUR AUFLAGE VON MULCHMATERIAL
80 – 100
OLS.

Abb. 50

die anstehende Geländeoberfläche ohne auffallende Bruchkante übergehen kann.

Die Einfügung von Zwischenbermen oder Terrassen in die Kippenränder erlaubt es, kleine Böschungsflächen auch einmal steiler aufzuschütten, ohne daß die Standfestigkeit des Randes gefährdet wird und der Eindruck einer steilen Kippe entsteht. Der natürliche Schüttwinkel des verwendeten Abraummaterials beträgt meist etwa 1:1,5. Im übrigen lassen sich Bermen gut mit einem Bewässerungssystem und mit etwaigen Erschließungs- und Wanderwegen verbinden und außerdem besonders günstig aufforsten. Je nach Länge und Höhe des Kippenrandes können die Bermen bis zu einer Breite von 10 m ausgelegt werden. Die vertikalen Abstände der Bermen können bei hohen Kippen bis zu 12 m betragen, obwohl in der Regel der Abstand der Bermen 8 m nicht überschreiten soll. Für die richtige Höhe einer Kippe lassen sich keine allgemeingültigen Maße angeben, da dies ausschließlich von den örtlichen Gegebenheiten abhängt. Als Grundsatz kann gelten, daß eine Kippe um so höher sein kann, je größer sie ist und je flacher die Randböschungen ausgebildet sind. Die Ränder von Kippen werden grundsätzlich mit Gehölzen bepflanzt. Hierdurch wird die Standsicherheit der Böschungen erhöht und die Aufschüttung besser in die Umgebung eingefügt. Die Entwässerung der Kippenoberfläche und der -ränder wird durch ein System von Wasserfanggräben gewährleistet, die entlang von Bermen und Wegen, und zwar stets hangseits, verlaufen. Die Bermen müssen aus diesem Grunde ein Gefälle von etwa 0,5 % erhalten, damit das Wasser über ein Entwässerungsrohr in den Vorfluter geleitet werden kann.

Sofern Abraummassen fehlen, verbleiben Restlöcher, die sich mit Grundwasser füllen und zu Seen werden. Die Wasserflächen im Abbaugebiet haben insgesamt 770 ha mit 41 Seen, Weihern und Teichen erreicht. Die im Südrevier verbliebenen *Restseen und -teiche* bestimmen den Charakter dieser Landschaft weitgehend. Die Planungsvorschläge sind darauf abgestellt und weist den Wasserflächen besondere Aufgaben zu. Der Heider Bergsee,

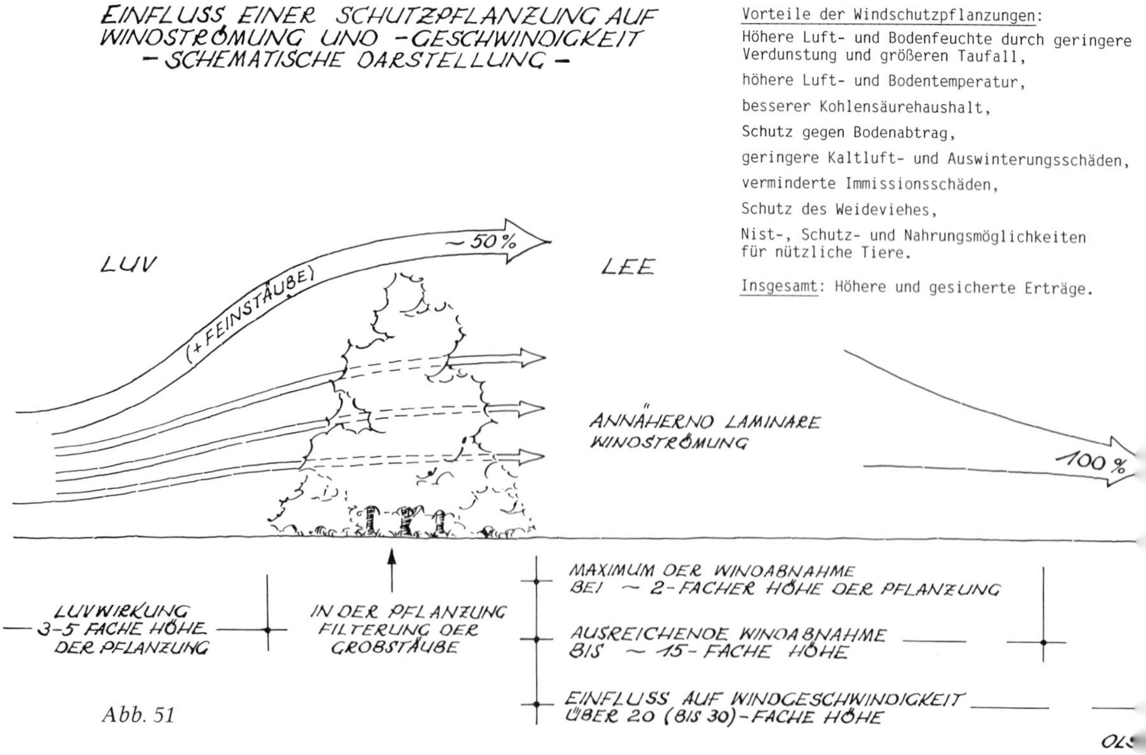

Abb. 51

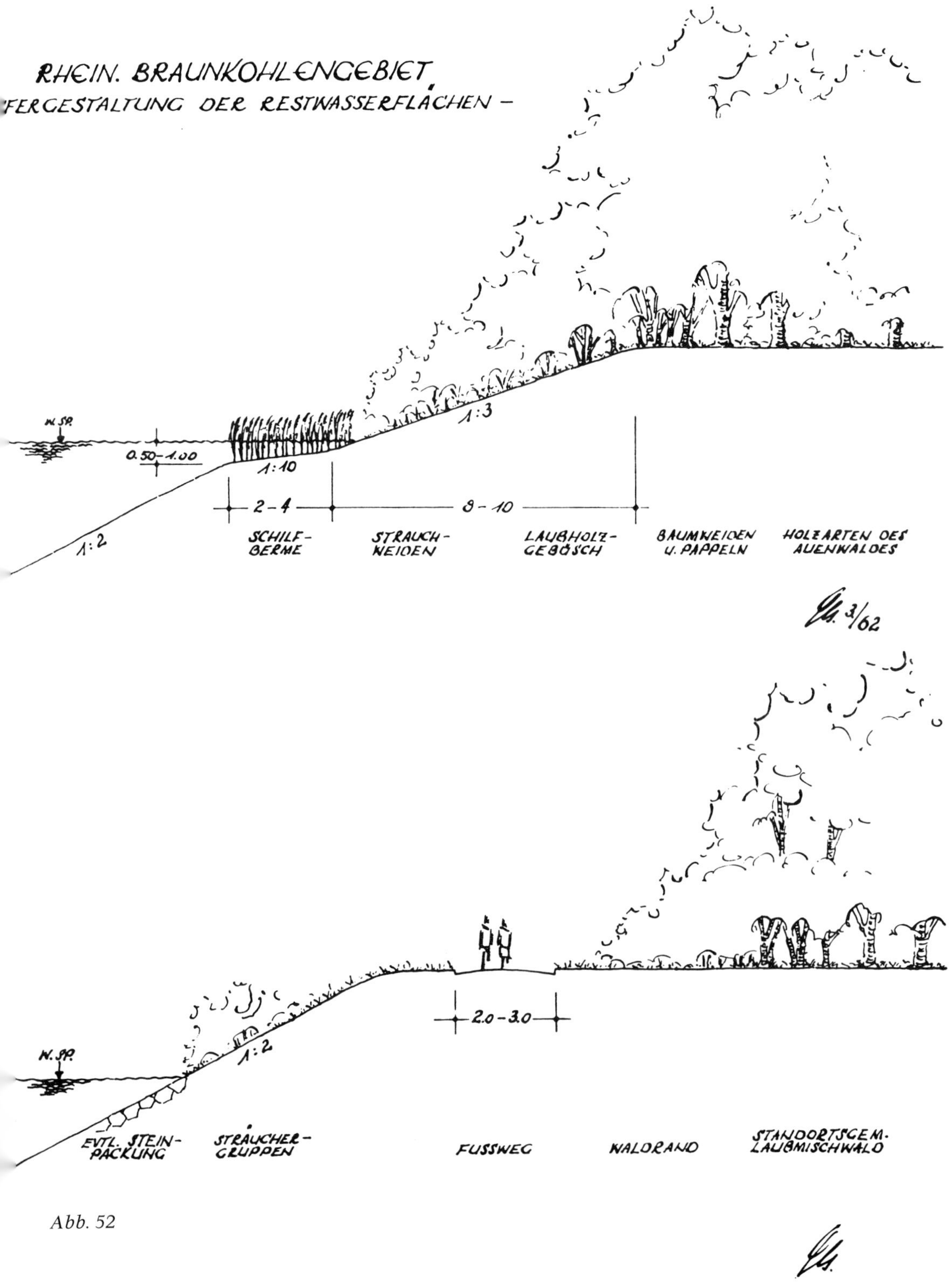

RHEIN. BRAUNKOHLENGEBIET,
FERGESTALTUNG DER RESTWASSERFLÄCHEN –
W. SP.
0.50–1.00
1:10
1:3
1:2
2–4
8–10
SCHILF-BERME
STRAUCH-WEIDEN
LAUBHOLZ-GEBÜSCH
BAUMWEIDEN U. PAPPELN
HOLZARTEN DES AUENWALDES
3/62
W. SP.
1:2
2.0–3.0
EVTL. STEIN-PACKUNG
STRÄUCHER-GRUPPEN
FUSSWEG
WALDRAND
STANDORTSGEM. LAUBMISCHWALD

Abb. 52

der Liblarer See, der Bleibtreusee und der Otto-Maijer-See im Südrevier sowie der Echtzer und Dürener See im Westrevier sind vornehmlich für den Erholungsverkehr bestimmt.* Im Eröffnungsjahr 1967 wurden allein am Heider Bergsee 12700 Besucher gezählt. Badeanstalten mit künstlichen Sandstränden, Bootsverleihe und Campingplätze sowie Anlagen für Wasserski- und Segelsport sind hier eingerichtet. Die Kierdorfer Teiche und viele kleine Teiche im Südrevier, die abseits der Verkehrsstraßen liegen, sollen hingegen mit ihrer Umgebung der landschaftlichen Fauna, insbesondere den Wasservögeln, dem Niederwild und dem Fischbestand, als besondere Reservate vorbehalten und daher vom Massenverkehr der Erholungsuchenden verschont bleiben. Der Wert der Seen als Erholungsgewässer bzw. als landschaftsökologische Gewässer ist abhängig von der Gestaltung ihrer Ufer. Sie sollen zunächst flach, möglichst nicht steiler als 1:3 ausgezogen werden und ausgerundet, ohne daß Böschungsfuß und Böschungsoberkante betont sind, in die angrenzenden Flächen übergehen. Die als Badestrand vorgesehenen Uferabschnitte sind noch stärker, etwa 1:10, abzuflachen. Zur Fischzucht bestimmte Gewässer müssen auch einige steil ausgebildete Uferstrecken erhalten. Soweit die Ufer nicht als Badestrand vorgesehen sind, sollen sie mit Hilfe einer standortgemäßen Vegetation aus Röhricht und Gehölzen naturnahe gestaltet werden. Hierdurch sollen sowohl Lebensbedingungen für die Fauna im

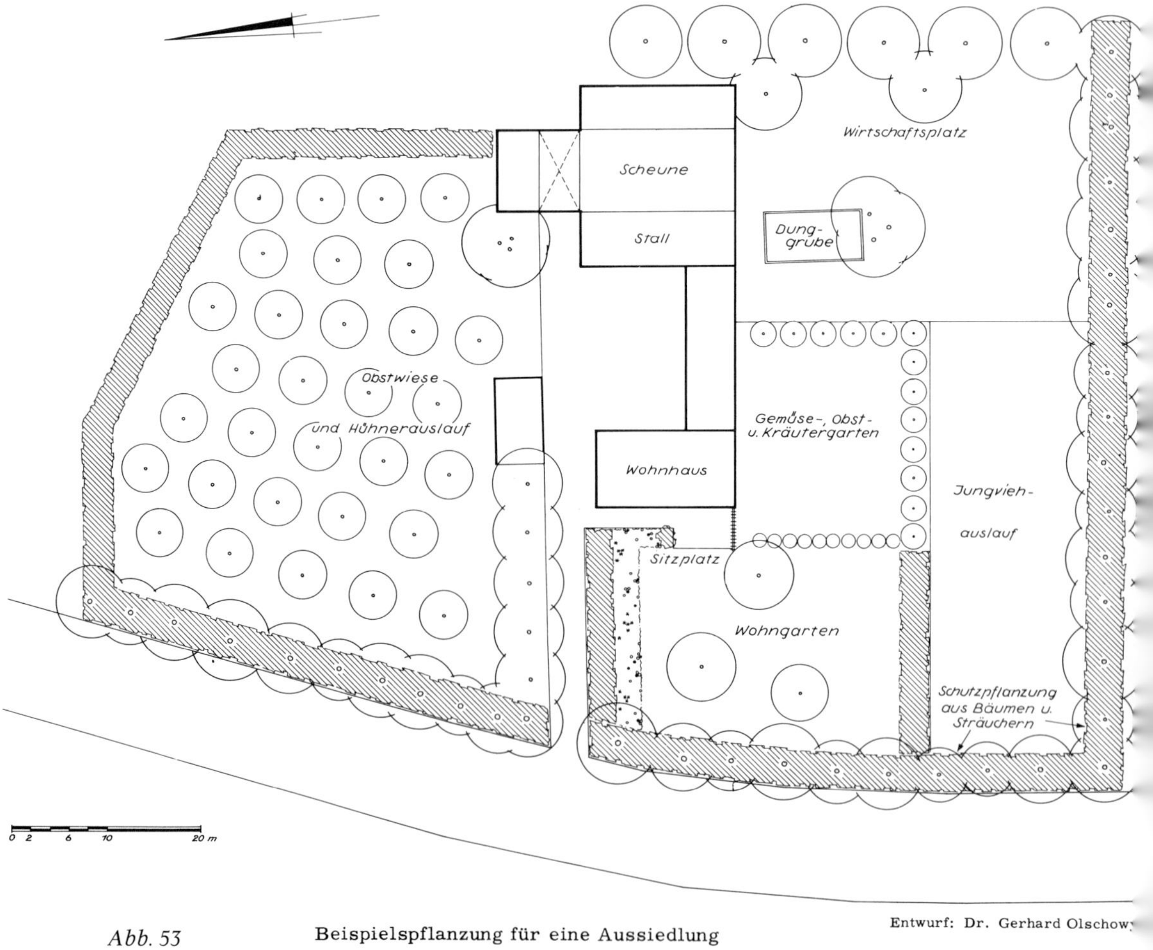

Abb. 53 Beispielspflanzung für eine Aussiedlung Entwurf: Dr. Gerhard Olschowy

Abb. 54. Die Drei-Seen-Platte, ein Ausschnitt aus dem Wald-Seengebiet bei Brühl. Ein Beispiel für die Gestaltung von Restseen und die waldbauliche Rekultivierung der ehemaligen Braunkohlentagebaue im Südrevier. (Foto: Rheinbraun)

Wasser als auch für die nützliche Vogelwelt geschaffen werden; weiter soll die biologische Selbstreinigung des Wassers gefördert und der dauerhafte Schutz der Ufer erreicht werden. Das mit natürlichen Mitteln ausgebaute Ufer ist ein Bindeglied zwischen Wasser und Land und trägt zu einem ausgeglichenen Naturhaushalt bei. Ein Teil der Wasserflächen mit ihren Böschungen steht bereits unter Naturschutz.

Die ältesten Seen im Südrevier sind inzwischen so weit eingewachsen und in die Landschaft eingefügt, daß sie sich in ihrer Flora und Fauna von natürlichen Gewässern nicht mehr unterscheiden. Besonders reich ist im Bereich der Seen die Vogelwelt. Angefangen von Bleßhuhn, Rohrdommel über den Eisvogel findet man besonders im Herbst und Winter fast alle einheimischen und nordischen Entenarten wie Krickente, Pfeifente, Tafelente, Eiderente, als seltene Wintergäste Spiesente und Reiherente und als ständigen Gast die Stockente. Letztere sammeln sich, besonders im kalten Winter, zu vielen Tausenden auf den größeren Seen zur Überwinterung. Das Wald-Seen-Gebiet der Ville ist ein beliebtes Rastgebiet der Zugvögel aus dem Norden und Süden. Im Herbst 1959 wurde ein Zug Kraniche, der im Sumpfgebiet übernachtete, und im Dezember 1961 sogar der Nordseetaucher beobachtet. Im Winter finden sich auch regelmäßig Fischreiher ein. Sie sind in den letzten Jahren, nachdem Forellen und Schleien ausgesetzt waren, so zahlreich aufgetreten, daß ihre Zahl bereits reduziert werden mußte.

Zur Biozönose des Kiebitz-Sees gehört eine weitere Vogelart, die sehr überrascht. Es ist der Kiebitz, der hier seine Nistplätze ungewöhnlich auf das Kiesgeröll legt, wo die Eier infolge der gleichen Farbe gut geschützt sind. Eine weitere faunistische Besonderheit ist am Franziskus-See anzutreffen. Hier findet die Sturmmöwe, deren Heimat die Nord- und Ostsee ist, ihren Brutplatz. Im Jahre 1965 wurden auf den Inseln des Sees 67 Altvögel dieser Art gezählt.

Erwartungsgemäß bietet das Schilfröhricht der Seen einigen Vogelarten willkommene Lebensmöglichkeiten. Das gilt insbesondere für die Rohrsänger, so den Drosselrohrsänger, den Teichrohrsänger und die Rohrammer. Auf jedem See brütet außerdem der Zwergtaucher und wenigstens ein Teichhuhnpaar. Zeitweise war auch der Haubentaucher auf dem

Abb. 55. Die naturnahe Ausbildung der Ufer hat zur Folge, daß sich eine standortsgemäße Ufervegetation ausbilden kann. Die Bedeutung dieser Restseen im Südrevier für den Biotop- und Artenschutz hat dazu geführt, daß sie zu einem Teil unter Naturschutz gestellt worden sind. (Foto: Rheinbraun)

Bleibtreusee und dem Berggeistsee zu beobachten, wo er jedoch durch den Badebetrieb vertrieben wurde. Als große Seltenheit sind noch der Stelzenläufer und der Säbelschnäbler zu nennen, die hauptsächlich im Mittelmeergebiet verbreitet sind.

Während der Norden und Westen des Rheinischen Braunkohlengebietes wegen des anstehenden Lösses überwiegend landwirtschaftlich rekultiviert wird, nimmt im Mittelteil der Anteil an Wald bereits zu und überwiegt im südlichen Altrevier. Da im Süden außerdem ausgedehnte Wasserflächen verblieben sind, ist dieses Gebiet besonders geeignet, die Aufgaben einer *Erholungslandschaft* für die Großstadt Köln und auch das rheinisch-westfälische Industriegebiet zu übernehmen. Es wurden bereits einige größere Flächen als Erholungsgebiet für die Bevölkerung freigegeben, so z. B. im Raum Fortuna, Glessen, Horrem und Quadrath-Ichendorf ein hügeliges Waldgebiet mit einer Gesamtgröße von 644 ha und im Raum der südlichen Tagebaue ein etwa 2000 ha großes Wald-Seengebiet. Das älteste rekultivierte Tagebaugebiet liegt im Südrevier im Raume Brühl-Liblar. Hier ist eine Wald-Seen-Hügellandschaft von eigenartigem Reiz entstanden, so daß bereits größere Teile unter Landschaftsschutz und unter Naturschutz gestellt und mit dem Naturpark Kottenforst verbunden werden konnten.

Für weitere landschaftsökologisch besonders wertvolle Teile, vornehmlich einige Gewässerlandschaften, ist beantragt worden, sie unter Naturschutz zu stellen, womit jede Veränderung durch den Menschen einer Ausnahmegenehmigung der Landschaftsbehörde unterliegt. Das Gebiet ist mit Wanderwegen erschlossen und mit Schutzhütten ausge-

Abb. 56. Der Franziskus-See im Brühler Seenwald mit zwei künstlich angelegten Inseln als Brutstätten für Vögel. (Foto: Rheinbraun)

Abb. 57. Der Liblaer See im Südrevier als Beispiel eines großen Badesees mit Badeanstalt. (Foto: Rheinbraun)

stattet. Das Erholungsgebiet ist für den Verkehr mit Kraftfahrzeugen gesperrt. Für seine weitere Ausbauplanung und Unterhaltung ist der Zweckverband „Erholungspark Ville e. V.“ gegründet worden. Dem zunehmenden Erholungsverkehr muß im übrigen in der landschaftlichen Gestaltung der rekultivierten Räume ausreichend Rechnung getragen werden. Das kann durch eine weitgehende Durchgrünung der Landschaft mit Waldflächen, Waldstreifen, Flurgehölzen und Schutzpflanzungen geschehen. Wanderwege sollen die Wälder, Seen und auch die durchgrünten landwirtschaftlichen Fluren erschließen. Parkplätze, Bademöglichkeiten, Aussichtspunkte, Schutzhütten und dergl. mehr müssen in der Planung mit vorgesehen werden. Schließlich muß der Erholungsgedanke im Aufbau neuer Waldflächen und in der Umwandlung der alten Forstbestände im Südrevier berücksichtigt werden. Es gilt, hier eine Synthese zwischen dem erforderlichen Ertrag an Nutzholz einerseits und der Aufgabe als Erholungswald andererseits zu finden. Das Leitbild des künftigen Waldes in diesem Gebiet wird daher der naturgemäße Wirtschaftswald sein, der plenterartig zu bewirtschaften ist. Da für den Erholungsverkehr dem Waldrand besondere Bedeutung zukommt, ist er grundsätzlich mit einem Waldmantel aus bodenbeständigen Baum- und Straucharten auszustatten; außerdem sind in ausreichendem Umfang Waldlichtungen und Waldwiesen vorzusehen, die an Wanderwege angeschlossen sind und damit sowohl dem Erholungsverkehr als auch als Äsungsflächen für das Wild dienen können (Abb. 49–57).

4.2 Planungs- und Rekultivierungsbeispiele

4.2.1 Beispiel Kippraum Berrenrath

1. Einführende Anmerkungen

Der zu bearbeitende Raum westlich Kölns, der durch
die Nord-Süd-Bahn im Nordosten,
die Bundesbahn Horrem – Liblar im Südwesten,
die Straße Türnich – Bachem im Nordwesten und
die Zieselsmaarerstraße im Südosten
begrenzt wird, ist im Rahmen der Gesamtrekultivierung auf Grund eines Beschlusses des Braunkohlenausschusses für eine vorwiegend landwirtschaftliche Rekultivierung vorgesehen. Der Bergbautreibende beabsichtigte, in diesem Raume Landwirte aus dem Nordkreis des Reviers, deren Land für den Abbau in Anspruch genommen wird, umzusiedeln. Zu diesem Zweck wurde die Oberfläche der Kippe, die aus rd. 300 Millionen m^3 Abraum aufgeschüttet wird, mit einer Lößauflage von 1 m Stärke überzogen. Dieser Auftrag zur landwirtschaftlichen Rekultivierung, der noch mit den erforderlichen Maßnahmen der Landschaftspflege zu verbinden ist, bestimmt diese Planung. Daraus ergibt sich, daß die Planung für einen Landschaftsraum, der vornehmlich landwirtschaftlich rekultiviert werden soll, im wesentlichen eine Synthese aus den betriebswirtschaftlichen Erfordernissen des Landbaues, der Notwendigkeit eines ökologisch ausgeglichenen Naturhaushaltes – gesunder Boden-, Wasser- und Klimahaushalt – und den berechtigten Belangen der Erholung für breite Kreise der Bevölkerung sein muß. Schließlich müssen die sich daraus erge-

benden Vorschläge mit den technischen Möglichkeiten des Bergbaues, d. h. den zur Rekultivierung entwickelten Geräten, in Einklang gebracht werden.

Der Braunkohlenausschuß beauftragte die Landesplanungsgemeinschaft Rheinland, für die Kippe Berrenrath einen Rekultivierungsvorschlag zu erarbeiten, der von den Architekten BENDERMACHER erstellt und dem Braunkohlenausschuß in seiner 28. Sitzung vorgelegt wurde.

Da der Planentwurf von BENDERMACHER beim Bergbautreibenden überwiegend auf Ablehnung stieß, beauftragte das Bergbauunternehmen OLSCHOWY zur Erarbeitung einer Variante, der seinen Entwurf ebenfalls in der 28. Sitzung dem Braunkohlenausschuß erläuterte.

In einer inhaltlichen Gegenüberstellung der Planungen kommt RHEINBRAUN zu folgenden Ergebnissen:

	Plan Dr. Bendermacher	Plan Dr. Olschowy
Schutz des Bodens gegen Erosion durch Wasser	Bodenschutzmaßnahmen fehlen völlig	Ackerschläge sind auf Höhenlinien abgestimmt; keine großen Wassereinzugsflächen; ausreichende Bodenschutzpflanzungen
Windschutz	große Flächen sind ohne Windschutz; viele schädliche Winddüsen, die den Wind verstärken; Krimwald wirkt nachteilig als Windleitlinie	geschlossenes Windschutzsystem; Schutz gegen Winde aus allen häufigen und gefährlichen Windrichtungen gewährleistet
Schutz gegen Kaltluft	große Einzugsflächen, so daß viel Kaltluft zusammenströmen kann; viele Kaltluftstaue, die Schäden verursachen; Abfluß zu den Villeteichen nicht erreicht	Gelände ist unterteilt, so daß keine großen Kaltluftmengen zusammenströmen können; Kaltluft hat überall Abfluß in den Wald oder ans Wasser
Schutz des Wasserhaushalts	Oberflächenwasser kann ohne Hindernisse auf langen Strecken abfließen und Schäden verursachen; über 5 m tiefe Wassergräben entziehen dem Boden das Grundwasser	Wasser wird durch Bodenbearbeitung in Richtung der Höhenlinien zurückgehalten; Gelände ist dem Relief entsprechend gegliedert; keine großen Wassereinzugsgebiete
Landwirtschaftliche Nutzung	Ackerschläge durch Gräben, Böschungen, Wege und Waldzungen zerschnitten und nicht auf das Relief abgestimmt; rationelle, fortschrittliche Landwirtschaft nicht möglich	richtig geschnittene, rechteckige Ackerschläge, die auf das Relief abgestimmt sind; Einsatz moderner Maschinen möglich; erosionsverhindernde Bodenbearbeitung gewährleistet

	Plan Dr. Bendermacher	Plan Dr. Olschowy
Wegeführung	aufwendige Schlängelwege mit vielen Nadelkurven und hohen Steigungen; für landwirtschaftlichen Verkehr ungeeignet	klare Aufschließung durch einen Hauptweg und einige Stichwege, normale Steigungen und keine überflüssigen Schlängel; Führung dem Relief angepaßt
Waldflächen	viele kleine Waldflächen ohne Zusammenhang; überflüssige Ausbuchtungen der Waldränder behindern eine landwirtsch. Nutzung mit modernen Maschinen; Lößrekultivierung unwirtschaftlich	geordnete Feld-Wald-Wirtschaft, Wald- und Flurgehölze aufeinander abgestimmt; hohe Kosten der Lößauflage gerechtfertigt, da zusammenhängende Nutzflächen; Wald kann sich vorteilhaft auf landw. Flächen auswirken
Zusammenfassung	„Landschaftsgemälde" mit rein ästhetischen Vorstellungen und ohne Nutzwert	durch Integralmelioration zu einer geordneten Kulturlandschaft mit hohem Nutz- und Erholungswert sowie gesundem Naturhaushalt; Erkenntnisse und Erfahrungen der Landschaftspflege wurden ausgewertet

Nach eindeutig positiver Abstimmung im Braunkohlenausschuß für den Plan Olschowy wurde daraufhin vom Bergbautreibenden in Anlehnung an den Olschowy-Plan der „Sonderbetriebsplan für die Rekultivierung des Tagebaues Frechen, Kippe Berrenrath" vom 2. 5. 1961, der gemeinsam mit der Deutschen Bauernsiedlung GmbH und Olschowy erarbeitet wurde, beim Bergamt eingereicht und am 24. 8. 1961 zugelassen.

2. Standörtliche Gegebenheiten

Das zur Aufschüttung der Kippe Berrenrath verwendete Material ist nicht einheitlich. Es ist vornehmlich diluvialer und tertiärer Herkunft und reicht von lehmhaltigem Sand bis zu sandigem Lehm und ist z. T. auch mit mehr oder weniger grobem Kies durchsetzt. Soweit keine Lößauflage vorgesehen ist, wird als obere Schicht ein sog. Forstboden, ein Gemisch von alluvialen und diluvialen Bodenmassen, aufgetragen. Die in diesen Kippmassen vorhandenen Ton- und Schluffteile reichen aus, um Wildgehölze zu tragen. Der Schüttvorgang bedingt ein lockeres und gut durchlüftetes Material.

Der auf die Oberfläche aufzubringende *Lößboden* kommt vornehmlich aus dem Raum Fortuna. Die Analysenwerte einer Mischprobe aus Kippenboden vom Tagebau Frechen, Nähe Kiesweiler, sind nach Angaben der Rhein. Braunkohlenwerke AG folgende:

CaO	210	mg/100 g Boden
K_2O	7,1	mg/100 g Boden
P_2O_5	3,6	mg/100 g Boden
pH	6,9	

Korngröße in % des Feinbodens < 2 mm:

< 0,002	12,28 %
0,002 – 0,006	2,08 %
0,006 – 0,02	18,38 %
0,02 – 0,06	44,68 %
0,06 – 0,2	6,04 %
0,2 – 2,0	16,53 %

Der *Wasserhaushalt* des aufgetragenen Lößbodens ist, nach den bisher vorliegenden Erfahrungen, zunächst erheblich schlechter als der des natürlich anstehenden Lößbodens. Bedingt auswertbar sind die Versuchsergebnisse des Instituts für Bodenkunde und Bodenerhaltung der Justus-Liebig-Universität Gießen über die Wasserspeicherung in erodierten Lößböden (Bracke 1960). Lößlehmböden nehmen infolge ihrer feinporigen Struktur mäßige Niederschläge gut auf. Bei höherer Regendichte auf feuchten Böden sind sie aber nicht mehr in der Lage, sämtliche Niederschläge versickern zu lassen. Durch die Feinporigkeit der Lößböden setzen sich die eingesickerten Bodenteilchen in der obersten Schicht der Krume ab und vermindern das Einsickerungsvermögen. Aus den Untersuchungen an erodierten Hangflächen ist zu entnehmen, daß besonders das unverwitterte Lößmaterial – und solches wird auch auf die Kippe Berrenrath aufgetragen – sehr leicht zum Zerschlämmen und Zerfließen neigt. Dabei bildet sich an der Oberfläche eine sehr undurchlässige Schicht, die das Einsickern des Niederschlagswassers erschwert.

Erodierter Boden, der am Hangfuß oder in einer Senke zusammengeschwemmt ist, zeigt eine besonders dichte Lagerung und geringe Durchlässigkeit. Wenn auch umgelagerter Löß nicht voll vergleichbar ist mit erodiertem Löß, so ist jedoch auch seine Struktur beeinträchtigt, was sich vornehmlich im gestörten Wasserhaushalt auswirkt. Die Wasserspeicherung eines Bodens steigt, wie Bracke (1960) vom vorgenannten Institut in Gießen darlegt, mit der Güte seines Strukturzustandes, bis eine bestimmte Lockerungsgrenze erreicht ist. So wie sich im Laufe der Zeit durch Bodenbearbeitung, Durchwurzelung des Bodens, Anreicherung mit Humus, Klein- und Kleinstlebewesen die Struktur verbessert, dürfte auch die Kapillarität wiederhergestellt und der Wasserhaushalt im Boden normalisiert werden.

In der Beurteilung des Lößbodens muß seine Empfindlichkeit für den *Abtrag durch Oberflächenwasser* (Erosion) hervorgehoben werden. Stärkere Niederschläge führen auf geneigten Flächen zu einem mehr oder weniger starken oberflächigen Abfluß. Die abfließenden Oberflächenwässer führen dabei Ton- und Schluffteilchen mit sich. Die große Anfälligkeit des Lößbodens gegen Abtrag wird aus ihrer Kornzusammensetzung erklärt. Löß besitzt einen hohen Anteil von nicht quellfähigem Schluff mit geringer Kohäsion, während ihm Grobsand und Steinanteile fehlen. Wie bereits erwähnt, neigt besonders das unverwitterte Lößmaterial dazu, leicht zu zerfließen. Aus diesen Erfahrungen muß für den auf die Kippenoberfläche aufgetragenen Löß die Nutzanwendung gezogen werden. Das bedeutet, daß die Flächen nur leicht geneigt sein dürfen, die Schläge dem Relief angepaßt und wenn nötig in Richtung der Höhenlinien bearbeitet werden sollen. Bei Lößböden liegt das kritische, die Erosion auslösende Gefälle, wie Kuron aufzeigt, im allgemeinen bei 3 %, bei besonders empfindlichen Böden auch darunter. Kaufmann (1954) hat bei seinen Untersuchungen in Niedersachsen festgestellt, daß auf Lößböden die Verfrachtung der abschlämmbaren Ton- und Schluffbestandteile auch bei einem Gefälle von nur 1,4 % noch stattfindet. Aus den bisherigen wissenschaftlichen Erkenntnissen und praktischen Erfahrungen können für abtragsempfindliche Lößböden nur Lagen mit 1 % und weniger Gefälle als erosionssicher angesehen werden.

Die potentiellen *natürlichen Pflanzengesellschaften* des künstlichen Kippenstandortes lassen sich, da die einzelnen Standortsfaktoren in ihrem Zusammenwirken noch nicht voll vorauszusehen sind, nur aus vergleichbar ähnlichen Standorten ableiten. Es kann davon ausgegangen werden, daß die künftigen Pflanzengemeinschaften die Tendenz zu folgenden Assoziationen aufweisen:

Auf ärmeren Standorten mit sandigen bis anlehmigen Böden ohne Lößauflage (z. B. Kippenränder und Forstflächen):

Trockener Stieleichen-Birkenwald (Querco-Betuletum typicum),
Trockener Kiefern-Eichenwald,
Buchen-Eichenwald (Fago-Quercetum).

Zur Aufforstung kommen demnach folgende Arten in Betracht:

Stieleiche, Traubeneiche, Waldkiefer bzw. Schwarzkiefer, Sandbirke, Vogelbeere, Rotbuche, Aspe und Hybridpappel; als Straucharten können Weißdorn, Wildrose, Schlehdorn, Besenginster, Hasel- und Salweide verwendet werden.

Auf besseren Standorten mit nährstoffreichen, lehmigen Böden (Lößböden):

Typischer Eichen-Hainbuchen-Wald (Querco-Carpinetum typicum)
bis Feuchter Eichen-Hainbuchen-Wald (Querco-Carpinetum stachyetosum).

Für die Anlage von Schutzpflanzungen kommen demnach folgende Holzarten in Betracht:

Stieleiche, Traubeneiche, Winterlinde, Hainbuche, Vogelkirsche, Aspe, Feldahorn und Hybridpappel; als vorwüchsige Holzart tritt noch die Roterle hinzu; als Straucharten können Salweide, Hasel, Hartriegel, Weißdorn, Schlehdorn, Wildrose, Pfaffenhütchen, Liguster, Wasser- und Wolliger Schneeball verwendet werden.

Zur Aufforstung können zusätzlich Bergahorn und Rotbuche verwendet werden.

Zur Beurteilung der *klimatischen Bedingungen* des Standortes liegen Angaben des Wetteramtes Essen für den Raum Bergheim – Düren – Zülpich – Eschweiler vor. Nach langjährigen Messungen und Beobachtungen ergeben sich für die mittlere prozentuale Verteilung der Windrichtung folgende Daten:

Norden	7,5 %
Nordosten	9,5 %
Osten	7,5 %
Südosten	3,5 %
Süden	9,5 %
Südwesten	26,5 %
Westen	17,3 %
Nordwesten	10,2 %
Windstille	8,5 %

Demnach herrschen die Südwest- und Westwinde vor. Im Winter und Frühjahr muß auch mit gefährlichen Winden aus östlicher und nördlicher Richtung gerechnet werden. Da diese Winde eine geringe Luftfeuchtigkeit aufweisen, trocknen sie den Boden aus und fördern die Bodenverwehung. Die Anlage von Schutzpflanzungen muß den Hauptwindrichtungen und den gefährlichen Winden Rechnung tragen.

Die Kippe Berrenrath hat eine Höhe von nur etwa 30 m gegenüber dem umgebenden Gelände. Mit einer wesentlichen Änderung des Lokalklimas ist daher nicht zu rechnen. Ausreichende Untersuchungen über das Lokalklima auf Kippen liegen noch nicht vor. Eine gutachtliche Stellungnahme von Kaiser vom Deutschen Wetterdienst zu den voraussichtlichen klimatischen Verhältnissen auf der Oberfläche der bei Vollrath geplanten Hochkippe ist bedingt auswertbar. Demnach ist anzunehmen, daß die Temperaturverhältnisse auf der Kippenoberfläche zu einer geringen Verschiebung der Vegetationszeiten führen, d. h. die Vegetationsentwicklung wird sich im Frühjahr um 3–4 Tage verzögern und im Herbst entsprechend verlängern. Die Kippenoberfläche ist Früh- und Spätfrösten weniger ausgesetzt als die Umgebung. Die Windgeschwindigkeit am Hang und auf der Oberfläche wird zunehmen. Der

Wind wird die Kippe teilweise um- und teilweise überströmen. Mit Wirbelzonen am luvseitigen Rand der Kippenoberfläche und im Anschluß an das windschwache Gebiet im Lee der Hochkippe ist dann zu rechnen, wenn die Kippenböschungen steil ausgebildet sind. Die Planung trägt dem Rechnung und hat die Kippenränder flach ausgezogen und die Bewaldung über die Böschungskrone hinweggeführt. Die erhöhte Windgeschwindigkeit auf der Kippenoberfläche hat eine verstärkte Verdunstung zur Folge. Der Verlauf und der Abstand der Schutzpflanzungen sollen dem entgegenwirken.

3. *Gegenüberstellung der verschiedenen Belange*

a. *Technische Belange*

Die Ausformung und Gestaltung der Kippenoberfläche und der -ränder sind an die technischen Möglichkeiten der Absetzgeräte gebunden. Nach dem Arbeitsplan 1960 ist damit begonnen worden, die Kippe im Norden von einem Geräteplanum 120 m über NN aus aufzuschütten. Der Absetzer kann das Schüttmaterial nach oben bis 30 m und nach unten bis 40 m verarbeiten. Sein Ausleger hat eine Länge von 100 m. Der Arbeitsplan sieht einen zeitlichen Ablauf der Aufschüttung bis 1976 vor (vgl. Abb. 46), auf den sich die Entwurfsplanung abzustimmen hat. Der letzte Abschnitt wird im Sonderbetrieb hergestellt. Um die errechneten Massen unterbringen zu können, muß die vorgesehene Höhe der Kippenoberfläche von ca. 135 m über NN eingehalten werden. Der Löß wird im Sonderbetrieb von der Kippenoberfläche aus aufgetragen. Da sich die zu verkippenden Massen jedoch nicht genau vorausberechnen lassen, muß die Planung darauf abgestellt werden, daß in der Endphase des Kippvorganges Material fehlt oder überschüssiges Material verarbeitet werden kann.

Der natürliche Schüttwinkel des verwendeten Materials beträgt 1:1,2 bis 1:1,5. Der Absetzer kann demnach nur Böschungen in dieser Neigung herstellen. Andere Neigungen und spezielle Böschungsausformungen können nur im kostenaufwendigen Sonderbetrieb hergestellt werden und müssen daher auf Ausnahmen beschränkt bleiben.

Der Damm der Nord-Süd-Bahn darf nicht unter zu hohen Erddruck gesetzt werden, d. h. die Aufschüttungen müssen den an den Straßenunterführungen gegebenen Höhen von 125 und 105 über NN angepaßt werden und kontinuierlich abfallen. Der neue Hauptaufschließungsweg, der durch die Mitte der landwirtschaftlichen Nutzflächen verläuft, muß, dem Kippvorgang entsprechend, von Norden nach Süden ausgeführt werden und vom Drehpunkt des Arbeitsvorganges soweit entfernt geführt werden, daß er in seiner Benutzung nicht beeinträchtigt wird.

b. *Belange des Landbaues*

Die Grundsätze für die landwirtschaftliche Rekultivierung sind in Zusammenarbeit mit der Deutschen Bauernsiedlung GmbH und dem landwirtschaftlichen Sachverständigen der Rhein. Braunkohlenwerke AG aufgestellt worden.

Von dem Gesamtplanungsgebiet sollen ca. 750 ha Fläche landwirtschaftlich genutzt werden. Für die Bauernstellen sollen im Plan Betriebsgrößen von 15–30 ha vorgesehen werden, die vollarrondiert sein müssen. Die endgültigen Betriebsgrößen werden nach den Erfordernissen der landwirtschaftlichen Umsiedler festgelegt. Für bäuerliche Familienbetriebe sollen Voraussetzungen geschaffen werden, die es gestatten, ohne fremde Arbeitskräfte, aber unter Einsatz modernster Maschinen, wirtschaften zu können. Diese Forderungen werden von den agrarstrukturellen und agrarsoziologischen Notwendigkeiten und der durch die EWG zu erwartenden Entwicklung bestimmt. Die Landwirtschaft fordert möglichst rechteckige Grundstücke oder zum mindesten solche mit parallelen Längsseiten, die auch den Einsatz des Mähdreschers gewährleisten. Wege und Kulturflächen müssen ausreichend entwässert werden. Die Bauernhöfe sind zu Gruppen oder Weilern von 2 bis 4 Hofstellen zusammenzufassen und durch eine einfache Wegeführung zu erschließen – vgl. Abschn. 7. Die Wege müssen in Breite, Steigung und Befestigung den mühelosen Verkehr von landwirtschaftlichen Geräten und beladenen Erntefahrzeugen ermöglichen. Nach Untersuchungen des Kuratoriums für Technik in der Landwirtschaft kann eine Steigung auf Wirtschaftswegen von 6–7 % noch als tragbar angesehen werden, jedoch sind Schlepper gegen plötzliche Steilstiche und Nadelkurven besonders empfindlich.

Die Art der landwirtschaftlichen Nutzung ist auf die standortsmäßigen Gegebenheiten, besonders auf den aufgetragenen Lößboden, und auf die umgesiedelten Bauern abzustimmen. Es sind in erster Linie Hackfrucht- und Getreidebetriebe vorzusehen und nur in Ausnahmefällen Grünlandbetriebe. Durch geeignete Maßnahmen der Landschaftspflege sind die natürlichen Ertragsbedingungen für die landwirtschaftlichen Nutzflächen zu verbessern; hierdurch sollen auch Austrocknungs-, Auswinterungs-, örtliche Kaltluft- und Windfrostschäden vermindert werden.

Gegenüber den Wohn- und Gewerbebereichen ist eine klare Trennung erwünscht, um eine Ausweitung auf landwirtschaftliche Nutzflächen auszuschließen und etwaige rauchartige Immissionsschäden zu verhindern.

c. *Belange der Landschaftspflege*

Die sehr hohen Kosten der Lößauflage, die durch die Sondergewinnung des Lösses, den weiten Antransport (ca. 30 km) und die Verkippung im Sonderbetrieb bedingt sind und in der Größenordnung von über 50 000 DM/ha liegen, machen es erforderlich, bereits in der Planung alle Möglichkeiten zu berücksichtigen, um eine spätere Bodenerosion auszuschließen. Dem *Schutz des Bodens* gegen Wassererosion ist dadurch Rechnung zu tragen, daß die Flächen mit Lößauflage nur eine geringe Neigung von möglichst nicht mehr als 1,5 % erhalten. Soweit eine stärkere Neigung unumgänglich ist, müssen solche Flächen in Grünland gelegt werden. Die Ackerschläge sind auf das Relief abzustimmen, d. h. ihre Längsseiten sind möglichst auf den Verlauf der Höhenlinien auszurichten, damit nötigenfalls eine Bodenbearbeitung in Richtung der Höhenlinien (Konturpflügen) möglich ist. Wie die Erfahrungen der Arbeitsgemeinschaft für das technische Verfahren in der Flurbereinigung erkennen lassen, ist das Pflügen quer zum Hang auch aus Gründen der Zugkraftersparnis am vorteilhaftesten. Die Einzugsflächen sind durch Pflanzungen zu untergliedern, damit das Oberflächenwasser keine hohe Schleppkraft erreichen kann. Überschüssiges Oberflächenwasser ist gefahrlos dem Vorfluter zuzuleiten.

Durch die Anlage eines geschlossenen Systems von Schutzpflanzungen (Haupt-, Zwischen- und Nebenpflanzungen) ist ein ausreichender Boden-, Wind- und Klimaschutz sicherzustellen, der sowohl auf häufige als auch auf schädliche Winde abgestellt sein muß. Turbulente Windströmungen (Windwirbel) sind zu vermeiden. Auch die neuen Hofstellen sind durch geeignete Umpflanzungen ausreichend zu schützen.

Ein geregelter landschaftlicher *Wasserhaushalt* ist herzustellen. Hierbei ist der Grundsatz zu vertreten, das Wasser so weit wie möglich dort zurückzuhalten, wo es anfällt, und sinnvoll zu nutzen. Daher ist das Wasser durch Versickern in den Untergrund und durch die Anlage von Wasserflächen zurückzuhalten und die Entwässerung auf das notwendige Maß abzustellen.

Hangflächen, Kippenränder und Böschungen müssen flach ausgezogen und so gestaltet werden, daß sie sich in den Landschaftsraum einfügen und die Windströmung aufleiten; sie sind grundsätzlich mit standortsgemäßen Holzarten aufzuforsten. Sowohl bei den Aufforstungsmaßnahmen als auch bei Aufbau der Schutzpflanzungen ist die Erzeugung von Nutzholz ausreichend zu berücksichtigen.

Die nahegelegene Großstadt Köln und das Industriegebiet verlangen, daß dem *Erholungsfaktor* gebührend Rechnung getragen wird. Dies soll durch einen ausreichenden Anteil von naturgemäßem Wald, durch die Anlage von Flurgehölzen, Wasserflächen mit Badegelegenheiten, Wanderwegen, Parkplätzen und Schutzhütten erreicht werden. Die neu zu schaffenden Waldstreifen, Flurgehölze und Schutzpflanzungen sollen mit dem übrigen Großgrün der Landschaft verbunden und die Wanderwege an das größere Wegenetz angeschlossen werden.

Das Ziel der Maßnahmen der Landschaftspflege soll eine geordnete, fruchtbare und nachhaltig leistungsfähige Kulturlandschaft mit vielseitigen Erholungsmöglichkeiten sein, in der durch einen ausreichenden Anteil von Waldflächen, Feldgehölzen und Schutzpflanzungen ein ausgeglichener Naturhaushalt vorherrscht.

4. Erläuterung der vorgeschlagenen Maßnahmen unter Abstimmung der gegenseitigen Belange

Das bearbeitete Planungsgebiet gliedert sich nach dem Entwurfsplan (vgl. Abb. 58) wie folgt:

1. Landwirtschaftlich rekultivierte Fläche einschl. dazugehörigen Schutzpflanzungen, Waldstreifen und Aufschließungswegen	759 ha =	70,0 %
2. Forstflächen	210 ha =	19,3 %
3. Wasserflächen	5 ha =	0,5 %
4. Geplante Autobahn	10 ha =	0,9 %
5. Industrieflächen	38 ha =	3,3 %
6. Siedlungserweiterungsflächen	67 ha =	6,0 %
Gesamtfläche	1089 ha =	100,0 %

Die Größen der geplanten 27 Vollbauernstellen sind dem Entwurfsplan zu entnehmen. Die Grundstücke sind so angeordnet, daß es möglich ist, einerseits durch ein Zusammenlegen die Zahl zu verringern und einige Hofstellen flächenmäßig zu vergrößern und andererseits durch ein Teilen zusätzliche Hofstellen zu schaffen.

Die Kippenoberfläche ist so profiliert, daß sie die vorberechneten Schüttmassen aufnehmen und mit dem Absetzgerät hergestellt werden kann. Der Lößboden kann gleichmäßig über die ganze Oberfläche aufgetragen werden. Es ist jedoch erwünscht, daß die Pflanzfläche des 100 m breiten Waldstreifens möglichst nicht mit reinem Löß, sondern vermischt mit Kippmaterial bzw. Forstboden abgedeckt wird, damit die Gehölzwurzeln dieser hochwachsenden Pflanzung in die Tiefe gehen können. Die Kippenränder sind so ausgeformt, daß der Höhenunterschied von max. 32,5 m mit Hilfe von kleinen Terrassen, deren rd. 1 m hohe Böschungen dem natürlichen Schüttwinkel des Materials entsprechen, überbrückt werden kann. Diese Schütt-Terrassen mit ihren etwa 2 m breiten Oberflächen können gleichzeitig vorteilhaft als Pflanzterrassen ausgenutzt werden (vgl. Abb. 49). Die flach mit nur 5–12 % Generalneigung ansteigenden Kippenränder, die sämtlich aufgeforstet werden, leiten den Wind allmählich auf, so daß auf der Oberfläche der Kippe keine schädlichen Turbulenzen entstehen können. Zur Zieselsmaarer-Straße ist ein betont flacher Anschluß mit einer Neigung von 5 % vorgesehen. Durch die 100–300 m breiten Randwälder fügt sich die Kippe in die landschaftliche Umgebung ein. Der südliche Randwald mit seiner Wasserfläche stellt den Übergang zur anschließenden Wald-Seenlandschaft des Villegebietes dar.

Der zeitliche Ablauf des Schüttvorganges ist in der Planung berücksichtigt. Die Grundstücke, die erst in der letzten Phase im Sonderbetrieb hergestellt werden, können bei Fehlen von Schüttmassen in Höhe des Anschlußgeländes gelegt werden; auch hierbei ist ausreichende Sonneneinstrahlung gewährleistet. In diesem Falle verläuft die Kippenböschung am Ostrand der genannten Grundstücke. Sollten Überschußmassen anfallen, so kann die Böschung am Westrand, die im Entwurfsplan im nördlichen Teil mit einer Breite von über 200 m vorgesehen ist, bis auf etwa 100 m zusammengezogen werden.

Das Planungsgebiet wird durch einen Hauptweg, der an das vorhandene Straßennetz anschließt, aufgeschlossen. Zu den abseits davon gelegenen drei Weilern führen Stichwege. Sollte die vorgesehene Anlage von Gruppen- und Weilersiedlungen, die eine bestmögliche Arrondierung und Betriebswirtschaft gewährleistet, von seiten der Bauern auf Schwierigkeiten stoßen, so wäre es möglich, die Höfe stärker zusammenzuziehen und entlang des Hauptaufschließungsweges anzuordnen.

Das muldenförmige Oberflächenprofil ist darauf abgestellt, das Wassereinzugsgebiet zu unterteilen und das Gelände zu einem Teil nach Westen und zum anderen Teil nach Süden zu entwässern. Die ostwärts der geplanten Autobahn gelegenen Flächen werden nach Osten entwässert. Entlang der Aufschließungswege sind Entwässerungsmulden vorgesehen, unter denen ein Grabenprofil, mit Steinen ausgefüllt und mit Dränrohr versehen, ausgebildet ist. Das Wasser soll in drei Teichen zurückgehalten werden, die als Fisch- und Badegewässer ausnutzbar sind.

Die Lage der Flurstücke und der Verlauf der Höhenlinien sind aufeinander abgestimmt, so daß eine reliefnahe Bodenbearbeitung möglich und der *Bodenschutz* gewährleistet ist. Die Form der Flurstücke erlaubt den Einsatz moderner Geräte einschließlich Mähdrescher. Die Neigung der Flächen liegt im allgemeinen bei 1 %, so daß sie ackerbaulich und erosionssicher genutzt werden können. Eine Ausnahme macht ein Grundstück, das – durch die Nord-Süd-Bahn bedingt – etwas stärker geneigt ist und etwa zur Hälfte als Grünland genutzt werden soll. Dem Schutz des Bodens gegen Abtrag durch Oberflächenwasser dienen die Schutzpflanzungen, die die Wassereinzugsflächen untergliedern.

Das Kippenprofil ist so ausgebildet, daß die *Kaltluft* – genau wie das Oberflächenwasser – im nördlichen Teil nach Westen und im übrigen nach Süden abfließen kann. Die Gliederung der Fläche in Kammern unterteilt das Einzugsgebiet und läßt jeweils nur geringe Kaltluftmengen zusammenströmen, zumal hier keine extreme Kaltluftbildung zu erwarten ist. Die abfließende Kaltluft kann sich an den Ost-West verlaufenden Schutzpflanzungen im Bereich der Wirtschaftswege sammeln. Diese Wege mit ihren Wasserauffangmulden haben alle ein Gefälle zur Mitte der Mulde hin, wo die Kaltluft auf den 9 m breiten Wegeschneisen in den großen Waldstreifen abfließen und sich erwärmen kann. Der Wald hat infolge seines eigenen Stammraumklimas eine ähnliche Fähigkeit, Kaltluft zu erwärmen und unschädlich zu machen, wie dies bei Wasser der Fall ist. Im Süden des Planungsgebietes wurde der Randwald in einer Breite von etwa 300 m geöffnet. Hierdurch erhält der Südteil einen gesonderten Kaltluftabfluß nach den Villeteichen, während der Südostteil zum geplanten Badesee geöffnet ist. Um eine Winddüse bei Winden aus Südrichtung zu vermeiden, wird eine lockere, hainartige Bepflanzung mit kronenartigen Bäumen vorgeschlagen, unter denen die Kaltluft ungehindert abfließen kann.

Der erforderliche *Windschutz* wird gegen Winde aus südwestlicher, westlicher und östlicher Richtung durch folgende Hauptschutzpflanzungen erreicht:

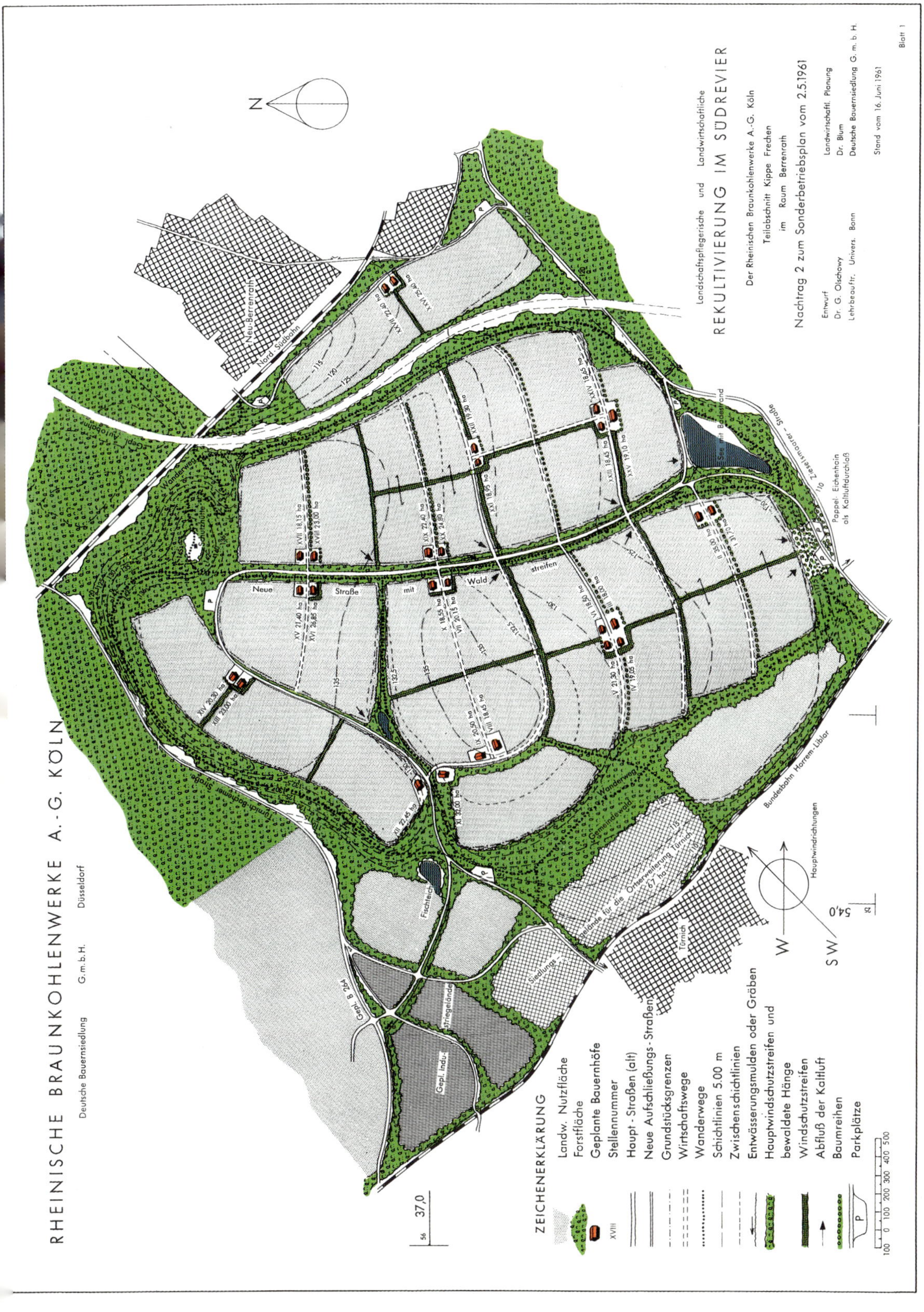
RHEINISCHE BRAUNKOHLENWERKE A.-G. KÖLN
Deutsche Bauernsiedlung G.m.b.H. Düsseldorf
Landschaftspflegerische und Landwirtschaftliche
REKULTIVIERUNG IM SÜDREVIER
Der Rheinischen Braunkohlenwerke A.-G. Köln
Teilabschnitt Kippe Frechen
im Raum Berrenrath
Nachtrag 2 zum Sonderbetriebsplan vom 2.5.1961
Entwurf
Dr. G. Olschowy
Lehrbeauftr. Univers. Bonn
Landwirtschaftl. Planung
Dr. Blum
Deutsche Bauernsiedlung G.m.b.H.
Stand vom 16. Juni 1961
Blatt 1
ZEICHENERKLÄRUNG
Landw. Nutzfläche
Forstfläche
Geplante Bauernhöfe
Stellennummer
Haupt-Straßen (alt)
Neue Aufschließungs-Straßen
Grundstücksgrenzen
Wirtschaftswege
Wanderwege
Schichtlinien 5.00 m
Zwischenschichtlinien
Entwässerungsmulden oder Gräben
Hauptwindschutzstreifen und bewaldete Hänge
Windschutzstreifen
Abfluß der Kaltluft
Baumreihen
Parkplätze
100 0 100 200 300 400 500
N
W
SW
Hauptwindrichtungen
37,0
54,0
Neue Straße mit Wald streifen
Neu-Berrenrath
Nord-Südbahn
See mit Badestrand
Zieselsmaarer Straße
Pappel-Eichenhain als Kaltluftdurchlaß
Bundesbahn Horrem-Liblar
Gelände für die Ortserweiterung Türnich 67 ha
Türnich
Gemeindewald
Wanderweg
Fischteich
Gepl. B 264
Gepl. Industriegelände
Siedlungs-
XIV 20,30 ha
XIII 23,00 ha
XV 21,40 ha
XVI 26,85 ha
XVII 18,15 ha
XVIII 23,00 ha
XIX 22,40 ha
XX 24,80 ha
X 18,55 ha
VII 20,15 ha
IX 20,50 ha
VIII 18,45 ha
XI 32,00 ha
XII 22,45 ha
XXII 19,30 ha
XXI 18,55 ha
XXIV 18,65 ha
XXIII 18,45 ha
XXV 19,10 ha
VI 18,60 ha
III 18,00 ha
V 21,50 ha
IV 19,05 ha
XXVI 25,40 ha
XXVII 22,40 ha

Abb. 58

- Begrenzungspflanzung am westlichen Rande der landwirtschaftlichen Nutzflächen,
- feldschützender Waldstreifen in der Mitte des Planungsgebietes, entlang des Hauptaufschließungsweges, mit 100 m Breite,
- Hauptschutzpflanzungen mit 10 m Breite.
- Schutzpflanzungen mit 5 m Breite.

Für den mittleren Waldstreifen wäre aus Windschutzgründen die vorgesehene Breite nicht erforderlich; er soll jedoch gleichzeitig dem Erholungsverkehr dienen und die Gesamtfläche untergliedern.

Die genannten Pflanzungen haben vornehmlich eine Führung von S-SO nach N-NW, so daß sie annähernd senkrecht zu den Hauptwindrichtungen verlaufen. Außerdem sind Zwischen- und Nebenpflanzungen in West-Ostrichtung geplant. Der Aufbau der Windschutzpflanzungen ist so vorgesehen, daß der Wind nur ausgekämmt und zu einem Teil über das Hindernis geleitet werden kann. Zu diesem Zweck sollen die Ränder als Waldmäntel mit Klein- und Großsträuchern ausgebildet werden. Die gruppenartige Pflanzung der einzelnen Holzarten läßt einen unregelmäßigen Firstverlauf entstehen, der die aufgeleitete Windströmung nochmals zerfasert und Wirbel verhindert (vgl. Abb. 51). Die Hofstellen mit ihren Wohn- und Wirtschaftsgebäuden, Obstanlagen, Gärten und Jungviehausläufen sollen ebenfalls gegen die Hauptwinde ausreichend geschützt werden. Eine Planung des Hofgrüns und der Bauerngärten ist erst möglich, wenn die Grundrisse der Gebäude vorliegen. Ein Beispiel, wie die Hofstellen im grundsätzlichen begrünt werden sollen, ist der Abb. 5 zu entnehmen.

Der Planungsvorschlag berücksichtigt die *Erholungsbelange* der städtischen Bevölkerung von Köln und der nahegelegenen Industrieorte zunächst durch eine weitgehende Durchgrünung der Landschaft mit Waldflächen, Waldstreifen, Flurgehölzen und Schutzpflanzungen. Der Waldanteil nimmt annähernd 20 % der Gesamtfläche ein, zu dem noch ein Anteil an Flurgehölzen von 8,5 % tritt. Für die Gemeinde Türnich ist ein ortsnaher Gemeindewald von über 40 ha Größe vorgesehen, der mit den übrigen Waldflächen verbunden ist. Ein zusammenhängendes System von Wanderwegen führt sowohl um das ganze Gebiet innerhalb der Randwälder als auch durch den in der Mitte angeordneten Waldstreifen. Zusätzliche Verbindungswege sind vorgesehen; sie sollen auch die durchgrünten bäuerlichen Feldfluren den Erholungsuchenden erschließen. Parkplätze sollen jeweils am Anfang der Aufschließungswege angelegt werden. Die geplanten Wasserflächen sind für Erholungszwecke ausnutzbar. Die Anhöhe im Nordteil soll eine Schutzhütte und evtl. eine Aussichtsmöglichkeit erhalten. Die Neupflanzungen sind mit dem vorhandenen Großgrün des Landschaftsraumes verbunden.

Die für die Gemeinde Türnich bestimmte *Industriefläche* verlangt infolge ihrer Lage eine Anordnung von breiten Trenn- und Schutzpflanzungen gegenüber den geplanten Siedlungsgebieten und den landwirtschaftlichen Nutzflächen. Es sollte hier auch keine rauch-, gas- oder staubemittierende Industrie angesetzt werden; es sei denn, die Werke sind mit ausreichenden Filteranlagen ausgestattet. Das Industriegebiet soll, wie im Entwurfsplan vorgesehen, durch Grünstreifen untergliedert werden.

Die vorgesehene *Siedlungserweiterungsfläche* für Türnich ist beiderseits des neuen Aufschließungsweges angelegt worden, so daß künftig ein Ortsmittelpunkt entstehen kann. Die Fläche ist im übrigen nicht aufgeschlossen worden, da dies im Rahmen eines Bebauungsplanes geschehen muß. Sie hat eine Neigung von 3 % erhalten. Die gewünschte Wegeverbindung in nördlicher Richtung wurde berücksichtigt. Das Siedlungsgebiet soll gegenüber der Bahn, sofern diese nicht endgültig stillgelegt wird, durch eine ausreichend breite Schutzpflanzung gegen Lärm abgeschirmt werden.

5. *Pflanztechnische Angaben*

Die Auswahl der Holzarten sowohl für die Aufforstung als auch für die Anlage von Schutzpflanzungen hängt weitgehend von den standörtlichen Gegebenheiten ab – vgl. Abschnitt (2). Die Artenwahl für Windschutzpflanzungen wird zusätzlich noch durch ihre Eignung für diesen Zweck bestimmt. Der Habitus der Gehölze muß ausreichend winddurchlässig sein; die natürlichen „Windflüchter" sind besonders gut geeignet. Hingegen dürfen Holzarten, die dem Wind einen starren Widerstand leisten, nicht verwendet werden; hierzu gehören z. B. Berg- und Spitzahorn, Rotbuche und die meisten Nadelholzarten. Die vorgeschlagenen Holzarten sind dem Detailplan zu entnehmen.

Die Abstände der Reihen in den Schutzpflanzungen sollen sich auf 1,00 m belaufen, damit Fräsen zur Bodenbearbeitung eingesetzt werden können. Innerhalb der Reihen sollen die Pflanzabstände 0,75 bis 1,00 m betragen. Durch die relativ engen Abstände soll ein baldiger Bodenschluß erreicht werden, damit die laufende Bodenpflege nach etwa 3 Jahren eingestellt werden kann.

Die Ränder der Schutzpflanzungen sollen ähnlich einem Waldmantel aufgebaut werden, um den Wind besser aufzuleiten und auszukämmen. Dies wird dadurch erreicht, daß die Gehölzarten von außen nach innen in der Reihenfolge Kleinsträucher, Großsträucher, Nebenhölzer und Haupthölzer angeordnet werden. Die Nutzholzarten wie Hybridpappeln sind in die Mitte der Schutzpflanzungen einzubringen. Die Randpflanzung dient auch dem Schutz der Werthölzer.

In Abständen von etwa 5 m sind in den mittleren Reihen der Schutzpflanzungen Starkheistern (3–4jhr., 2mal verschult) als Gerüst einzubauen. Im übrigen soll 1mal verschultes Pflanzgut verwendet werden. Für Hangflächen, Böschungen und sonstige Aufforstungsflächen sollen Forstpflanzen (2–3jhr., 1mal verschult) verwendet werden. Die Schütt-Terrasen sollen als Pflanzterrassen ausgenutzt werden; hierdurch kann auch das Niederschlagswasser zugunsten der Pflanzen aufgefangen werden (Abb. 58–65).

Alle sonstigen pflanz- und pflegetechnischen Maßnahmen können der angegebenen Fachliteratur entnommen werden.

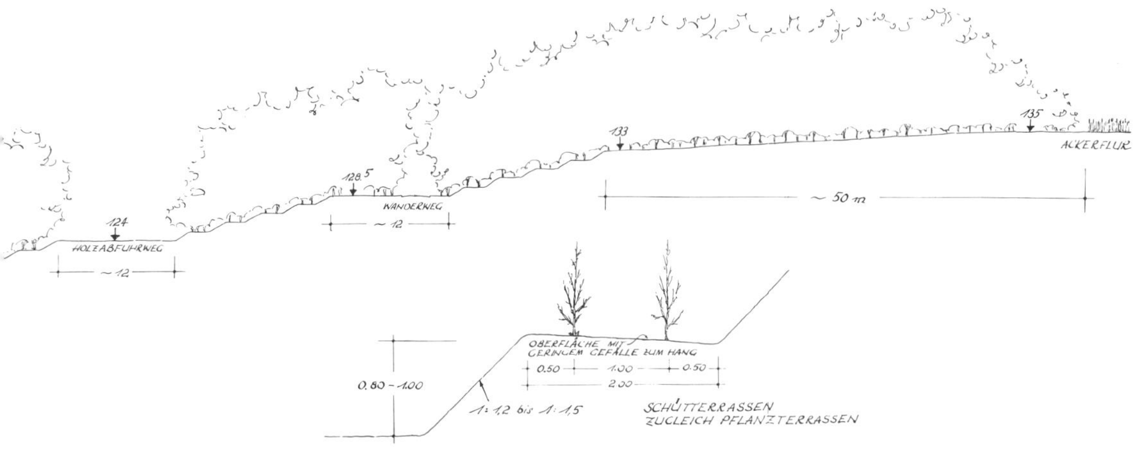

Entwurf: Dr. Gerhard Olschowy

Abb. 59 BEISPIEL FÜR HANGPFLANZUNGEN (Ausschnitt aus dem Detailplan)

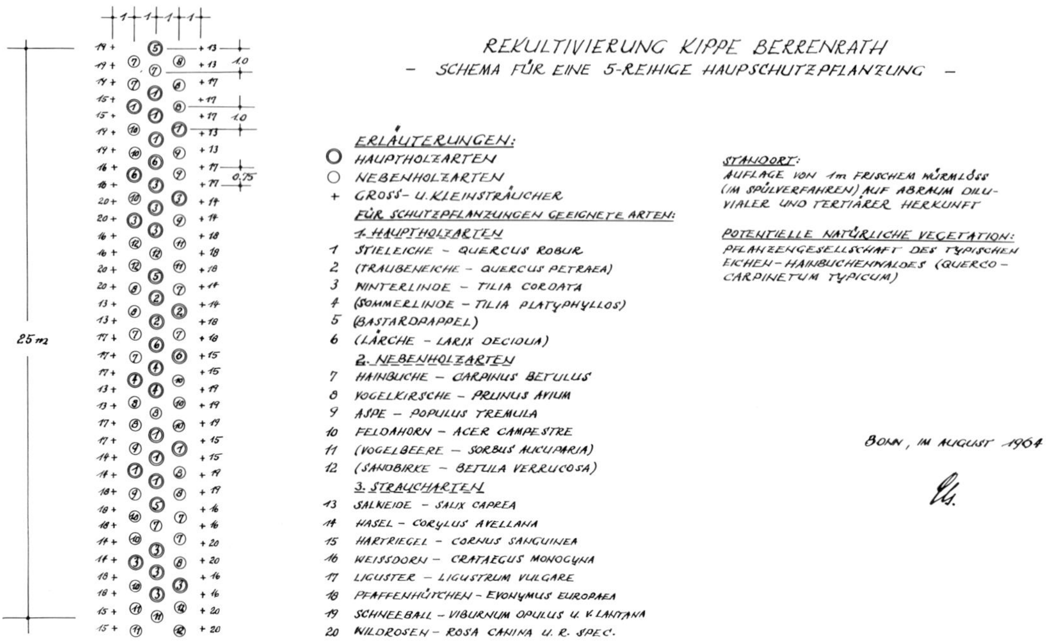

Abb. 60

6. Abschließende Bemerkungen

Aus den Erfahrungen, die in der Anlage von Schutz- und Hofpflanzungen in den niederländischen Poldergebieten und auch in neukultivierten Gebieten des Emslandes gesammelt werden konnten, wird empfohlen, die Pflanzmaßnahmen noch vor der Übergabe der Hofstellen an die Bauern abzuschließen. Es wird als zweckmäßig erachtet, die Forstflächen und Schutzpflanzungen zunächst durch die Forstabteilung der Rhein. Braunkohlenwerke AG betreuen zu lassen. Im übrigen erscheint die Pflege und Nutzung der Schutzpflanzungen, die über das Interesse des einzelnen Bauern hinausgehen, durch einen Wasser- und Bodenverband gewährleistet; er soll daher als Träger der landschaftspflegerischen Gemeinschaftsaufgaben gebildet werden. In Schleswig-Holstein und in Niedersachsen bestehen seit einigen Jahren sog. Windschutzverbände, die sich gut bewährt haben.

Zu gegebenem Zeitpunkt könnte erwogen werden, alle Pflanzungen von besonderem Wert für den Landschaftsraum und den Naturhaushalt als „Geschützte Landschaftsbestandteile" nach § 18 des Bundesnaturschutzgesetzes vom 20. 12. 1976 auszuweisen. Für das vorgesehene Industrie- und Siedlungserweiterungsgelände wird empfohlen, einen gesonderten Aufschließungs- und Bebauungsplan erstellen zu lassen.

Da es zweckmäßig ist, das neue bäuerliche Siedlungsgebiet als eine Einheit zu behandeln, sollten die derzeit gültigen administrativen Grenzen entsprechend überprüft werden.

7. Eingetretene Änderungen

Die erläuterte Planung zur Rekultivierung des Kippraumes Berrenrath (Abb. 58) mußte die Auflage des Auftraggebers berücksichtigen, daß die landwirtschaftlichen Betriebsflächen in einem unmittelbaren Zusammenhang mit den Hofstellen stehen müssen. Das hatte zur Folge, daß nur Weiler mit höchstens vier Hofstellen ausgewiesen werden konnten. Das entsprach nach den inzwischen eingetretenen Veränderungen nicht mehr den Er-

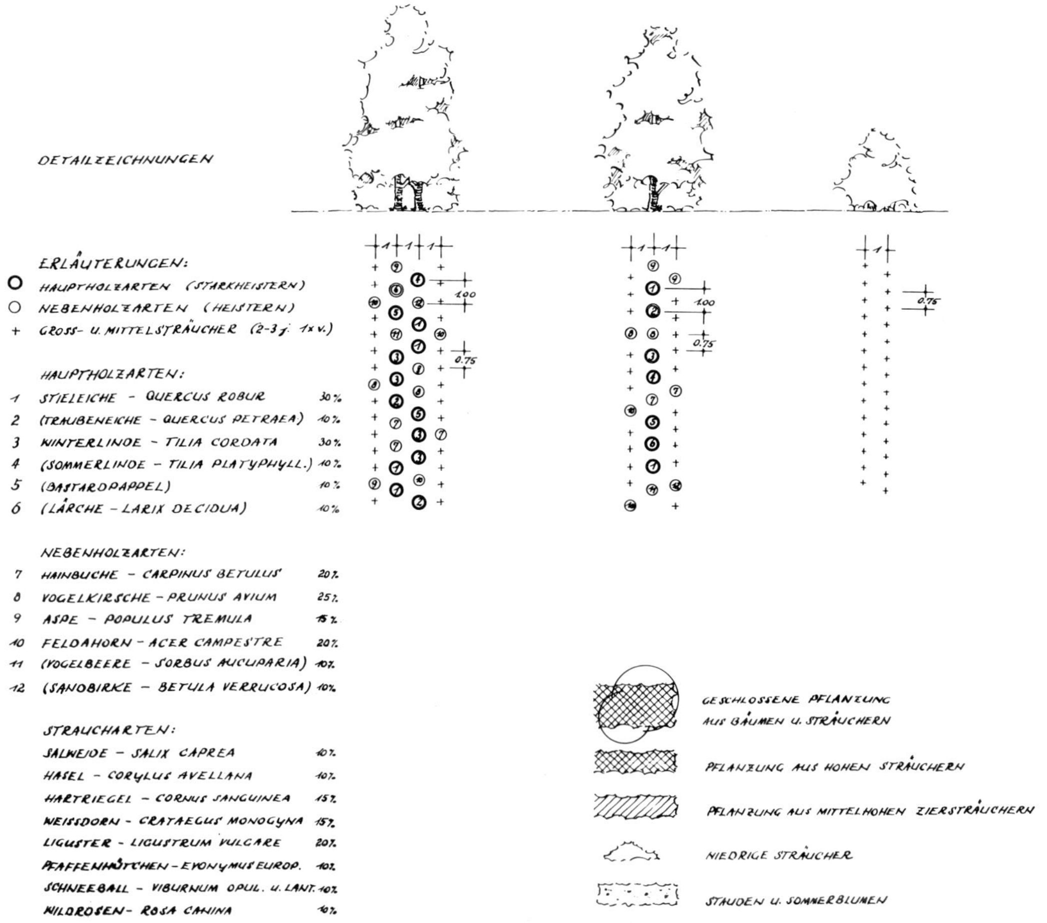

Abb. 60a

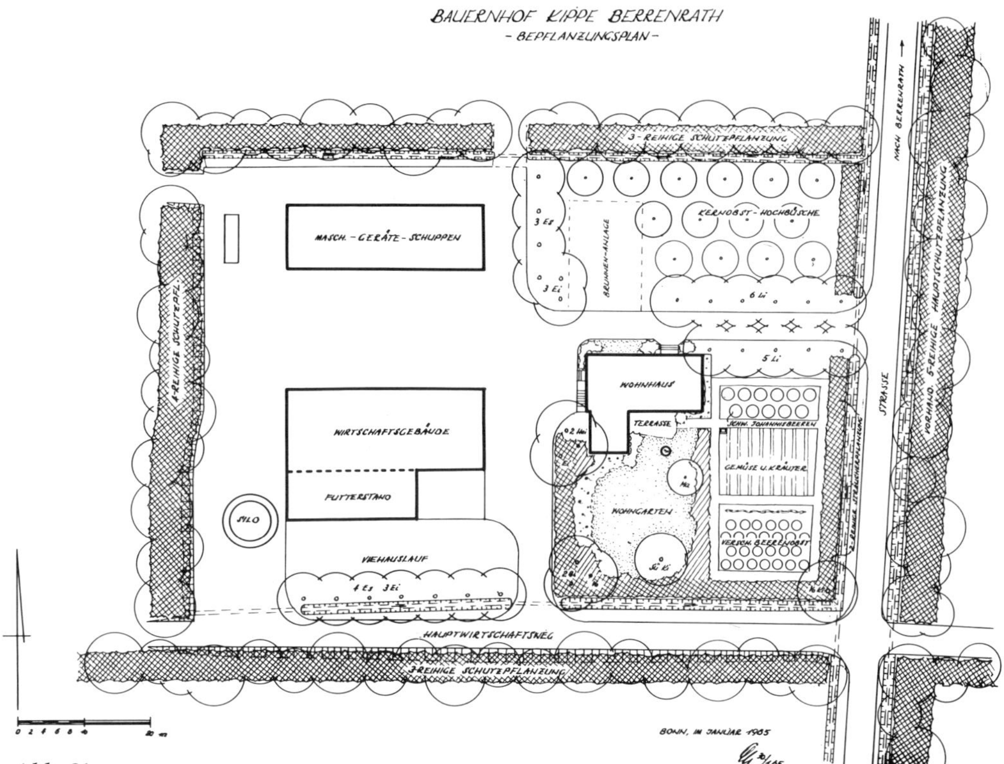

Abb. 61

Abb. 62. Rekultivierungsmaßnahmen im Tagebau Berrenrath. Lößlehm wird mittels Wasser auf die ebenen Teilflächen aufgespült. (Foto: Rheinbraun)

Abb. 63. Rekultivierte Kippe Berrenrath mit Zieselmaar-See, Weiler Berrenrath II und im Hintergrund der umgesiedelte Ort Berrenrath. (Foto: Rheinbraun)

fordernissen landwirtschaftlicher Siedlungspolitik und veranlaßte den Landwirtschaftsminister von Nordrhein-Westfalen im Jahre 1967, einen Europäischen Ideenwettbewerb auszuschreiben. Damit sollten Vorschläge für eine neuzeitliche Besiedlung unter Berücksichtigung der Möglichkeiten für die Nachbarschaftshilfe und ggf. notwendiger Gemeinschaftseinrichtungen entwickelt werden. Von den am Wettbewerb beteiligten Planern sind verschiedenartige Vorschläge zur Besiedlung der Neulandflächen gemacht worden. Die eingereichten Arbeiten zeigen vier charakteristische Besiedlungsformen:

- Einzelhöfe,
- kleinere Weiler mit 2 bis 6 Höfen,
- größere Weiler mit 6 bis 15 Höfen,
- den Agrarort, in dem alle Höfe sowie zusätzliche Einrichtungen (Gemeinbedarf, Landarbeiterwohnhäuser, Nebenerwerbsstellen usw.) zusammengefaßt sind.

Ein Arbeitsausschuß kam bei der Auswertung des umfangreichen Wettbewerbsmaterials zu dem Ergebnis, daß landwirtschaftliche Weiler mittlerer Größe mit sechs bis zehn Gutshöfen eine zweckmäßige Lösung der Besiedlungsform darstellen. Daraufhin wurde ein Plan entwickelt (Abb. 65), der zwar einerseits dieser Besiedlungsform Rechnung trägt, andererseits aber die landschaftspflegerischen Erfordernisse deutlich vernachlässigt, was vor allem die landschaftliche Gliederung der Kulturlandschaft mit Flurgehölzen betrifft. Erfreulicherweise

Abb. 64. Weiler Berrenrath II mit Hofpflanzungen und Hauptschutzpflanzung im Vordergrund. (Foto: Rheinbraun)

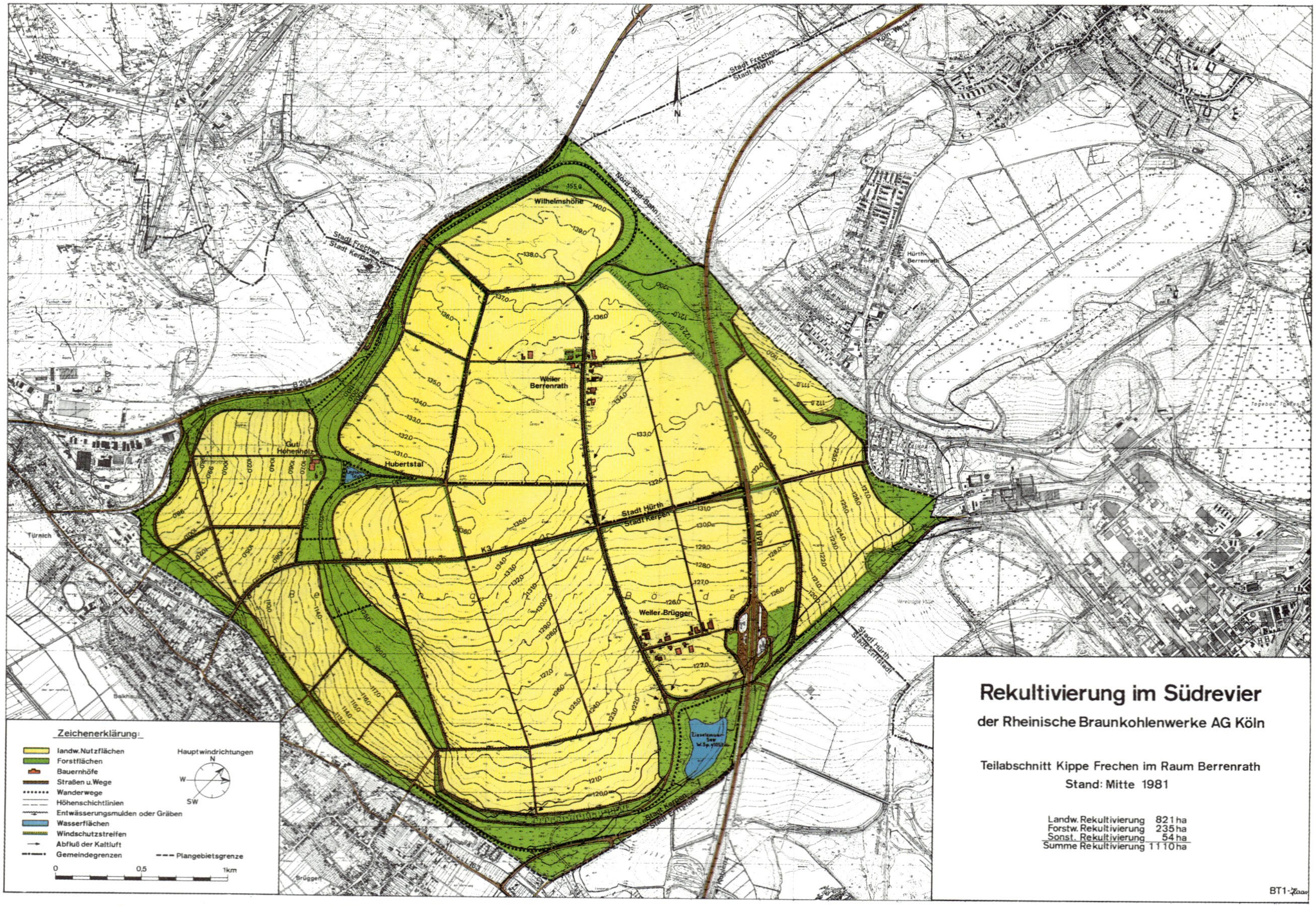
Rekultivierung im Südrevier
der Rheinische Braunkohlenwerke AG Köln
Teilabschnitt Kippe Frechen im Raum Berrenrath
Stand: Mitte 1981
Landw. Rekultivierung 821 ha
Forstw. Rekultivierung 235 ha
Sonst. Rekultivierung 54 ha
Summe Rekultivierung 1110 ha
Zeichenerklärung:
landw. Nutzflächen
Forstflächen
Bauernhöfe
Straßen u. Wege
Wanderwege
Höhenschichtlinien
Entwässerungsmulden oder Gräben
Wasserflächen
Windschutzstreifen
Abfluß der Kaltluft
Gemeindegrenzen
Plangebietsgrenze
Hauptwindrichtungen
N
W
SW
0
0,5
1km
Wilhelmshöhe
Weiler Berrenrath
Weiler Brüggen
Hubertstal
Gut Hohenholz
Stadt Hürth
Stadt Kerpen
Stadt Frechen
Stadt Erftstadt
Nord-Süd-Bahn
BAB A1
K3
B264
Türnich
Brüggen
Hürth Berrenrath
BT1

Abb. 66. Querschnitt durch eine fünfreihige Hauptschutzpflanzung auf dem rekultivierten Tagebau Berrenrath. Er läßt den Aufbau der Schutzpflanzung mit den Hauptholzarten in der Mitte, den daneben angeordneten Nebenholzarten und den Straucharten am Rande erkennen. (Foto: Olschowy)

wurde dies aber inzwischen erkannt; zusätzliche durchgehende Pflanzungen an Wirtschaftswegen und Hofstellen sind inzwischen angelegt worden (Abb. 66).

4.2.2 Beispiel Kippe „Auf dem Nierchen"

1. Auflagen für die Gestaltung der Kippe

Insgesamt müssen auf der Kippe 41 Mio. m^3 Abraum aus dem Tagebau Inden untergebracht werden. Die Randböschungen der Kippe erhalten eine Generalneigung von 1:3, die Einzelböschungen sollen im allgemeinen nicht steiler als 1:2, lediglich die oberste Kippenböschung kann1:1,5 ausgebildet werden. Der Kippenfuß soll flach in die angrenzende, nicht veränderte Oberfläche auslaufen. Die geforderte Generalneigung wird dadurch erreicht, daß auf den Kippenrändern Zwischenbermen bis zu 40 m Breite eingeschaltet werden, die mit Wegen und Entwässerungsanlagen ausgestattet sind. Die höchste Stelle der Kippe darf 222 m ü. NN nicht überschreiten.

Die Oberfläche der Kippe ist für eine landwirtschaftliche Nutzung bestimmt und erhält eine Auflage von 2 m Löß aus dem Tagebau Inden. Es ist vorgesehen, Vollbauernstellen zu errichten, die vornehmlich eine Wegeverbindung nach Langerwehe erhalten müssen; eine zusätzliche Verbindung nach Weisweiler ist erwünscht. Die Wegeführung und -steigung muß den Verkehr landwirtschaftlicher Fahrzeuge ohne Schwierigkeiten ermöglichen. Außerdem ist ein Verbindungsweg von Weisweiler nach Heistern einzuplanen, der als Ersatz für die frühere Wegeverbindung dienen soll. Dieser Weg soll später als örtliche Verbindungsstraße ausgebaut werden.

2. *Angaben zum Standort*

Naturräumlich gehört das Plangebiet zur sog. „Venn-Fußfläche“, die den nach Norden auslaufenden Höhen des Hohen Venn und der Eifel vorgelagert ist. Nach den vorliegenden Klimadaten der vergleichbaren Stationen Aachen und Düren herrschen in diesem Raum die Winde aus SW und W deutlich vor. Der mittlere Jahresniederschlag liegt mit 855 mm verhältnismäßig hoch; auch die mittlere Niederschlagsmenge in der Vegetationsperiode von Mai bis Juli ist mit 230 mm als günstig anzusprechen.

Der *Abraum* besteht vornehmlich aus Material diluvialer Herkunft. Er setzt sich aus Grob- und Feinkies zusammen und ist reichlich mit tertiären Tonanteilen durchsetzt. Die zur Aufforstung bestimmten Flächen werden mit sog. „Forstboden“ abgedeckt; das ist ein mit Löß vermengter diluvialer Kies, der ausreichend Feinbestandteile enthält, um Wildgehölze zu tragen.

Der aufzutragende *Löß* ist, sofern er zur Gruppe des jungen, frischen Würmlösses gehört, als besonders geeignet für landwirtschaftliche Zwecke anzusprechen. Er gilt als sehr fruchtbar und infolge seiner Kornzusammensetzung und seines Kalkgehaltes als rasch kulturfähig. Sobald sich durch Wurzelrückstände, Grün- und Stallmistdüngung genügend Humus und Bakterien angereichert haben und wieder ein normaler Wasserhaushalt eingespielt hat, ist mit einer guten Ertragsfähigkeit zu rechnen. Bezüglich des Wasserhaushalts im Boden und der Erosionsempfindlichkeit des umgelagerten Lösses gilt sinngemäß das im Gutachten für den Kippraum Berrenrath Gesagte. Die Erosionsgefahr ist für die Kippenoberfläche insoweit gemindert, als das Oberflächengefälle mit 0,25 % sehr gering ist. Das geringe Gefälle verlangt andererseits eine sorgfältige, muldenfreie Ausbildung der Oberfläche, um Vernässungen auszuschließen.

Die mit sog. „Forstboden“ abgedeckten Flächen werden Standortverhältnisse ausweisen, für die folgende potentiellen natürlichen *Pflanzengesellschaften* in Betracht kommen:

Trockener Stieleichen-Birkenwald (Querco-Betuletum typicum),
Buchen-Eichenwald (Fago-Quercetum).

Zur Aufforstung sind demnach folgende Arten geeignet:

Stieleiche, Traubeneiche, Rotbuche, Bergahorn, Sandbirke, Vogelbeere und Aspe. Als vorwüchsige Holzarten können Hybridpappel und Roterle mit verwendet werden. In geringem Umfang kann auch Schwarzkiefer mit eingebracht werden. Als Straucharten kommen Weißdorn, Schlehdorn, Wildrose, Hasel, Salweide und Besenginster in Betracht.

Der mit Löß abgedeckte Standort wird zur Typischen Eichen-Hainbuchenwald-Gesellschaft (Querco-Carpinetum typicum) tendieren.

Zur Anlage von Schutzpflanzungen können folgende Arten verwendet werden:

Stieleiche, Traubeneiche, Winterlinde, Hainbuche, Vogelkirsche, Aspe, Feldahorn, Salweide, Hasel, Hartriegel, Weißdorn, Schlehdorn, Wildrose, Pfaffenhütchen, Wolliger Schneeball und Liguster. Als vorwüchsige Arten sind hier auch Hybridpappel und Roterle geeignet.

3. *Erläuterung der Planung*

Die Gesamtfläche der Kippe Nierchen beläuft sich auf rd. 131 ha Größe. Davon entfallen auf

Hofstelle I	17,0 ha
Hofstelle II	17,5 ha
Hofstelle III	16,5 ha
Aufschließungsweg	1,0 ha
Landwirtsch. Nutzfläche	52,0 ha

Kippenränder (Wald)	79,0 ha	
Gesamtfläche der Kippe	131,0 ha	131,0 ha
Hofstelle IV (Gut Merberich)		22,5 ha
Sonstiges		6,5 ha
Größe des Plangebietes		160,0 ha

Die Flächen der Kippenränder können mit Ausnahme der Aufschließungs- und Bermenwege ausschließlich forstwirtschaftlich genutzt werden.

Die *Gestaltung des Kippenprofils* wird bestimmt durch die unterzubringenden Abraummassen, die geforderte Generalneigung der Kippenränder von 1:3 und die gegebene Höchsterhebung von + 222 m ü. NN. Diese Auflagen bedingen die geringe Neigung der Kippenoberfläche von nur 0,25 % (= 1:400). Aus Gründen der besseren Entwässerung und Kaltluftabführung wäre ein Gefälle von ½ bis 1 % erwünscht. Ohne Verlust von Kippraum wäre eine solche Neigung nur zu erreichen, wenn die nördliche Ecke der Kippenoberfläche auf etwa + 227 ü. NN angehoben und die südliche auf etwa + 200 ü. NN gesenkt würde. Die Kippenränder sind so profiliert, daß sie die Generalneigung von 1:3 einhalten und sich dennoch gut in den Landschaftsraum einfügen. Das kann insbesondere dadurch erreicht werden, daß genügend breite Bermen eingeschaltet und die oberen Böschungen steiler als die unteren ausgebildet werden; so kann die Kippe ohne harte Konturen in die sie umgebende Landschaft übergehen. Weiter trägt die Aufforstung der Kippenränder dazu bei, die Kippe harmonisch in den Landschaftsraum einzugliedern (vgl. Abb. 67 u. 68).

Die *landwirtschaftliche Nutzfläche* auf der Kippe gliedert sich in drei vollarrondierte Bauernstellen. Die Höfe sind zu einer Gruppe zusammengefaßt. Die Flur wird in der Mitte durch eine Hauptschutzpflanzung von 5 m Breite geteilt, die so verläuft, daß sie die Nutzflächen gegen die vorherrschenden Winde aus südwestlicher und die gefährlichen Frühjahrswinde aus östlicher Richtung schützen kann. Das Windschutzsystem wird durch eine etwa West-Ost verlaufende Nebenschutzpflanzung von 3 m Breite und eine Baumreihe ergänzt (vgl. Abb. 67). Schließlich sind die Waldflächen, die die landwirtschaftliche Nutzfläche umgeben und über die obere Böschungskrone hinausgezogen werden müssen, dazu bestimmt, zum Klima-, Wind- und Bodenschutz beizutragen. Bodennahe Kaltluft, die durch Strahlungsfrost entsteht, kann sich auf der Kippenoberfläche infolge ihrer Untergliederung nur in kleinen Mengen ansammeln, zumal der Standort, wenn sich der Wasserhaushalt normalisiert hat, nicht als gefährdet durch schädliche Kaltluft angesprochen werden kann. Soweit sich Kaltluft bildet, wird sie wie das Oberflächenwasser abgeleitet bzw. an den Waldrändern unschädlich gemacht. Im übrigen wird auch für die Nutzflächen der Hofstelle Nr. IV eine Einhägung mit Schutzpflanzungen vorgeschlagen, um schädliche Windeinflüsse auszuschließen.

Die Aufschließung der Kippenoberfläche wird durch die Verbindung der Hofstellen nach Langerwehe und Weisweiler bestimmt. Es ist die kürzeste Verbindung vorgesehen, die bei den gegebenen Höhenunterschieden von über 45 m möglich ist. Die Führung der Wege ist zügig gehalten; scharfe Kurven sind soweit wie möglich vermieden worden. Auch sind Nadelkurven auf den Kippenrändern auf das notwendigste Mindestmaß beschränkt und weit ausgerundet worden, um die Benutzung der Wege durch Schlepper nicht zu beeinträchtigen. Die Steigung des Hauptverbindungsweges nach Langerwehe bewegt sich zwischen 5 und 8 %, so daß alle landwirtschaftlichen Fahrzeuge den Weg ohne Schwierigkeit benutzen können. Die auf den Bermen vorgesehenen Wege sollen ohne Unterbau mit einer Kiesauflage ausgeführt wer-

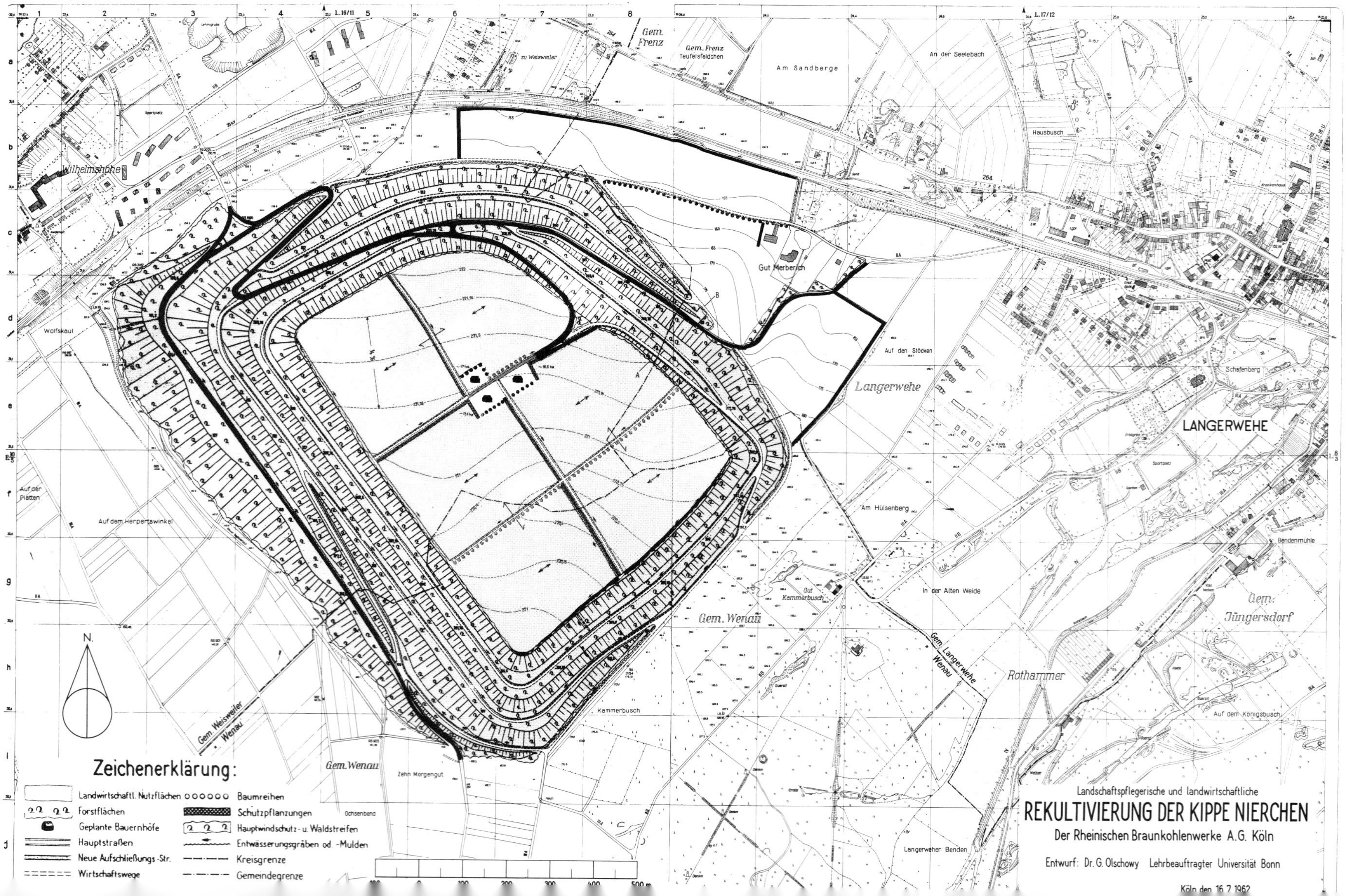
Landschaftspflegerische und landwirtschaftliche
REKULTIVIERUNG DER KIPPE NIERCHEN
Der Rheinischen Braunkohlenwerke A.G. Köln
Entwurf: Dr. G. Olschowy Lehrbeauftragter Universität Bonn
Köln den 16.7.1962
Zeichenerklärung:
Landwirtschaftl. Nutzflächen
Forstflächen
Geplante Bauernhöfe
Hauptstraßen
Neue Aufschließungs-Str.
Wirtschaftswege
Baumreihen
Schutzpflanzungen
Hauptwindschutz- u. Waldstreifen
Entwässerungsgräben od. -Mulden
Kreisgrenze
Gemeindegrenze
N.
LANGERWEHE
Langerwehe
Gem. Jüngersdorf
Rothammer
Gem. Langerwehe
Wenau
Gem. Wenau
Gem. Weisweiler
Gem. Frenz
Teufelsfeldchen
Am Sandberge
An der Seelebach
Hausbusch
Gut Merberich
Auf den Stöcken
Schafenberg
Am Hülsenberg
In der Alten Weide
Gut Kammerbusch
Kammerbusch
Zehn Morgengut
Auf dem Königsbusch
Langerweher Benden
Bendenmühle
Wilhelmshöhe
Wolfskaul
Auf der Platten
Auf dem Herpertswinkel
zu Weisweiler
Ochsenbend

den. Sie können auch als Holzabfuhrwege benutzt werden.

Das System der *Entwässerung* ist weitgehend an das Wegenetz angelehnt. Die Wasserabführung auf der Kippenoberfläche muß wegen des geringen Gefälles besonders sorgfältig geplant werden, um bei Starkregen keine stehende Nässe zu erhalten. Die Gräben müssen durch verschieden tiefen Ausbau dem Wasser einen ausreichenden Ablauf geben. An der Südostseite der Kippe kann das Wasser der Oberfläche direkt in ein noch zu erstellendes Rückhaltebecken am Fuß der Kippe geleitet werden. Das Wasser der Hangflächen ist auf den Zwischenbermen in Gräben aufzufangen, die hangseits der Wege verlaufen. Als Vorfluter dienen der Holzheimer Graben sowie der Graben, der durch Gut Merberich führt, und im weiteren Verlauf die Inde. Die Gräben können als offene Gräben oder als mit Steinen oder Schlacke gefüllte Dränggräben ausgeführt werden, die auf der Sohle mit einem Dränrohr ausgestattet sind (vgl. Abb. 68). Letztere kommen insbesondere für die Entwässerung der landwirtschaftlichen Nutzflächen in Betracht.

Alle nicht landwirtschaftlich nutzbaren Flächen werden mit standortsgemäßen Holzarten aufgeforstet (vgl. Abschnitt 2 „Angaben zum Standort"). Die *Aufforstung* umfaßt demnach vor allem die Böschungen und Bermen der Kippenränder. Um ein Abspülen des Feinbodens von den Böschungen zu verhindern, sollen sie in der Vegetationszeit mit einer Decksaat (z. B. Lupine, Steinklee oder andere Lcguminosen) angesät werden; die aufgehenden Pflanzen sollen den Boden festhalten und mit Stickstoff anreichern. Auf den Böschungen sollen die Gehölze zweckmäßig entweder auf sog. Pflanzterrassen, die bei der Abraumschüttung hergestellt werden, oder in Riefen gepflanzt werden (vgl. Abb. 50).

Auf diese Weise kann das Hangwasser für die Gehölze nutzbar aufgefangen werden. Außerdem lassen sich die Riefen bes-

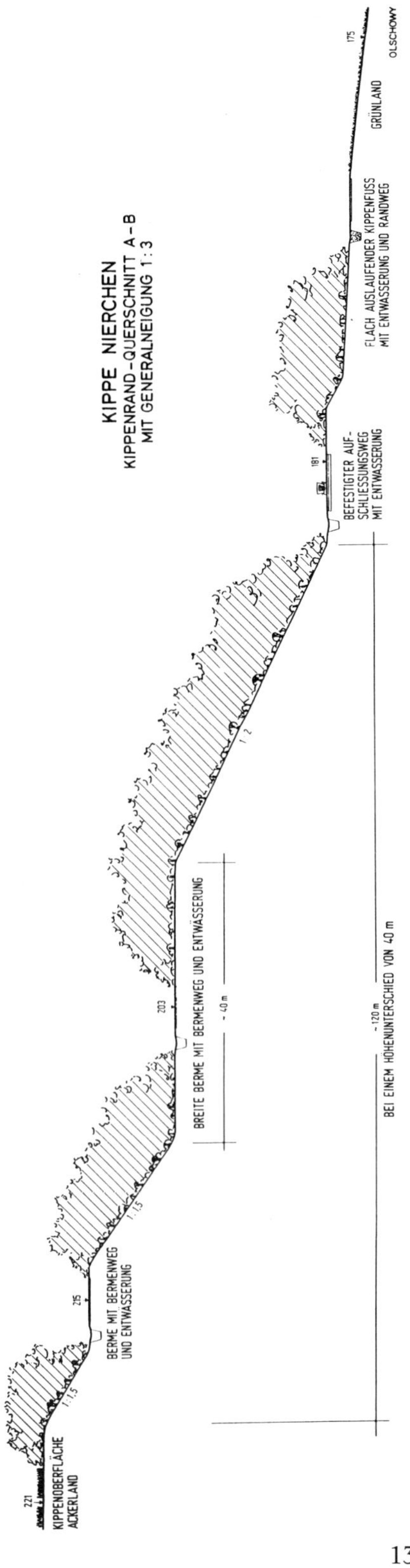

Abb. 68

Abb. 69. Rekultivierte Außenkippe Nierchen (Tagebau Zukunft) im Westrevier. Die aufgeforsteten Kippenränder sind mit einer Generalneigung von 1:3 ausgelegt. (Foto: Rheinbraun)

Abb. 70. Dank der flach ausgebildeten Ränder und ihrer Bewaldung fügt sich die Außenkippe Nierchen gut in die umgebende Landschaft ein. (Foto: Olschowy)

ser unkrautfrei halten und ggf. auch mulchen (= Abdecken der Pflanzflächen mit geeignetem Material). An allen Waldrändern soll ein Waldmantel aus standortsgemäßen Holzarten 2. Ordnung, Groß- und Kleinsträuchern aufgebaut werden, der den Bestand im Waldinnern schützt und die Aufgabe einer ökologischen Übergangszone zur Acker- und Wiesenflur übernehmen kann.

4. Abschließende Bemerkung

Die Lage der Kippe Nierchen am Rande der auslaufenden Venn- und Eifelhöhen, die Profilgestaltung ihrer Ränder und der Aufbau eines allseits umgebenden naturgemäßen Wirtschaftswaldes ermöglichen es, die Kippe unauffällig in den Landschaftsraum einzufügen. Sie wird sich, sobald der Bestand genügend aufgewachsen ist, an die vorhandenen bewaldeten Höhen im Süden anlehnen und harmonisch ihrer Umgebung anpassen (vgl. 69 u. 70).

4.2.3 Beispiel Außenkippe Glessen (mit Kippraum Fortuna/Beißelsgrube/Fischbach)

1. Planungsziel

Die Kippenoberfläche soll mit 2 m Löß überdeckt werden und ist daher so zu profilieren und zu gestalten, daß eine optimale landwirtschaftliche Nutzung möglich ist. Die Erschließungswege sind so anzulegen, daß die Oberfläche auch für Last- und Erntefahrzeuge ohne Schwierigkeiten erreichbar ist. Hierbei ist die Zugehörigkeit der einzelnen Hofstellen zu den jeweiligen Gemeinden zu berücksichtigen. Die Ausbildung und Gestaltung der Kippenränder soll eine gute Eingliederung der Kippe in die umgebende Landschaft ermöglichen. Auf den größeren Landschaftsraum bezogen, muß die Kippe Glessen mit der Kippe Fortuna (Beißelsgrube-Fischbach) als eine Einheit betrachtet werden, die nur durch den Einschnitt der N-S-Bahn getrennt ist. Auf dem Kippraum Fortuna/Beißelsgrube/Fischbach bei Quadrath-Ichendorf entsteht ein geschlossener landwirtschaftlicher Komplex von annähernd 450 ha, der von einem breiten Waldstreifen umgeben ist. Hier wurde die Möglichkeit geschaffen, 23 Hofstellen auszubauen. Für die Gemeinde Quadrath-Ichendorf ist daneben noch ein Siedlungs- und ein Industriegelände vorgesehen (vgl. Abb. 71 u. 72).

2. Erschließung

Die Haupterschließungswege verbinden die Kippenoberfläche der Außenkippe Glessen mit Oberaußem, Glessen und der L 91, Brauweiler, Kl.- und Gr.-Königsdorf und der B 55.

Von allen vorgenannten Orten und Straßen aus kann die Oberfläche ohne die Benutzung von Nadelkurven erreicht werden, was für schwere Lastfahrzeuge von Bedeutung ist. Nur soweit Abkürzungswege benutzt werden, müssen ein oder zwei Nadelkurven in Kauf genommen werden. Die Kehren sind jedoch in den Bermen vorgesehen, so daß ein ausreichend großer Radius ausgebildet werden kann. Die maximale Steigung überschreitet in keinem Falle 5 %, was für den Einsatz von Schlepperfahrzeugen wichtig ist.

3. Entwässerung

Die Entwässerungsgräben werden hangseits entlang der Wirtschafts- und Erschließungswege bzw. am Rand der Kippenoberfläche geführt und alle in den großen Entwässerunsgraben am Kippenfuß eingeleitet. Als Vorfluter können die Brauweiler Ronne und die Kl. Königsdorfer Ronne ausgenutzt werden. Etwa in der Mitte der Kippenoberfläche, wo mehrere

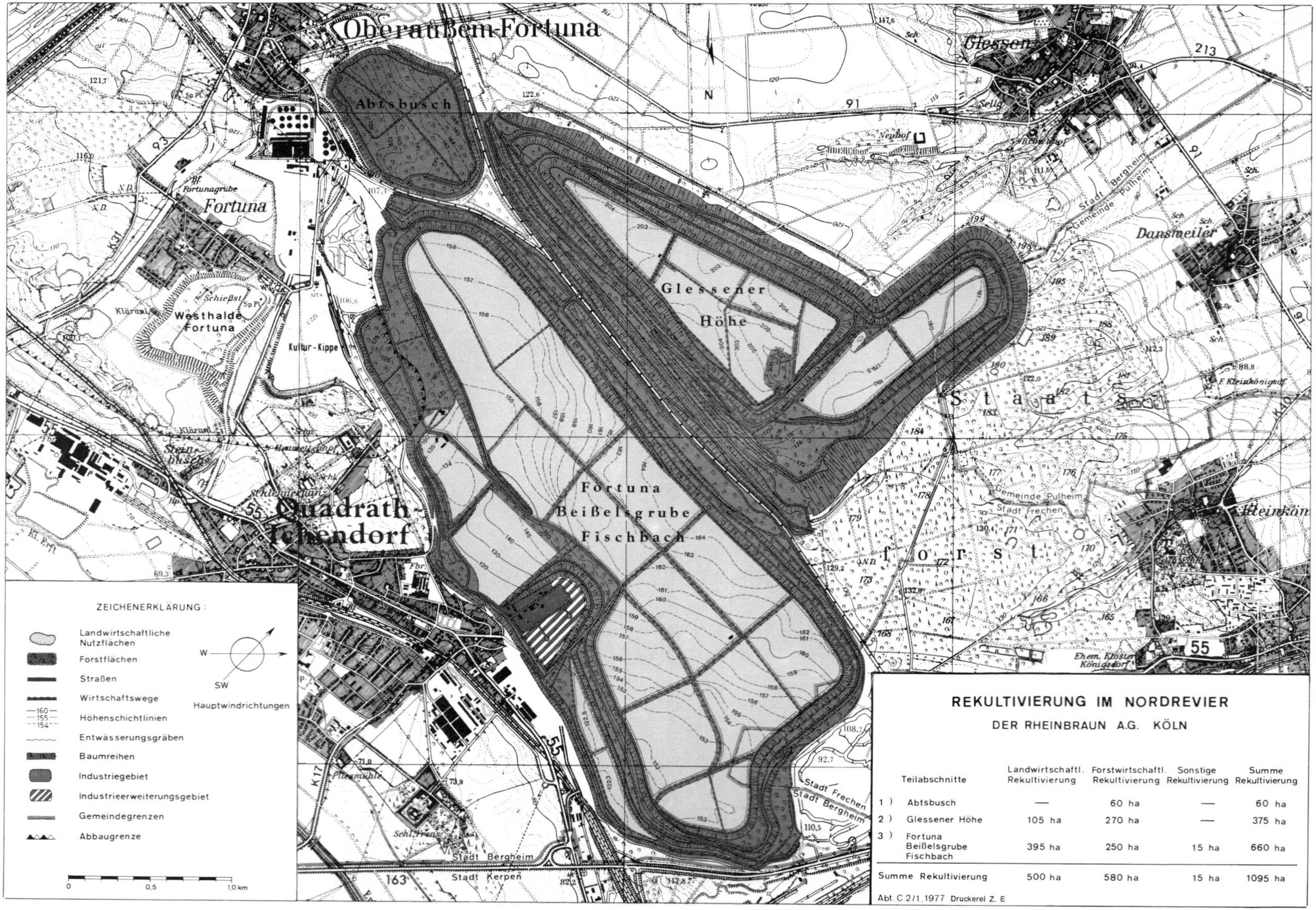
Oberaußem-Fortuna
Abtsbusch
Glessen
Glessener Höhe
Dansweiler
Fortuna Beißelsgrube Fischbach
Westhalde Fortuna
Kultur-Kippe
Fortuna
Quadrath-Ichendorf
Staatsforst
Stadt Bergheim
Gemeinde Pulheim
Stadt Frechen
Stadt Kerpen
ZEICHENERKLÄRUNG:
Landwirtschaftliche Nutzflächen
Forstflächen
Straßen
Wirtschaftswege
Höhenschichtlinien
Entwässerungsgräben
Baumreihen
Industriegebiet
Industrieerweiterungsgebiet
Gemeindegrenzen
Abbaugrenze
Hauptwindrichtungen
0
0,5
1,0 km
REKULTIVIERUNG IM NORDREVIER
DER RHEINBRAUN A.G. KÖLN
Teilabschnitte | Landwirtschaftl. Rekultivierung | Forstwirtschaftl. Rekultivierung | Sonstige Rekultivierung | Summe Rekultivierung
1) Abtsbusch | — | 60 ha | — | 60 ha
2) Glessener Höhe | 105 ha | 270 ha | — | 375 ha
3) Fortuna Beißelsgrube Fischbach | 395 ha | 250 ha | 15 ha | 660 ha
Summe Rekultivierung | 500 ha | 580 ha | 15 ha | 1095 ha
Abt. C 2/1.1977 Druckerei Z. E

Abb. 71

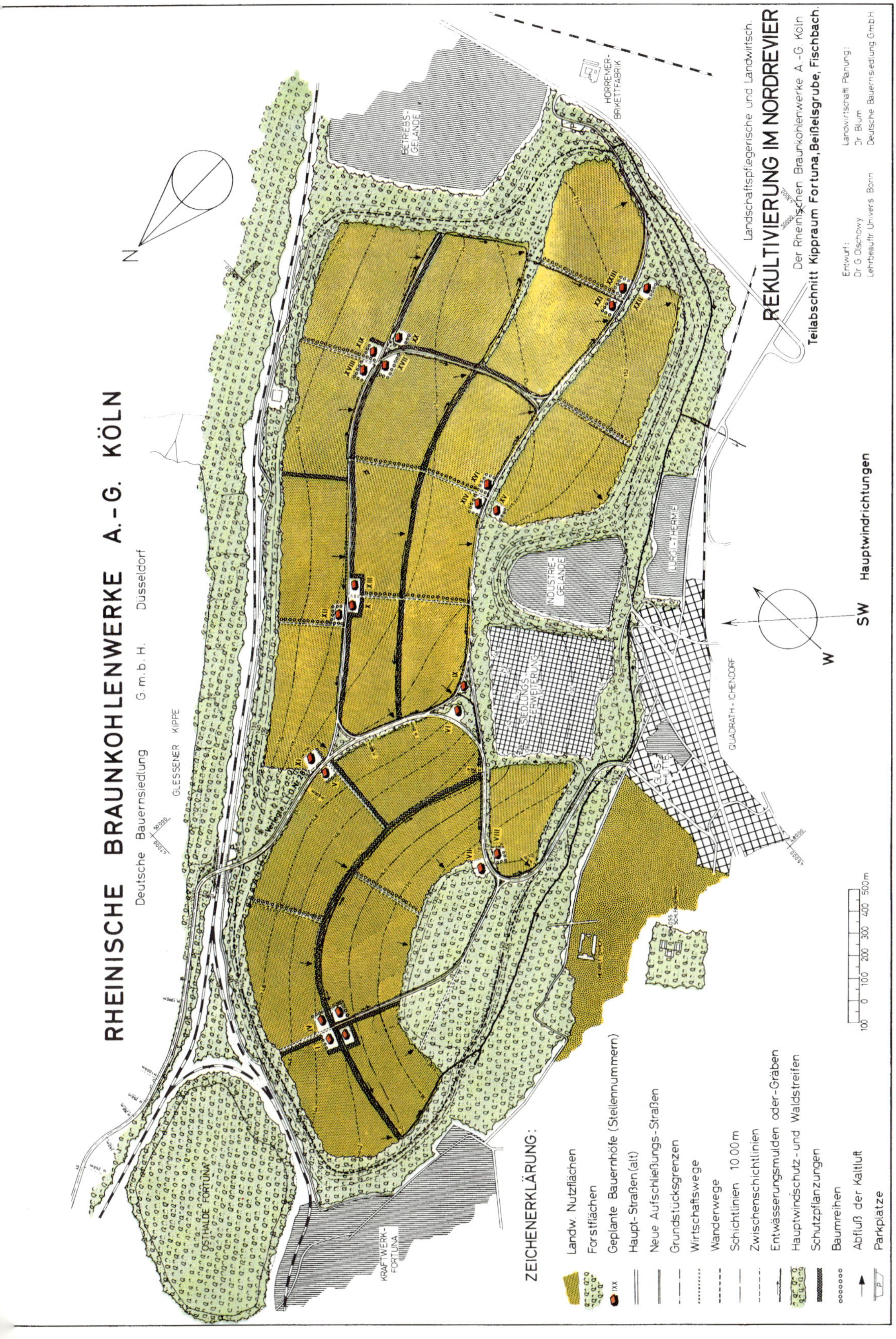
RHEINISCHE BRAUNKOHLENWERKE A.-G. KÖLN
Deutsche Bauernsiedlung G.m.b.H. Düsseldorf
Landschaftspflegerische und Landwirtsch.
REKULTIVIERUNG IM NORDREVIER
Der Rheinischen Braunkohlenwerke A.-G. Köln
Teilabschnitt Kippraum Fortuna, Beißelsgrube, Fischbach.
Entwurf: Dr. G. Olschowy Lehrbeauftr. Univers. Bonn
Landwirtschaftl. Planung: Dr. Blum Deutsche Bauernsiedlung GmbH
ZEICHENERKLÄRUNG:
Landw. Nutzflächen
Forstflächen
Geplante Bauernhöfe (Stellennummern)
Haupt-Straßen (alt)
Neue Aufschließungs-Straßen
Grundstücksgrenzen
Wirtschaftswege
Wanderwege
Schichtlinien 10,00 m
Zwischenschichtlinien
Entwässerungsmulden oder -Gräben
Hauptwindschutz- und Waldstreifen
Schutzpflanzungen
Baumreihen
Abfluß der Kaltluft
Parkplätze
Hauptwindrichtungen
SW
W
N
GLESSENER KIPPE
BETRIEBS-GELÄNDE
HORREMER BRIKETTFABRIK
INDUSTRIE-GELÄNDE
LURGI-THERME
SIEDLUNGS-ERWEITERUNG
QUADRATH-ICHENDORF
GLASHÜTTE
KRAFTWERK FORTUNA
OSTHALDE FORTUNA
100 0 100 200 300 400 500 m

Abb. 72

Entwässerungsgräben zusammengeführt werden, ist ein Wasser-Rückhaltebecken vorgesehen; es steht im Bedarfsfalle zur Beregnung der landwirtschaftlichen Nutzflächen zur Verfügung.

4. Profilgestaltung der Kippenoberfläche

Nur die Nordwestspitze der Kippe ist bereits fertig geschüttet. Die hier vorliegenden geringen Höhenunterschiede erlauben nur ein Gefälle der Oberfläche bis zu 0,4 %. Im Zuge des weiteren Kippvorganges in Richtung SO soll das Gefälle kontinuierlich zunehmen und im unteren Teil am Haupterschließungsweg etwa 0,66 % erreichen. Der Hauptteil der Kippenoberfläche ostwärts des Haupterschließungsweges soll so profiliert werden, daß ein optimales Gefälle von annähernd 1 % erreicht werden kann. Das macht erforderlich, zwei geringe Erhebungen mit + 202 über NN einzuplanen, die nach allen Seiten ein Gefälle von 0,8 bis 1,0 % ermöglichen. Auf diese Weise kann das Oberflächenwasser auch nach mehreren Seiten abfließen.

Im übrigen wird die gesamte Kippenoberfläche durch einen Waldstreifen, der entlang des Haupterschließungsweges verläuft und mindestens 20 m breit ausgebildet werden soll, in 2 getrennte Räume gegliedert.

5. Landwirtschaftliche Nutzung der Kippenoberfläche

Die Auflage von 2 m Löß und die Neigung der Flächen von nicht mehr als 1 % ermöglichen eine ackerbauliche Nutzung im gesamten Bereich der Kippenoberfläche. Die aus der Führung der Wirtschaftswege und dem Verlauf der Schutzpflanzungen sich ergebende Gliederung läßt Grundstücksgrößen von 13 bis etwa 22 ha entstehen. Sämtliche Ackerschläge können erforderlichenfalls in Richtung der Höhenlinien bearbeitet, also „konturgepflügt" werden, was zum Schutz des Bodens gegen Abtrag durch Oberflächenwasser beiträgt. Die Hofstellen sind in Form der Gruppen- oder Weilersiedlung angeordnet mit direktem Anschluß der einzelnen Hofstellen an die dazugehörigen Feldfluren.

6. Gestaltung der Kippenränder

Die Generalneigung der einzelnen Kippenränder schwankt von etwa 1:3,4 am Südwestrand, über 1:3 am Nordrand bis etwa 1:2,8 am Ostrand (vgl. Querschnitte A–B, C–D und E–F). Es ist überall möglich, die oberen Teile der Kippenränder etwas steiler und die unteren etwas flacher auszubilden, als es die Generalneigung vorsieht. Dies sollte auch grundsätzlich angestrebt werden, um eine bessere Eingliederung der gesamten Kippe in die umgebende Landschaft zu erreichen. Die vorgesehenen Zwischenbermen erhöhen die Standfestigkeit der Kippenränder; sie sind außerdem dafür geeignet, die Kehren der Erschließungswege und die Wanderwege aufzunehmen. Mit Ausnahme der Wegeflächen werden die gesamten Kippenränder mit Holzarten der standortsgemäßen Waldgesellschaften aufgeforstet. Der Wald soll einerseits über die Böschungskrone hinweg auf die Kippenoberfläche und andererseits über den Kippenfuß hinaus gezogen und mit Waldmänteln ausgebildet werden. Dies ermöglicht ein besseres Aufleiten der Windströmungen, ein besseres Einfügen der Kippe in die Umgebung und schafft eine ökologische Übergangszone vom Wald zur Feldflur.

7. Boden-, Wind- und Klimaschutz

Der aufgetragene Lößboden ist besonders erosionsempfindlich. Der Schutz des Bodens gegen Abtrag durch abfließendes Oberflächenwasser soll mit folgenden Maßnahmen erreicht werden:

- Ein geringes Gefälle der Nutzflächen von nicht mehr als 1 %,

Abb. 73. Der rekultivierte Tagebau Fortuna-Beißelsgrube-Fischbach (Höhe Schlenderhan) mit der mit Schutzpflanzungen gegliederten Kulturfläche, den bewaldeten Kippenrändern und der Einfügung in die umgebende Landschaft. (Freig. RP Düsseldorf Nr. 18 T 711) (Foto: Rheinbraun)

Abb. 74. Ausschnitt aus dem rekultivierten Tagebau Fortuna-Beißelsgrube-Fischbach (Fischbach Höhe). (Freig. RP Düsseldorf Nr. 18 T 1041) (Foto: Rheinbraun)

- falls nötig Bearbeiten der Ackerschläge in Richtung der Höhenlinien (Konturpflügen),
- ein Beherrschen des Oberflächenwassers infolge geringer Einzugsflächen und mit Hilfe eines Systems von Entwässerungsgräben (= Wasserfanggräben),
- ein System von Bodenschutzpflanzungen.

Dem Schutz der Kulturflächen gegen schädliche Windeinflüsse dienen:

- 2 Hauptschutzpflanzungen in Richtung SSO–NNW mit 5 m Breite gegen die Hauptwinde aus westlicher und östlicher Richtung,
- weitere Zwischen- und Nebenpflanzungen mit 3 m Breite
- und einige zusätzliche Baumreihen.

Außerdem sind an allen Hofstellen schützende Pflanzungen vorgesehen.

Die Abwehr von Kaltluft, die infolge nächtlicher Strahlungsvorgänge entstehen kann, ist mit dem System der Entwässerungsgräben verbunden. Das Wasser-Rückhaltebecken ist ebenfalls in die Kaltluftabwehr eingeschaltet. Im übrigen läßt die starke Untergliederung des Geländes nur jeweils sehr geringe Mengen Kaltluft zusammenströmen, die relativ leicht unschädlich gemacht werden können (vgl. Abb. 73 u. 74).

4.2.4 Beispiel Abbaugebiet Vereinigte Ville

1. Vorbemerkung

Im Hinblick auf die Rekultivierung muß das Südrevier – ungeachtet des zeitlich verschiedenen Ablaufes der Maßnahmen und der unterschiedlichen bergbautechnischen Voraussetzungen in den einzelnen Abschnitten – aus naturräumlichen und landschaftsmorphologischen Gründen als eine Einheit betrachtet werden. Dies trifft in besonderem Maße für den Kippraum Berrenrath und das angrenzende Abbaugebiet der „Vereinigten Ville“ zu. Die im „Landschaftspflegerischen Planungsgutachten für den Kippraum Berrenrath“ vom 15. 4. 1961 dargelegten grundsätzlichen Bemerkungen zur Rekultivierung im Rheinischen Braunkohlengebiet sind auch gültig für das Plangebiet „Vereinigte Ville“ und sollen hier nicht wiederholt werden. Im Grundsatz sind auch die im genannten Gutachten gegenübergestellten technischen, landbaulichen und landschaftspflegerischen Belange die gleichen und können daher auf dieses Gutachten sinngemäß übertragen werden.

Nach Angaben der Landesanstalt für Bodennutzungsschutz (1960) betrug im Südrevier um 1900 das Verhältnis zwischen forstwirtschaftlicher zu landwirtschaftlicher Nutzfläche 50,19:48,18 (1,63 % entfielen auf Siedlungsflächen). Dieses Verhältnis war für den Braunkohlenausschuß der Anlaß, für die Rekultivierung des Südreviers ein Verhältnis von Forstwirtschaft zu Landwirtschaft von 50:50 festzusetzen. Abgesehen davon, daß die frühere Nutzung dieses Raumes nicht unbedingt ein richtiger Maßstab für die heutigen Möglichkeiten und Notwendigkeiten sein muß, so ist das genannte Verhältnis ohne Zweifel nur als Richtschnur zu verstehen. Auf jeden Fall aber kann es nicht bindend für die einzelnen Teilabschnitte des Südreviers sein. Vielmehr wird – bedingt durch den Transportweg des Lößbodens, die verfügbaren Mengen an Abraum und die Art des sonstigen Füllmaterials – im Raume Berrenrath die landwirtschaftliche Rekultivierung den Vorzug haben; im Abbaugebiet der „Vereinigten Ville“ wird infolge der bereits vorhandenen Wald- und Wasserflächen der Erholungscharakter der Landschaft stärker in den Vordergrund treten, und im Raume Donatus kommt nur eine forstliche Rekultivierung in Betracht.

Abb. 75

2. Angaben zum Standort

Das Plangebiet wird begrenzt

- im Nordwesten von der Zieselsmaarer Straße,
- im Südwesten von der Bundesbahn Mödrath–Liblar,
- im Südosten von der Luxemburger Straße bzw. der Bundesbahn Köln–Trier,
- im Nordosten von dem Bertramsjagdweg bzw. von den Industrieanlagen Knapsack-Griesheim.

Die Ville, die dem Plangebiet den Namen gibt, ist ein schmaler, etwa 40 km langer Höhenrücken mit Erhebungen bis zu 150 m über NN. Sie liegt naturräumlich zwischen der Kölner Bucht und der Zülpicher Börde und verläuft in Südost-Nordwest-Richtung zwischen Rheintal und Erfttal von etwa Brühl-Liblar bis Bergheim-Niederaußem. Hier lag das Braunkohlenflöz so nahe an der Oberfläche, daß es unter einer geringmächtigen Decke von Rheinschottern leicht im Tagebau gewonnen werden konnte. Hier liegt das „Altrevier" des Rheinischen Braunkohlenbergbaues, das nahezu abgebaut ist. Der Höhenrücken ist weitgehend verschwunden. Das Bild wird heute vornehmlich durch forstlich rekultivierte Flächen, begrünte Halden, großflächige Restseen und Betriebsflächen der Industrie gekennzeichnet. Dennoch muß auch die inzwischen veränderte Landschaft naturräumlich und landschaftsmorphologisch noch in Beziehung zur Ville gesetzt werden.

Über das *Klima* des Landschaftsraumes liegen vom Wetteramt Essen des Deutschen Wetterdienstes und aus dem „Klima-Atlas von Nordrhein-Westfalen" folgende Angaben vor:

Die mittlere Jahrestemperatur beträgt 9 °C, und die mittlere Niederschlagshöhe liegt zwischen 650 und 700 mm. Das Gebiet liegt östlich der Erfttrockenmulde. Es ist anzunehmen, daß die Stauwirkung des früheren Villerückens bei Regenwolken aus westlicher Richtung zu einer geringen Niederschlagserhöhung führte, die jedoch in Zukunft fortfällt.

Eine Meßreihe in Niederaußem über die prozentuale Windverteilung in den Jahren 1953–1958 ergibt folgendes Bild:

N	NE	E	SE	S	SW	W	NW	Windstille
11	6	6	13	12	15	21	12	4

Das Vorherrschen der Winde aus westlichen Richtungen mit zusammen 48 % ist deutlich, jedoch sind auch die Anteile der Winde aus Südosten, Süden und Norden beachtlich. Die mittlere Windstärke beträgt in Niederaußem 2.6 Beaufort.

In der Beurteilung des Standortes muß zwischen den Flächen unterschieden werden, die bereits aufgeforstet sind, und denen, die zur Auffüllung mit Trockenasche, Industrierückständen und Müll bestimmt sind, mit Löß überzogen und landwirtschaftlich genutzt werden sollen.

a. *Bereits aufgeforstete Flächen*

Die bereits aufgeforsteten Flächen sind sehr differenziert; dies ist darauf zurückzuführen, daß der verwendete Abraum nicht einheitlich ist und außerdem flächenweise geringe Mengen Lößboden beigemischt worden sind. Weiter läßt die sehr unebene Beschaffenheit der Geländeoberfläche das Grundwasser verschieden hoch anstehen, so daß gebietsweise ausgesprochene Naßstellen anzutreffen sind. Schließlich ist in einigen Teilen, durch die unmittelbare Nähe von Brikettfabriken und Kraftwerken bedingt, eine mehr oder weniger starke Bodenauflage von Braunkohlenflugasche festzustellen, die den pH-Wert des Bodens nach der alkalischen Seite hin beeinflußt. Diese unterschiedlichen Standortsverhältnisse bedingen eine beträchtliche Variation der potentiellen natürlichen *Waldgesellschaften*, die hier anstehen. Sie reichen

vom Trockenen Eichen-Kiefern-Wald und Trockenen Stieleichen-Birkenwald (Querco-Betuletum tipicum) – auf trockenen und ärmeren Standorten – über den Buchen-Eichen-Wald (Fago-Quercetum), Typischen Eichen-Hainbuchen-Wald (Querco-Carpinetum typicum)
und Feuchten Eichen-Hainbuchenwald (Querco-Carpinetum stachyetosum) – auf kräftigen, basenreicheren und frischen Standorten – bis zum Erlen-Eichen-Wald und Erlen-Bruchwald (Carici elongatae-Alnetum) – auf feuchten Standorten –.

Als geeignete Nutzholzarten für die Aufforstung bzw. Umwandlung der derzeitigen Bestände in naturgemäße Wirtschaftswälder kommen demnach – den örtlichen Standortsbedingungen jeweils entsprechend – in Betracht:

Rotbuche, Stieleiche, Traubeneiche, Bergahorn, Bastardpappel, Hainbuche, Kiefer und in geringem Maße, soweit es der Standort erlaubt, auch Winterlinde, Esche, Weißweide, Lärche, Fichte und Douglasie.

Als Füllholzarten sind geeignet:

Sandbirke, Vogelbeere, Vogelkirsche, Aspe und Feldahorn.

Zum Aufbau von Bestandsmänteln (Waldrändern) können zusätzlich verwendet werden:

Weißdorn, Schlehdorn, Wildrose, Hartriegel, Salweide, Liguster, Pfaffenhütchen, Wasser- und Wolliger Schneeball.

b. *Geplante landwirtschaftliche Nutzflächen*

Die künftigen landwirtschaftlichen Nutzflächen werden

entlang der Zieselsmaarer Straße mit Braunkohlen-Trockenasche (9 Mio. m^3),

südlich des Kierberger Sprunges mit Braunkohlen-Trockenasche (30 Mio. m^3),

daran anschließend mit Industrierückständen (20 Mio. m^3),

daran anschließend mit Müll der Stadt Köln (20 Mio. m^3)

und südlich des Vorflutgrabens mit Abraum (9 Mio. m^3)

aufgefüllt. Über die Beschaffenheit der *Braunkohlen-Trockenasche,* die mit 5–10 % Abwasserklärschlamm gemischt ist, liegt ein Gutachten von Prof. Dr. KICK vom 16. 11. 1959 vor. Die Untersuchungsergebnisse zeigen pH-Werte von 9–11,7. Diese Alkalität wird für Pflanzen bereits als toxisch bezeichnet, so daß diese Schichten als Wurzelraum für die Kulturpflanzen ausfallen, solange die Reaktion bei pH-Werten über 10 liegt. Auch der festgestellte Elektrolytgehalt des Materials dürfte das Eindringen der Pflanzenwurzeln zumindest anfangs erschweren. Solange die Wurzeln in diese Schichten nicht eindringen, ist auch nicht mit einer Wassernachlieferung aus dem Untergrund zu rechnen, weil die Wasserbewegung von unten nach oben durch kapillare oder osmotische Kräfte kaum eine Bedeutung für die Wasserversorgung der aufliegenden Lößschicht haben dürfte; durch die höheren Elektrolytkonzentrationen der Asche sei sogar noch eher damit zu rechnen, daß Wasser nach unten gezogen wird. Vor allem in den ersten Jahren nach der Aufschüttung ist daher mit einem stärkeren Wandern des freibeweglichen Bodenwassers nach den tieferen Schichten hin zu rechnen. Eine 1,0 bis 1,2 m starke Lößschicht dürfte nur etwa 200 bis 250 mm Niederschlag speichern. Somit werden voraussichtlich besonders in den ersten Jahren zusätzliche Wassermengen erforderlich sein; d. h. gegebenenfalls eine Beregnungsanlage muß die fehlenden Bodenwasservorräte ersetzen, die die Pflanzen sonst aus tieferen Bodenschichten heraufholen können.

Die zur Auffüllung verwendeten *Industrierückstände* kommen aus der chemischen Industrie Knapsack. Sie bestehen u. a. aus Phosphorasche, Kabidkalk u. dergl. mehr. Eine genaue Analyse des Materials liegt z. Z. nicht vor. Zu gegebener Zeit muß daher geprüft werden, wie sich die Wurzeln der Kulturpflanzen gegenüber diesem Material verhalten.

Die aus Grobmüll, Mittelmüll und Feinmüll bestehenden *Siedlungsabfälle* sind jahreszeitlich verschieden. In den Wintermonaten ist der Anteil des aschereichen Feinmülls am größten und der Anteil an Grobmüll am kleinsten, während es in den Sommermonaten umgekehrt ist. Der Mittelmüll mit sehr viel organische Substanz schwankt im Laufe des Jahres nur in sehr geringen Grenzen. Zu den vorwiegend organischen Stoffen, die als Bestandteile des Hausmülls in Frage kommen, zählen

Gemüse- und Speisereste, Horn, Knochen, Papier, Pappe, Stroh, Holz, Textilien, Lumpen, Lederabfälle, Gummi und Kunststoffe.

Zu den mineralischen Bestandteilen des Hausmülls gehören:

Sand, Steine, Asche, Schlacke, Salze, Metalle, Glas, Porzellan und Tonscherben.

Die organische Substanz bildet einen wesentlichen und in hohem Maße wertbestimmenden Anteil des Siedlungsmülls, sofern er für Zwecke des Landbaues verwendet wird. Von dieser organischen Substanz ist für die Pflanze nicht alles wertvoll, sondern nur der wirksame oder aktive Anteil. Unter der „wirksamen organischen Substanz" versteht man zwei Gruppen von organischen Stoffen. Es sind dies einmal jene Stoffe, die den Mikroorganismen als Nahrungs- und Energiequellen dienen und damit die Mikroflora fördern; sie bilden den sog. Nährhumus. Zum anderen sind es die echten Humusstoffe oder „Huminstoffe", die gegenüber dem biologischen Abbau recht beständig sind; aus ihnen entsteht der wertvolle Dauerhumus, der für die Bildung der stabilen Ton-Humus-Komplexe und für die Nährstoffspeicherung besonders bedeutungsvoll ist. Unter der nicht wirksamen oder inaktiven organischen Substanz sind jene Stoffe zu verstehen, die praktisch weder von den Mikroorganismen verwertet werden können noch auch die für die Humusstoffe charakteristischen Eigenschaften besitzen; es sind im wesentlichen Koks- und Kohleteilchen, kork- und lederartige Substanzen und auch manche Kunststoffe.

Für den landwirtschaftlichen Pflanzenbau liegt das Verhältnis der Nährstoffe von $N : P_2O_5 : K_2O : CaO$ bei 1 : 0,7 : 1,6 : 1,25. Im Vergleich dazu weisen die Siedlungsabfälle ein Verhältnis von 1 : 0,6 : 2,3 : 4 auf. Abgesehen von der recht gut alkalisierenden Wirkung des aus der Asche stammenden Kalkes ($CaCO_3$ und $MgCO_3$) werden die übrigen Nährstoffe jedoch, bezogen auf den Gesamtnährstoffgehalt, nicht so gut ausgenutzt wie bei den in der Landwirtschaft gebräuchlichen Düngemitteln.

Neben einem möglichst hohen Gehalt an organischer Masse und Pflanzennährstoffen ist für den Landbau noch wichtig, daß der Müll frei von schädlichen Stoffen und Krankheitserregern ist und möglichst wenig nutzlose Ballaststoffe, wie Bauschutt, Schlacken und Scherben, enthält (für die Verwendung des Mülls als Füllmaterial im Abbaugebiet der „Vereinigten Ville" sind die Ballaststoffe jedoch von untergeordneter Bedeutung). Schließlich muß berücksichtigt werden, daß die Trink- und Brauchwassergewinnung dadurch beeinträchtigt werden kann, daß lösliche Müllbestandteile, wie lösliche Alkali- und Erdalkalisalze und lösliche Stickstoffverbindungen, das Grundwasser mit Salzen anreichern können. Diese Bedenken treten hier jedoch zurück, weil das Grundwasser aus Bereichen unterhalb einer mächtigen, abdichtenden Tonschicht gewonnen werden kann. Insgesamt gesehen wird jedoch Siedlungsmüll als Füllmaterial für Flächen des Landbaues besser geeignet sein als Trockenasche oder chemische Industrierückstände.

Der auf das vorliegende Füllmaterial aufzubringende *Lößboden* wird vornehmlich aus dem Raume Frimmersdorf kommen. Nach Angaben von MÜCKENHAUSEN (1955) zeigt der sehr ähnliche Löß aus Fortuna je nach Horizont einen CaO-Gehalt von 141–277 mg/100 g Boden und einen pH-Wert von 6,5–8 (in H_2O) bzw. von 6,3–7,4 (in KCl). Die Bodenreaktion weicht also nur gering in den sauren oder alkalischen Bereich ab. Weitere Angaben über den hier zur Verwendung kommenden Lößboden, seine Struktur, seinen Wasserhaushalt und sein Verhalten gegenüber dem Bodenabtrag (Bodenerosion) durch Oberflächenwasser sind dem „Landschaftspflegerischen Planungsgutachten für den Kippraum Berrenrath" vom 15. 4. 1961 (Abschnitt 4.2.1) zu entnehmen. Auf den künstlichen Lößstandorten können als potentielle natürliche Pflanzengesellschaften der Typische Eichen-Hainbuchenwald (Querco-Carpinetum typicum) mit gebietsweiser Tendenz zum Feuchten Eichen-Hainbuchenwald (Querco-Carpinetum stachyetosum) angenommen werden. Für die Anlage von Schutzpflanzungen kommen demnach folgende Holzarten in Betracht:

- als Baumarten 1. und 2. Ordnung: Stieleiche, Traubeneiche, Winterlinde, Hainbuche, Vogelkirsche, Aspe, Feldahorn und Hybridpappel;
- als vorwüchsige Holzart: Roterle;
- als Straucharten: Salweide, Hasel, Hartriegel, Weißdorn, Schlehdorn, Wildrose, Pfaffenhütchen, Liguster, Wasserschneeball und Wolliger Schneeball.

3. *Gedanken zur bisherigen und zur künftigen Rekultivierung der „Vereinigten Ville“*

a. *Bisherige Rekultivierungsmaßnahmen*

Die *Aufforstungen* im Plangebiet gehen bis auf das Jahr 1935 zurück. In den ersten Jahren wurden vornehmlich Nadelholzbestände, besonders aus Kiefer und Lärche, begründet. In der unmittelbaren Nachkriegszeit von 1945–1948 sind in recht bunter Mischung Bestände aus Esche, Roteiche, Stieleiche, Bastardpappel, Rotbuche, Lärche, Fichte und Kiefer aufgebaut worden. Die Mischungen wechseln häufig und sind zumeist auf jeweils kleine Flächen beschränkt. Diese Forstbestände sind nicht alle befriedigend, was z. T. auf die damals schwierige Beschaffung und die schlechte Herkunft des Pflanzgutes zurückzuführen ist. Mit dem Jahre 1950 setzten ausgedehnte Pflanzungen mit Bastardpappeln, zumeist Robustatypen, ein, die anfänglich nur mit Roterle, später auch mit Rotbuche und anderen Laubholzarten gemischt wurden. Soweit nicht ausgesprochen stagnierende Nässe ansteht, sagt der Standort – es ist zumeist verkippter Abraum mit ausreichend Luft, Wasser und Kalk im Boden – der Bastardpappel gut zu. Einige mehrjährige Bestände zeigen gutes Höhenwachstum und gut ausgebildete gerade Schäfte.

Die meisten annähernd monokulturartigen Bestände haben einen Zeitpunkt erreicht, der es angebracht erscheinen läßt, sie nunmehr in einen standortsgemäßen Laub-Mischwald umzuwandeln, was bereits eingeleitet ist. Zuvor müssen die vernäßten Flächen durch eine Dränung mit offenen Gräben in ihrem Wasserhaushalt verbessert werden. Bei der Umwandlung der Bestände sollten für die Artenwahl die unter Abschnitt 2a genannten potentiellen natürlichen Waldgesellschaften Richtschnur sein, wobei jedoch die Nutzholzgewinnung zu berücksichtigen ist. In stärkerem Maße sollen daher künftig Rotbuche, Stieleiche, Traubeneiche, Bergahorn und auf einigen besseren Standorten auch beschränkt Lärche eingebracht werden. Bei der Umwandlung der Forstbestände in Mischwälder ist davon auszugehen, daß dieses Gebiet in Zukunft steigende Bedeutung als Erholungslandschaft, insbesondere für die Großstadt Köln, erlangen wird. Es muß daher eine Synthese zwischen dem erforderlichen Ertrag an Nutzholz einerseits und der Aufgabe als Erholungswald andererseits angestrebt werden. Das Leitbild des künftigen Waldes in diesem Gebiet muß daher der naturgemäße Wirtschaftswald sein, der plenterartig zu bewirtschaften ist.

Für alle Bestände wird empfohlen, einen Bestandsmantel (Waldrand) mit geeigneten standortsgemäßen Holzarten aus Bäumen 2. Ordnung und Sträuchern aufzubauen. In Betracht kommen Vogelbeere, Vogelkirsche, Aspe, Feldahorn, Weißdorn, Wildrose, Hasel, Salweide, Hartriegel, Schlehdorn, Liguster, Pfaffenhütchen, Wasserschneeball und Wolliger Schneeball. Der Bestandsmantel wirkt sich zunächst auf die Werthölzer im Innern vorteilhaft aus, da Aushagerungen des Bodens und der Bodenflora durch Windeinfluß verhindert werden; außerdem wird hierdurch der Wert des Waldes für die Landschaft beträchtlich erhöht. Der Waldrand ist auch der Übergang zu den landwirtschaftlichen Nutzflächen und für diese von besonderem biologischem Wert. Die Klein- und Kleinstlebewelt im Bereich des Waldrandes kommt den Ackerflächen zugute, deren Biologie durch die ständige Bodenbearbeitung immer wieder gestört und auch zerstört wird, indem sie vom Waldrand her ständig neu belebt werden.

Die bislang rekultivierten *landwirtschaftlichen Flächen* liegen im Gelände verteilt und entsprechen vor allem in ihrem Zuschnitt noch nicht den jetzigen Anforderungen, die an landwirtschaftliche Nutzflächen gestellt werden. Einige dieser Flächen werden zudem noch durch die künftige Autobahntrasse zerschnitten und weisen überdies einen oberflächennahen Grundwasserstand auf, der die Bearbeitung erschwert. Hier erscheint eine Aufforstung zweckmäßig, wodurch auch der angestrebte Wald-Seen-Gürtel zusammenhängend gestaltet werden kann. Der Entwurfsplan sieht dementsprechend eine Aufforstung vor.

b. *Künftige Rekultivierungsmaßnahmen*

Im Plangebiet sind für eine künftige Rekultivierung im wesentlichen die noch zuzukippenden Flächen im Mittelteil und entlang der Zieselsmaarer Straße vorgesehen. Mangels verfügbarem Abraum sind die in Abschnitt 2b näher erläuterten Füllmaterialien (Trockenasche, Industrierückstände und Müll) zur Aufschüttung vorgesehen, die mit Löß überzogen werden. Eine forstliche Rekultivierung scheidet daher aus. Die Flächen sind als geschlossene landwirtschaftliche Areale zu behandeln, die durch Schutzpflanzungen gegliedert werden. Die erhöhten Anforderungen, die der Landbau heute an die landwirtschaftlichen Grundstücke stellt, sind im „Landschaftspflegerischen Planungsgutachten für den Kippraum Berrenrath“(Abschn. 4.2.1) eingehend erläutert; sie haben für dieses Gebiet dieselbe Gültigkeit. Ohne Zweifel bedeutet das hier verwendete Füllmaterial, insbesondere aber die Braunkohlentrockenasche und die Industrierückstände, einen schlechteren Untergrund als ton- und schluffreiches Abraummaterial. Wenn auch der Hauptwurzelraum der meisten Kulturpflanzen in den oberflächennahen Schichten des Bodens liegt und die Nährstoffe zumeist der obersten Schicht von 25 bis 30 cm entnommen werden, so dringen die Wurzeln einiger Kulturpflanzen auch sehr tief in den Boden ein. Dies kommt insbesondere dem Wasserhaushalt des Bodens zugute. Daher sollte die Ausbildung scharfer Horizonte im Boden, die durch Schichten mit sehr unterschiedlichen und für die Pflanzenwurzeln nicht zuträglichen Materialien bedingt ist, vermieden werden. Entweder muß die Auflage von Kulturboden so stark sein, daß der Untergrund für das Pflanzenwachstum von untergeordneter Bedeutung ist, oder es muß eine genügend starke Schicht zwischen dem vegetationsfreundlichen und vegetationsfeindlichen Material eingebracht werden. Abgesehen davon, daß es aus kipptechnischen Gründen nicht möglich ist, wäre es jedoch aus Gründen einer besseren Bodennutzung erwünscht, die Braunkohlen-Trockenasche und die Industrierückstände über die ganze Fläche als unterste Schicht einzubringen und den Müll als Übergangsschicht zum Löß zu verkippen. Zwischen dem Landesministerium für Ernährung, Landwirtschaft und Forsten und der Rheinischen Braunkohlenwerke AG ist in einem Abkommen für diesen Raum eine Lößauflage von einem Meter festgelegt worden.

4. *Erläuterung der vorgeschlagenen Maßnahmen*

Die Fläche des Plangebietes gliedert sich wie folgt auf:

a. *Fläche bis zur Luxemburger Straße*

Forstflächen		703,41 ha	= 43,18 %
Landw. Flächen		584,45 ha	= 35,88 %
vorhanden	147,71 ha		
neu geplant	414,29ha		
Schutzpflanzungen	8,35 ha		
Wirtschaftswege und Entwässerungsgräben	14,10 ha		
Wasserflächen		150,00 ha	= 9,21 %
Betriebsflächen der Industrie (ausschließlich Wasserflächen) und Industrie-Erweiterungsfläche für Liblar		138,28 ha	= 8,49 %
Siedlungserweiterungsfläche für Kierdorf		17,38 ha	= 1,07 %
Geplante Autobahn		18,20 ha	= 1,11 %
Wege, Gräben usw.		17,29 ha	= 1,06 %
		1629,01 ha	= 100,00 %

b. *Fläche ostwärts der Luxemburger Straße*

Forstflächen	109,38 ha	
Wasserflächen	56,38 ha	
Siedlungs-Erweiterungsfläche für Liblar	4,93 ha	
Geplante Autobahn	4,30 ha	
	174,99 ha	1804 ha

Die bereits vorhandenen *Forstflächen* sind mit Ausnahme eines Streifens mit weniger wertvollen Neukulturen in den Entwurfsplan übernommen worden. Vorschläge für eine Umwandlung in naturgemäße Wirtschaftswälder mit Erholungswert sind bereits in Abschnitt 3a niedergelegt. Soweit im nördlichen Teil eine Trennung der landwirtschaftlichen Flächen gegenüber Industrie- und Siedlungsgebieten erforderlich wird, ist eine neue Forstfläche ausgewiesen worden. Im übrigen sind die vorhandenen Flächen dort gering ergänzt worden, wo dies aus Gründen eines besseren Zuammenhanges erwünscht ist.

Die neugeplanten *landwirtschaftlichen Nutzflächen* sind in der Mitte des Plangebietes und entlang der Zieselsmaarer Straße angeordnet worden, also dort, wo die Flächen noch aufgefüllt werden müssen. Die nördliche Grenze der mittleren Nutzfläche bildet der sog. Kierberger Sprung. So entsteht ein großes geschlossenes landwirtschaftliches Areal, das allseits von Wald umgeben und gegenüber Industrie- und Siedlungsgebieten klar abgetrennt ist.

Die Grundsätze für die landwirtschaftliche Rekultivierung sind in Zusammenarbeit mit der Deutschen Bauernsiedlung GmbH und dem landwirtschaftlichen Sachverständigen der Rheinischen Braunkohlenwerke AG aufgestellt worden. Die neugeplanten Nutzflächen sind in 20 Bauernhöfe mit Grundstücksgrößen von etwa 15–28 ha gegliedert. Auf den bereits früher rekultivierten Flächen können weitere 8 Bauernhöfe errichtet werden, so daß im Plangebiet insgesamt 28 Bauernstellen entstehen können. Sie sind in Gruppen und Weilern von 2 und 3 Hofstellen ausgelegt; jedoch sollte ggf. der eingetretenen Entwicklung Rechnung getragen und die Höfe zu größeren Gruppen zusammengefaßt werden.

Einer möglichen Bodenerosion durch Oberflächenwasser, gegen die der aufgebrachte Lößboden besonders empfindlich ist – vgl. „Landschaftspflegerisches Planungsgutachten für den Kippraum Berrenrath“ (Abschn. 4.2.1) ist durch das geringe Gefälle und die reliefnahe Bodenbearbeitung ausreichend entgegengewirkt. Als weitere Maßnahme zum *Bodenschutz* dienen die West-Ost, annähernd mit den Höhenlinien verlaufenden Bodenschutzpflanzungen von 3 und 5 m Breite. Sollte bei Auftreten von extremen Starkregen dennoch Oberboden abgeschwemmt werden, so kann er sich im Bereich dieser Pflanzungen absetzen, ohne dem Vorfluter zugeleitet zu werden.

Die *Aufschließung* des Geländes sieht eine West-Ost-Verbindung von Kierdorf nach Hürth mit Anschluß an die Zieselsmaarer und die Luxemburger Straße sowie eine Nord-Süd-Verbindung von Knapsack nach Liblar mit Anschluß an den Bertramsjagdweg und die Luxemburger Straße vor. Von diesen Hauptaufschließungswegen sind alle Hofstellen leicht zu erreichen. Die Fläche an der Zieselsmaarer Straße und die älteren Grundstücke sind gesondert aufgeschlossen; sie sind jedoch mit den Hauptaufschließungswegen verbunden. In dem vorgeschlagenen Wegenetz sind im übrigen die bereits vorhandenen Wege weitgehend ausgenutzt.

Die *Entwässerung* des Plangebietes ist wie folgt geregelt: Die Vorflutgräben münden in die vorhandenen Seen und Teiche, die untereinander verbunden sind und einen Abfluß über einen Stollen und den Erftmühlenbach zur Erft haben. Das Grabensystem sieht im einzelnen Auffanggräben entlang der Wirtschaftswege und des West-Ost-Aufschließungsweges und Ableitungsgräben entlang des Nord-Süd-Aufschließungsweges und am Waldrand an der Westseite des großen landwirtschaftlichen Areals vor. Als Vorfluter dient künftig der Verbindungsgraben vom Liblar-See zum großen Kierdorfer See, in den die Ableitungsgräben eingeführt werden. Dieser Verbindungsgraben hätte an sich ein Gefälle von nur 1,28 ‰. Um dieses sehr geringe Gefälle auf 1,71 ‰ erhöhen zu können, müssen einige langgestreckte Wasserflächen eingeschaltet werden, so daß sich die Grabenstrecke bei gleichbleibendem Gesamtgefälle (Liblar-See +98,5 NN und Kierdorfer See +94,0 NN) von 3500 m auf 2600 m verkürzt. Die landwirtschaftliche Fläche an der Zieselsmaarer Straße entwässert gesondert in die Kierdorfer Teiche. Für die Entwässerung der landwirtschaftlichen Flächen wäre ein Gefälle von 1 % wünschenswert. Da jedoch zur Auffüllung des Mittelteiles anstelle der ursprünglich vorgesehenen 90 Mio. Füllmaterial nur 70 Mio. genehmigt worden sind, muß das Gefälle flächenweise bis auf ½ % verringert werden.

Da der Untergrund, insbesondere der landwirtschaftlichen Nutzfläche, sehr unterschiedlich ist und das Verhalten der Füllmaterialien gegenüber dem Wasser und damit der künftige Wasserhaushalt des Bodens überhaupt noch nicht voll zu übersehen ist, wird zu gegebener Zeit zu überprüfen sein, wieweit und auf welchen Flächen die vorgesehene Entwässerung mit offenen Gräben und Mulden durch eine unterirdische Dränung ergänzt werden muß. Sollte dagegen der Wasserbedarf der Kulturpflanzen nicht gedeckt sein, so ist eine Bewässerung vorzusehen.

Der *Abfluß der Kaltluft* ist wie folgt geregelt: Die aus dem Südwestteil des Berrenrather Gebietes durch die hainartige Baumpflanzung zuströmende Kaltluft wird ohne Hindernis zu den Kierdorfer Teichen geleitet. Im übrigen ist der Kaltluftabfluß auf das Entwässerungssystem abgestimmt. Da das landwirtschaftliche Gebiet durch Schutzpflanzungen gegliedert ist, können jeweils nur geringe Mengen Kaltluft zusammenströmen. Sie sammeln sich entweder an den West–Ost verlaufenden Pflanzungen im Bereich der Wege, von wo sie zum Ableitungsgraben oder in den Wald gelangen, oder strömen unmittelbar zum Ableitungsgraben, der am Waldrand und Waldstreifen entlangführt. Soweit die Kaltluft nicht bereits durch den temperaturerhöhenden Effekt des Waldes unschädlich gemacht wird, fließt sie zu den südlich gelegenen Teichen ab, wo sie sich erwärmen kann.

Einige Flächen können ihre Kaltluft direkt auf Wasserflächen ableiten.

Um einen ausreichenden *Windschutz* zu erreichen, ist einmal eine Hauptschutzpflanzung von 10 m Breite entlang des Nord-Süd-Aufschließungsweges gegen die vorherrschenden Winde aus westlicher Richtung und auch gegen die gefährlichen Winde aus östlicher Richtung vorgesehen. Sie wird ergänzt durch eine südlich anschließende und weiter eine parallel verlaufende Schutzpflanzung von 5 m Breite. Nebenpflanzungen von 3 m und 5 m Breite und Zwischenpflanzungen in Form von Baumreihen gegen Winde aus nördlicher und südlicher Richtung vervollständigen das Windschutzsystem. Im übrigen sind die landwirtschaftlichen Nutzflächen allseits durch angrenzende Wälder geschützt, die auch dafür geeignet sind, vorteilhafte Klimaräume mit guten Wachstums- und Ertragsbedingungen zu schaffen. Der Schutz der Einzelhöfe ist im Entwurfsplan angedeutet; er kann jedoch erst endgültig geplant werden, wenn die Grundrisse der Hofstellen vorliegen. Gegenüber dem Betriebsgelände der Industrie ist eine breite Trennpflanzung vorgesehen. Der nördlich des Kierberger Sprunges geplante neue Wald hat die Aufgabe, die landwirtschaftliche Nutzfläche gegenüber einer möglichen Industrieerweiterung ausreichend zu schützen.

Die Gesamtgestaltung des Plangebietes ist darauf abgestellt, den berechtigten *Belangen des Erholungsverkehrs*, der hier erhöhte Bedeutung gewinnt, gerecht zu werden. So ist Wert darauf gelegt worden, einen zusammenhängenden Wald-Seen-Gürtel um das in der Mitte liegende landwirtschaftliche Areal zu schaffen. Dieser Gürtel beginnt mit dem neugeplanten See im Südteil des Berrenrather Gebietes und führt über die Kierdorfer Teiche und den Liblar-See bis zum Bleibtreu-See. (Später könnte er durch eine Aufforstung des jetzigen Betriebsgeländes der Industrie ergänzt werden.) Die Seen sind von Wald umgeben. Wanderwege verlaufen, immer durch Wald führend, vom Berrenrather Gebiet zu allen Seen des Villegebietes. Im übrigen erschießen Fahrwege mit ausreichenden Parkplätzen das Wald-Seen-Gebiet. Am Liblar-See könnte unter Ausnutzung vorhandener Baulichkeiten ein Restaurant eingerichtet werden. Nähere Angaben über die Gestaltung der Seen als Erholungsgewässer und ihre Einfügung in den Landschaftsraum sind dem folgenden Abschnitt 5 zu entnehmen.

5. *Zur Gestaltung der Restwasserflächen*

Die im Villegebiet verbliebenen Restseen und -teiche mit zusammen über 200 ha Größe bestimmen den Charakter dieser Landschaft weitgehend. Der Planungsvorschlag ist darauf abgestellt und weist den Wasserflächen besondere Aufgaben zu. Der Bleibtreu-See und der Liblar-See sind vornehmlich für den Erholungsverkehr bestimmt. Badeanstalten mit Strandflächen, Bootsverleihe und Möglichkeiten für Wasserski- und Segelsport sind hier vorgesehen. Die Kierdorfer Teiche mit ihrer Umgebung, die abseits der Verkehrsstraßen liegen, sollen hingegen der landschaftlichen Fauna, insbesondere den Wasservögeln, dem Niederwild und dem Fischbestand, als besonderes Reservat vorbehalten und daher vom Massenverkehr der Erholungsuchenden verschont bleiben. Der Wert der Seen als Erholungsgewässer bzw. als landschaftsökologische Gewässer ist abhängig von der Gestaltung ihrer Ufer. Sie sollen zunächst flach, möglichst nicht steiler als 1:3 ausgezogen werden und ausgerundet, ohne daß Böschungsfuß und Böschungsoberkante betont sind, in die angrenzenden Flächen übergehen. Die als Badestrand vorgesehenen Uferabschnitte sind noch stärker abzuflachen. Soweit die Ufer nicht als Badestrand vorgesehen sind, sollen sie mit Hilfe einer standortsgemäßen Vegetation naturnahe gestaltet werden. Hierdurch sollen sowohl die Lebensbedingungen für die Fauna im Wasser als auch für die nützliche Vogelwelt geschaffen, die biologische Selbstreinigung des Wassers erreicht und zum dauerhaften Schutz der Ufer beigetragen werden. Das mit natürlichen Mitteln ausgebaute Ufer ist ein Bindeglied zwischen Wasser und Land und trägt zu einem ausgeglichenen Naturhaushalt bei.

Das natürliche Ufer kennt verschiedene, aufeinanderfolgende Zonen. So verläuft im Bereich des Niedrigwassers eine Zone solcher Pflanzen, deren Standort im Wasser ist und die für die Kleinlebewelt des Wassers und als Laichplatz der Fische Bedeutung hat. Dann schließt sich eine Zone des Mittelwasserbereichs an, die mit Röhricht bestanden ist. Sie dient der Vogelwelt und dem Uferschutz. Die nächste Zone wird aus einem Weiden-Erlengürtel gebildet. Dann schließt sich der Weiden-Pappelwald an, der in einen Auenwald mit Wertholzarten übergeht. Die Gliederung der Vegetation ist im Grundsatz auch auf das künstliche Gewässer zu übertragen. Der künstliche Uferstandort ist so zu profilieren, daß er dem natürlichen Standort nahekommt. Besonderer Sorgfalt bedarf die Einbringung des Schilfröhrichts. Um zu verhindern, daß sich das Röhricht zu weit in das Wasser hinein ausbreitet, soll das Uferprofil mit einer Berme versehen werden, die etwa 1–2 m unter dem Wasserspiegel verlaufen soll. In ruhigen Gewässern erreicht das Schilf (Phragmites communis) Wassertiefen bis zu 2 m. Die in den letzten Jahren entwickelten einfachen Methoden zur Schilfansiedlung (Bittmann 1953), besonders die stehende und liegende Halmpflanzung, ermöglichen den raschen Aufbau eines Schilfgürtels. Die Flechtbinse (*Scirpus lacustris*) ergänzt das Schilf vorteilhaft; sie festigt den Uferboden mit ihren kräftigen ausläufertreibenden Rhizomen und legt besonders Sand- und Schlammböden fest. Auch das Rohrglanzgras (*Phalaris arundinacea*) und die Schlanksegge (*Carex gracilis*) lassen sich als Uferpflanzen verwenden, sie dringen jedoch nicht weit in das Wasser vor. Die an den Röhrichtgürtel anschließende Weichholzzone wird aus strauchartigen Weiden, hier in erster Linie aus

Mandelweide (*Salix triandra*),
Korb- od. Hanfweide (*Salix viminalis*),
Grauweide (*Salix cinerea*),

und weiter aus baumartigen Weiden, wie

Knackweide (*Salix fragilis*) und
Weißweide (*Salix alba*),

gebildet, denen auch noch

Roterle (*Alnus glutinosa*)

beigemischt wird. Sämtliche genannten Weidenarten können als bewurzelte und unbewurzelte Steckhölzer oder auch als Setzstangen in den Boden gebracht werden und bilden bald einen geschlossenen mehrstufigen Gehölzsaum. Zum Land hin vervollständigen Schwarz-, Grau- und Hybridpappel, Flatterulme und Esche den Gehölzbestand, der das Wasser als Hochwald umgibt.

6. *Abschließende Bemerkungen*

Die Rekultivierungsmaßnahmen im Abbaugebiet der „Vereinigten Ville" sind wegen der dort verwendeten Füllmaterialien und wegen des Fehlens von Abraummassen als schwierig zu bezeichnen. Dies gilt auch für das mögliche Verhalten des Wassers im Untergrund und im Oberboden. Es wird daher empfohlen, den Wasserhaushalt laufend zu überwachen – was z. B. am Erftstollen möglich ist – und erforderlichenfalls Entwässerungs- oder Bewässerungsmaßnahmen anzusetzen. Die Planung ist bestrebt, dem zu erwartenden Wasserhaushalt durch Anlage von Entwässerungsgräben und Vorflutern Rechnung zu tragen.

Im Interesse einer gesunden Forstwirtschaft und einer rentablen Landwirtschaft wird es grundsätzlich als sinnvoll erachtet, jeweils zusammenhängende und ausreichend große Nutzflächen zu schaffen. Auch dem hier besondere Bedeutung

Abb. 76. Im Tagebau der „Vereinigten Ville" verbleiben über 200 ha Restwasserflächen, die in geschlossene Waldgebiete eingebettet sind. Ein Blick auf den Bleibtreu-See. (Foto: Olschowy)

erlangenden Erholungsverkehr soll durch eine zusammenhängende Wald-Seen-Landschaft Rechnung getragen werden. Im Interesse einer dauerhaften landwirtschaftlichen Nutzung ist auch eine klare Trennung gegenüber den Industrieflächen durch breite Waldstreifen oder Waldflächen erwünscht. Dies trifft besonders für das im Norden liegende Industriegebiet zu, das auch im Falle einer Ausdehnung die landwirtschaftlichen Nutzflächen nicht beeinträchtigen darf (vgl. Abb. 75 u. 76).

Das derzeitige Betriebsgelände der Industrie Knapsack wird voraussichtlich nur vorübergehend in dieser Form genutzt werden. Sobald es nicht mehr benötigt wird, sollte es mit standortsgemäßen Holzarten aufgeforstet und die Ufer der Wasserflächen naturnahe ausgebildet werden, um sie so in den Wald-Seen-Gürtel einzufügen.

4.2.5 Beispiel Innenkippe Frimmersdorf-Süd

1. Planungsziel und Auflagen für die Planung

Das Plangebiet erstreckt sich etwa zwischen den Ortschaften Kaster, Morken-Harff, Frimmersdorf, Neurath, Buchholz und Bedburg. Die Inanspruchnahme des Raumes für den Abbau der Braunkohle, die eine Verlegung der Erft, der Landstraße IO 162 und der Bundesbahnstrecke erforderlich macht, hat das alte Erfttal in diesem Abschnitt beseitigt. Es wird als ein wesentliches *Ziel der Planung* betrachtet, wieder eine Tallandschaft aufzubauen, die einem natürlichen Talverlauf nahekommt und soweit wie möglich auch charakteristische Merkmale des früheren Erfttales aufweist. Das gilt z. B. für die landwirtschaftliche Nutzung der Talböden und auch die Baumbestände an der Erft. Die fruchtbaren Böden des Raumes bedingten eine intensive Landwirtschaft, für die nunmehr wieder die entsprechenden Voraussetzungen zu schaffen sind.

Hierzu gehört auch die Auflage von 2 m fruchtbarem Löß auf den verkippten Abraum. Da einige Bauern einen Teil ihres Landes, nicht aber ihre Hofstellen, verloren haben, sind für sie wieder hofnahe Flächen zu schaffen. Im übrigen sind die neuen Nutzflächen, die für die umzusiedelnden Bauern vorgesehen sind, nach neuzeitlichen agrarwirtschaftlichen Gesichtspunkten zu gliedern und einzurichten. Im Gegensatz zu vielen Ackerbörden des Niederrheins, die infolge ihrer fruchtbaren Böden weitgehend von ihrer schützenden Gehölzvegetation entblößt worden sind, soll hier eine geordnete Kulturlandschaft entstehen, die einen ausreichenden Anteil an ökologisch-biologischem Potential, so auch eine flurschützende Gehölzvegetation, aufweist.

Die für die Planung bindenden *Auflagen* sind von den Planungsbehörden, der Bergbehörde, der Deutschen Bundesbahn, dem Landschaftsverband Rheinland, der Landwirtschaftskammer Rheinland und den beteiligten Gemeinden gestellt worden. Die Kippenoberfläche im Bereich der neuen Erfttrasse wird in ihrer Höhe durch das Normalprofil der Erft bestimmt. In dem Gebiet bis zur endgültigen Bundesbahntrasse sind – von der Oberfläche bis zum Liegenden – insgesamt 750 Mio. m^3/fest Abraummassen unterzubringen. Davon entfallen 400 Mio. m^3/fest auf den Kippraum östlich der verlegten Erft, in denen 90 Mio. m^3/fest enthalten sind, die zur Aufschüttung der Kippen-Hochfläche zwischen Erft und den Ortschaften Neurath und Frimmersdorf bestimmt sind. Die Böschung zum Abbaufeld Garsdorf darf aus Gründen des vorgesehenen Abbaus vorläufig nicht zugekippt werden; diese Flächen werden zu einem späteren Zeitpunkt zugekippt und landwirtschaftlich rekultiviert.

Für die Erft, die Bundesbahnstrecke und die LIO 162, die zwischen Morken-Harff und Kaster zerschnitten werden, müssen neue Trassen geführt werden; sie sollen soweit wie möglich nach Osten verlegt werden, um die für den Betrieb erforderliche Mindestbreite des Tagebauraumes sicherzustellen. Die neue Erft soll eine geschwungene Linienführung erhalten. Da für die Stadt Kaster ein Bahnhof vorgesehen werden muß, wird später eine zweite Verlegung der Bundesbahntrasse an den Westrand des Tales erforderlich. Die Gemeinde Frimmersdorf wünscht einen Haltepunkt. Bei der Festlegung der Bahntrasse müssen die erforderlichen Mindestradien von 750 m eingehalten werden. Außerdem ist in der endgültigen Trasse ein kontinuierliches Gefälle von Süden nach Norden einzuhalten. Die Orte Frimmersdorf und Neurath müssen einen Anschluß an die LIO 162 erhalten.

Für die Gemeinde Frimmersdorf ist am Ostrand der Innenkippe eine Fläche von etwa 40 ha als künftiges Baugelände auszuweisen, das zwischenzeitlich landwirtschaftlich genutzt werden soll. Die Fläche soll böschungsfrei an das angrenzende Gelände anschließen und eine Neigung von nicht mehr als 1:40 erhalten, soweit nicht der Anschluß an vorhandene Geländehöhen eine größere Neigung erforderlich macht. Im übrigen ist für die Gemeinde Kaster ein neues Industriegebiet und für die Gemeinde Bedburg ein Siedlungserweiterungsgelände vorzusehen.

2. Angaben zum Standort

Naturräumliche Gliederung

Das Plangebiet gehört naturräumlich zur Niederrheinischen Bucht, die sich in Form eines Dreiecks zwischen den Höhen der Eifel und des Bergischen Landes erstreckt und nach Südosten in das Rheinische Schiefergebirge vorschiebt. Es ist durch einen tektonischen Einbruch entstanden und von den Wassermassen des Rheinstromes ausgeformt worden. Die ziemlich ebene bis leicht wellige Bucht ist aus tertiären Sedimenten aufgebaut, die von lockeren, diluvialen Aufschüttungen wechselnder Mächtigkeit überdeckt werden. Soweit sie fluviatiler Herkunft sind, handelt es sich um ausgedehnte Schotterdecken, die der Rheinstrom abgelagert hat. Die äolischen Ablagerungen auf der Haupt- und Mittelterrasse bestehen aus einer verschieden mächtigen Lößdecke, der das Gebiet seine wertvollen Böden mit hohen landwirtschaftlichen Erträgen verdankt. Die ausgedehnten Lößlehmplatten werden infolge ihrer ausschließlich ackerbaulichen Nutzung auch als „Börden" bezeichnet. Der Flußlauf der Erft trennt etwa die Jülicher Börde von der Kölner Bucht. Die Erft bestimmt weitgehend den Charakter des Landschaftsraumes. Im engeren Bereich des Erfttales, der sog. Erftniederung, treten schließlich alluviale Bildungen auf, die zu einem Teil vom Fluß abgelagert und zum anderen Teil von den Hangflächen abgetragen worden sind.

Klima

Klimatisch gehört das Plangebiet zur „Erfttrockenmulde"; es weist nach dem Klimaatlas von Nordrhein-Westfalen einen mittleren *Jahresniederschlag* von etwa 600 mm auf, von denen auf die Hauptvegetationszeit (Mai–Juli) bis zu 180 mm entfallen. Nach Angaben des Deutschen Wetterdienstes, Wetteramt Essen, wird für Elsdorf ein mittlerer Jahresniederschlag von 601 mm errechnet. Die relativ lange Vegetationsdauer von 265 Tagen – nach Köhler (1954) die längste in Deutschland – bietet in Verbindung mit dem fruchtbaren Lößboden die besten Voraussetzungen für höchste landwirtschaftliche Erträge.

Nach 7jähriger Beobachtung des Deutschen Wetterdienstes von 1949–1955 ergibt sich für Elsdorf, das als Bezugsstation für das Plangebiet in Betracht kommt, folgende mittlere prozentuale Verteilung der *Windrichtungen:*

N	NO	O	SO	S	SW	W	NW	Windstille
4,6	6,0	6,2	13,2	4,7	23,4	19,2	12,6	10,2

Somit ragt die südwestliche Windrichtung hervor, und die Winde aus westlicher Richtung nehmen zusammen einen Anteil von 55,2 % ein. Die mittlere Windstärke wird mit 2,0 bis 2,5 Beaufort (= 6–11 km/Std.) angegeben.

Wasserhaushalt

Der Wasserhaushalt der Erftniederung wird von der Erft bestimmt, die eine relativ ausgeglichene Wasserführung aufweist. Die Niederung wurde in früherer Zeit häufig überflutet und hatte einen oberflächennahen Grundwasserstand. Die Talböden waren daher sehr feucht und zum Teil sogar versumpft. Bereits in den Jahren 1860–1866 wurden große Teile der Erftniederung melioriert. In den folgenden Jahren wurde der Fluß begradigt, weitere Talflächen entwässert und das Grundwasser auch durch Wasserwerke abgesenkt.

Von Heide (1957) wird berichtet, daß sich das stellenweise nur 20 cm unter Flur anstehende Grundwasser bereits nach der ersten Absenkung auf etwa 90 cm Tiefe einstellte. Diese tiefgreifende Veränderung im Wasserhaushalt führte zwangsläufig zu einer Änderung der Bodennutzung. Die Äcker dehnten sich anstelle des Grünlandes aus. Nach Angaben von Meisel (1958) nahmen die Erftwiesen

1859	76,8 %
1931	62,7 %

und 1946 aber nur noch 27 %
der gesamten Nutzfläche der Niederung ein. Stellenweise wurde als Folge der genannten Eingriffe die Vegetation nicht mehr optimal mit Wasser versorgt.

Der *künftige Wasserhaushalt* im engeren Talbereich wird im wesentlichen von der mittleren Wasserführung der Erft abhängen. Ein naturnah ausgebautes Ufer wird eine Wechselbeziehung von Erftwasser und Grundwasser zur Folge haben. Wieweit hierdurch der Grundwasserstand des Tales beeinflußt wird, hängt von dem Untergrund und dem Bodenmaterial ab. Es kann damit gerechnet werden, daß sich der Grundwasserstand nach wenigen Jahren eingespielt hat. Der zu erwartende Grundwasserspiegel und auch die 2 m hohe Lößauflage werden voraussichtlich sowohl eine Ackerbau- als auch eine Grünlandnutzung der Talböden ermöglichen.

Für die an die Erft anschließenden *Hochflächen* mit ihrer mächtigen Lößdecke war der tiefer liegende Grundwasserstand ohne wesentlichen Einfluß auf die Ertragsleistung. Dies gilt auch für die künftigen höher gelegenen Kippenflächen, die mit einer ausreichenden Lößauflage überzogen werden. Obwohl der Wasserhaushalt des aufgetragenen Lösses gegenüber dem gewachsenen Löß zunächst gestört ist (vgl. Landschaftspflegerisches Gutachten über die Rekultivierung des Kippraumes Berrenrath [Abschn. 4.2.1]), so dürfte im Laufe der Zeit durch Bodenbearbeitung, Durchwurzelung, Anreicherung mit Humus und Mikroorganismen die Struktur des Bodens verbessert, die Kapillarität wiederhergestellt und der Wasserhaushalt normalisiert werden.

Boden

Im Bereich der Erftniederung sind die Sande und Kiese des Untergrundes mit lehmig-tonigen Böden alluvialen Ursprungs überdeckt; sie sind zum größten Teil als fluviatile Schwemmböden abgelagert, zu denen noch das erodierte Bodenmaterial der seitlichen Hangflächen hinzutritt. Unter dem Einfluß des oberflächennahen Grundwassers haben sich hier Gleyböden gebildet.

Die künftigen Böden der Talniederung im Plangebiet werden sich von den früheren grundlegend unterscheiden. Es werden keine alluvialen Böden, auch keine durch einen Gleyvorgang degradierte Böden mehr vorliegen. Auf einen aus tertiären und diluvialen Kiesen bestehenden Abraum, der mit Sanden und lehmig-tonigen Bestandteilen durchsetzt ist, wird eine *Lößdecke* von 2 m Mächtigkeit in gesetztem Zustand aufgetragen, so daß hier Böden mit optimalen Ertragsbedingungen entstehen werden. Dieser hohe Auftrag ist möglich, weil der Löß in Frimmersdorf-Süd selbst und im benachbarten Tagebau Frimmersdorf-West anfällt. Es handelt sich im wesentlichen um jungen, frischen Würmlöß, der kalkreich ist, relativ wenig Tonsubstanz und hohen Feinsandanteil aufweist. Dieser Löß wird im gewachsenen Profil von Lößlehm überlagert, mit dem er beim Abbau vermischt wird. Dieser verlehmte Würmlöß oder Lößlehm ist das Verwitterungsprodukt des jungen Würmlösses und hat sich zur Braunerde entwickelt. Er verfügt über einen hohen Anteil an bindigem Material, was für die Mischung der beiden Lößarten von Vorteil ist. Mückenhausen (1955) und auch Heide (1957) sehen in dem Anteil von abschlämmbaren Bodenteilchen (= Teilchen unter 0,01 mm Korngrößendurchmesser) im Löß die beste Voraussetzung, um wertvolle Kulturflächen herzustellen.

Der hohe Wert des Lößmaterials für eine landwirtschaftliche Nutzung liegt in seinem günstigen Porenvolumen (etwa 50 %), das einen guten Luft- und Wasserhaushalt bedeutet, und seinen hohen Kalkgehalt begründet. Der Kalk im unverwitterten Löß läßt eine gute Krümelstruktur, günstige sekundäre Tonminerale und eine stabile Humusform entstehen. Außerdem wird die in den Boden gelangende organische Substanz durch den Kalk rasch umgesetzt, wodurch wiederum die Kohlensäureproduktion gefördert und die organische Substanz mineralisiert wird. Mückenhausen (1955) hält den laufenden Humusumsatz für ebenso wichtig wie die anzustrebende Anreicherung des Bodens mit Humus. Eine gere-

Abb. 77. Blick auf den Aufschluß des Tagebaues Frimmersdorf-Süd mit den erkennbaren Braunkohlenflözen. (Foto: Rheinbraun)

gelte und gute Humuswirtschaft – also Versorgung des Bodens mit organischer Substanz und schonende Fruchtfolge – sind für die Fruchtbarkeit des Lößbodens entscheidend. Auf diese Weise können die Erträge auf aufgeschüttetem Löß bereits in einigen Jahren denen auf gewachsenem Lößboden nahekommen. In etwa 15 Jahren kann sich eine normale Podenkrume, also ein A-Horizont, gebildet haben. Wie HEIDE (1957) berichtet, zeigen rekultivierte Lößböden der Grube Neurath bereits nach 10jähriger Bewirtschaftung gute Werte im Hinblick auf die Humusform. Es wurde ein C/N-Verhältnis (Verhältnis von Kohlenstoff zu Stickstoff im Humus) von 6 bis 8:1 festgestellt, das damit noch über dem von Schwarzerdehumus liegt.

Die Oberfläche des hochgelegenen Kippenteiles ostwärts der Erft wird ebenfalls mit 2 m gesetztem Löß überdeckt und landwirtschaftlich genutzt. Obwohl diese Flächen gegenüber der Talniederung als grundwasserfern anzusprechen sind – mit der Einschränkung, daß sich auch auf der Kippe ein eigener Grundwasserhaushalt einstellen wird –, so ist dies jedoch wegen der hohen Wasserkapazität des Lößbodens ohne Einfluß für die Ertragsfähigkeit, sobald sich der Wasserhaushalt im Boden wieder normalisiert hat. Die Anfälligkeit des umgelagerten Lößbodens für den Bodenabtrag durch Oberflächenwasser (Wassererosion) und die erforderlichen Maßnahmen zum Bodenschutz sind im Gutachten über die Rekultivierung des Kippraumes Berrenrath (Abschn. 4.2.1) eingehend behandelt worden, so daß hier nur darauf hingewiesen werden soll.

Pflanzengesellschaften

Die von MEISEL und TRAUTMANN (1958) erarbeiteten Vegetationskarten des Erftgebietes und die Arbeiten von ESKUCHE und TRAUTMANN (1962) geben Aufschluß über die natürlichen Pflanzengesellschaften des Erfttales vor seinem Abbau. Die

Böden der Erftniederung sind natürliche *Grünlandstandorte.* Vor der Absenkung des Grundwassers waren vornehmlich Grünlandgesellschaften, wie Feuchtweiden und Feuchtwiesen, verbreitet, die hohe Grundwasserstände voraussetzen. So waren die Feuchte Weidelgras-Weißklee-Weide und von den Feuchtwiesen als Assoziationen die Kohldistel-Wiese, Wassergreiskraut-Wiese und Bentgras-Wiese anzutreffen. Heute sind diese Gesellschaften nur noch kleinflächig im nördlichen Talabschnitt der Erft zu finden. Es sind auch noch die Hochstauden-Gesellschaften zu nennen, die sich vielfach unter Pappelbeständen entwickelt haben. Nach der Erftmelioration traten anstelle der Feuchtweiden die Fettweiden und anstelle der früher großflächig verbreiteten Feuchtwiesen (Molinietalia) die Fettwiesen (Arrhenatheretalia), so die Glatthafer-Wiesen, deren Ersatz-Gesellschaften infolge Beweidung die Weißklee-Weiden sind, die durch den dauernden Tritt und Verbiß der Weidetiere geschaffen und erhalten werden. Feuchtwiesen und Fettwiesen haben viele gemeinsame Arten, wie Wiesenfuchsschwanz, Gem. Rispe, Wiesenrispe und Wiesenklee, und gehören soziologisch-systematisch zur Klasse der mitteleuropäischen Wirtschaftswiesen (Molinio-Arrhenatheretea).

Die vorhandenen *Waldbestände* der untersuchten Abschnitte der Erftniederung werden von TRAUTMANN den Gesellschaften des Eichen-Hainbuchenwaldes (Querco-Carpinetum), dem Eschen-Auenwald (Fraxino-Ulmetum) und dem Erlenbruch (Carici elongatae-Alnetum) zugeordnet. Der formenreiche bzw. Feuchte Eichen-Hainbuchenwald wird als die Charaktergesellschaft der Lößplatten bezeichnet. Auch die höher gelegenen Ränder der Erftaue und die Rücken im Bereich der Niederung auf Schwemmlöß und Lößlehm (bzw. Braunerde-Gley) sind von Eichen-Hainbuchenwäldern bestockt. Die Charaktergesellschaft der Niederung im Überschwemmungsgebiet der Erft ist der (Eichen-)Eschen-Auenwald, der sich floristisch und ökologisch in trockene und feuchte Ausbildungen unterscheidet. Ein auffälliges Merkmal ist die üppige Entwicklung seiner Krautschicht; dies ist auf die häufige Überschwemmung mit kalk- und nährstoffreichem Wasser und den Absatz von nährstoffreichem Schlick zurückzuführen. Esche, Stieleiche, Bergahorn und Feldulme finden hier ausgezeichnete Wuchsbedingungen. Hier liegen auch die bevorzugten Standorte und Anbaugebiete der Hybridpappel. Sobald die regelmäßigen Überschwemmungen aufhören und das Grundwasser abgesenkt wird, setzt eine Entwicklung dieser Gesellschaft in Richtung des Eichen-Hainbuchenwaldes ein.

Auf Flächen mit hochanstehendem Grundwasser und auf einigen ausgetrockneten Altarmen der Erft ist der (Erlen-) Eschen-Auenwald anzutreffen; neben Esche und Baumweide (*Salix alba* und *S. fragilis*) ist hier in der Baumschicht die Roterle vertreten. In nassen Mulden und Schlenken der Niederung, wo sich auch Niedermoor wechselnder Mächtigkeit gebildet hat, sind noch Reste von Erlenbruch erhalten, deren bestandsbildende Holzart die Roterle ist. Nach erfolgter Entwässerung finden sich bald Esche und Traubenkirsche ein, und der Erlenbruch entwickelt sich zum Eschen-Auenwald.

Die flußbegleitenden Gesellschaften des Weidenbusches (Salicetum triandro-viminalis) und Weidenwaldes (Salicetum albo-fragilis), die früher stellenweise das Ufer der Erft gesäumt haben dürften, sind nur noch in einzelnen Silberweiden (*Salix alba*) und Bruchweiden (*Salix fragilis*) zu finden. Die natürlichen Standorte der Schwarzpappel (*Populus nigra*) dürften im Weidenwald zu suchen sein.

Die *rekultivierten Flächen*, die eine 2 m mächtige Lößauflage erhalten, sind mit den natürlichen Lößplatten vergleichbar und werden als potentielle natürliche Pflanzengesellschaften den formenreichen Eichen-Hainbuchenwald tragen. Soweit die Flächen grundwasserfern liegen, wie z. B. die Oberfläche des hochgelegenen Kippenteiles, werden sie zum Typischen Eichen-Hainbuchenwald (Querco-Carpinetum typicum) tendieren. Er weist folgende Holzarten auf:

Stieleiche, Traubeneiche, Hainbuche, Winterlinde, Rotbuche, Vogelkirsche, (Vogelbeere), Aspe, Feldahorn, Salweide, Hasel, Hartriegel, Weißdorn, Schlehdorn, Wildrose, Liguster, Pfaffenhütchen, (Wolliger Schneeball). Außer Rotbuche sind alle Arten für die Anlage von Schutzpflanzungen geeignet; als vorwüchsige Holzarten können noch Hybridpappel und Roterle verwendet werden.

Die vom Grundwasser noch beeinflußten Flächen, wie sie z. B. im Erfttal entstehen werden, werden zum Feuchten Eichen-Hainbuchenwald (Querco-Carpinetum athyrietosum) tendieren und folgende Holzarten aufweisen:

Stieleiche, Hainbuche, Winterlinde, Esche, (Vogelkirsche), Salweide, Hasel, Hartriegel, Weißdorn, Schlehdorn und Wasserschneeball. Außer Bergahorn und Rotbuche sind alle Arten für Schutzpflanzungen geeignet; als vorwüchsige Holzarten können auch hier wieder Hybridpappel und Roterle verwendet werden.

Die zur Bewaldung vorgesehenen Hangflächen werden mit einem sog. Forstboden, einem Gemisch von alluvialem und diluvialem Abraum mit ausreichend Feinbestandteilen überzogen. Je nach Hanglage (Exposition) wird dieser Standort

- vom Trockenen Kiefern-Eichenwald über den Trockenen Stieleichen-Birkenwald (Querco-Betuletum typicum)
- bis zum Buchen-Eichenwald (Fago-Quercetum)

tendieren. Zur Aufforstung dieser Flächen kommen folgende Holzarten 1. Ordnung in Betracht:

Stieleiche, (Traubeneiche), Schwarzkiefer und Rotbuche (die Waldkiefer scheidet wegen zu hoher pH-Werte aus).

Als Holzarten 2. Ordnung können beigemengt werden:

Sandbirke, Vogelbeere, Aspe (und Vogelkirsche).

Für die Ausbildung des Waldmantels können außer den genannten Holzarten 2. Ordnung folgende Straucharten verwendet werden: Salweide, Schlehdorn, Weißdorn, Wildrose, (Hasel) und (Besenginster)

3. *Erläuterungen zur Planung*

Für die landschaftspflegerische und landwirtschaftliche Rekultivierung gelten die gleichen Grundsätze, die bereits im Gutachten für die Rekultivierung des Kippraumes Berrenrath niedergelegt sind. Sie sollen daher hier nicht wiederholt werden. Die landwirtschaftliche Planung wurde in Zusammenarbeit mit der Deutschen Bauernsiedlung GmbH Düsseldorf und dem landwirtschaftlichen Sachverständigen der Rheinischen Braunkohlenwerke AG Köln erstellt.

Flächenaufteilung

Landw. Nutzflächen (einschl. Schutzpflanzungen, kleine Bauernwaldflächen, Wege, Hofräume, landw. genutzte Siedlungsflächen der Gemeinden Frimmersdorf u. Neurath)		
im Talbereich	311 ha	
auf der Kippenhochfläche	208 ha	519 ha
Forstwirtschaftliche Nutzflächen		155 ha
Wasserflächen		17 ha
Bundesbahnflächen		18 ha
Straßenflächen		14 ha
Industrieflächen		18 ha
Fläche des Betriebsplanes		741 ha

Siedlungserweiterungsfläche für die Gemeinde Bedburg	5 ha
Industriefläche für die Gemeinde Kaster	12 ha
Landw. Nutzflächen im Südosten bei Buchholz, die für eine spätere Verkippung vorgesehen sind (einschl. Schutzpflanzungen, kleine Bauernwaldflächen, Wege und Hofräume)	202 ha
bearbeitete Anschlußflächen westlich der endgültigen Bundesbahntrasse	340 ha
Gesamtfläche des Plangebietes	1300 ha

Gestaltung des Talraumes

Die Gestalt des neuen Erfttales im Abschnitt Bedburg–Frimmersdorf wird durch die westlich und östlich verlaufenden Ränder alter und neuer Kippen bestimmt. Die in ihrem neuen Lauf zügig geschwungene Erft, die keine geraden Strecken aufweist, lehnt sich an den Ostrand des Tales an. Dies entspricht auch dem Charakter natürlicher Flußtäler, in denen der ostwärtige Talrand meist steiler, oft sogar als Prallhang, ausgebildet ist. In Anlehnung an natürliche Talquerschnitte wurde hier der ostwärtige Talrand bewußt mit etwa 1:4 (= 25 % Neigung) steiler ausgebildet als der westliche Rand, der eine Neigung von etwa 1:8 (= 12,5 % Neigung) aufweist. Beide Talränder werden bewaldet, so daß das künftige Erfttal wieder einen naturnahen Landschaftscharakter erhält.

Frimmersdorfer Bauern bewirtschaftet werden soll, könnten im Bereich des Tales nach dem Entwurfsplan mindestens 11 neue Bauernhöfe in der Größe von Familienbetrieben (15–30 ha) angesetzt werden. Infolge späterer Verkippung könnten zu einem späteren Zeitpunkt im Talraum ostwärts der Erft weitere 6 Hofstellen gleicher Größe hinzutreten. Die Höfe sind zu Gruppen und Weilern zusammengefügt. Die landwirtschaftlichen Nutzflächen und die Weilersiedlungen werden unabhängig von der LIO 162 und der Verbindungsstraße Kaster–Frauenweiler durch gesonderte Wirtschaftswege erschlossen. Die sich aus dem Verlauf der neuen Straßen und Wege ergebenden Dreiecksflächen werden aufgeforstet und können als Bauernwald den Hofstellen zugeteilt werden. Die Gehölzstreifen entlang der Erft und entlang der LIO liegen in ihrer Richtung so vorteilhaft, daß sie als Hauptwindschutzpflanzungen ausgenutzt werden können. Sie werden durch weitere Nord-Süd verlaufende Schutzpflanzungen und West-Ost verlaufende Nebenpflanzungen ergänzt. Das Gefälle der Erft zwischen Bedburg und Frimmersdorf beträgt etwa 0,8 ‰. Das Gefälle des Talbodens zur Erft liegt etwa zwischen 0,3–0,6 %. Dieses geringe Gefälle verlangt einerseits eine sorgfältige Entwässerung der Ackerböden zur Erft, um bei starken Niederschlägen keine stehende Nässe zu erhalten; es hat andererseits den Vorteil, daß der Lößboden nicht durch Bodenerosion infolge abfließenden Oberflächenwassers besonders gefährdet wird.

Das sich aus dem Verlauf der Erft und der neuen Straßen ergebende Dreieck in der Mitte des Plangebietes – das zunächst durch die vorläufige Bundesbahntrasse geschnitten wird – wird für eine Wasserfläche ausgenutzt. Dieser See wird sowohl aus landschaftsökologischen Gründen als auch im Bedarfsfall zur Beregnung der landwirtschaftlichen Kulturflächen für erforderlich erachtet. Er dient

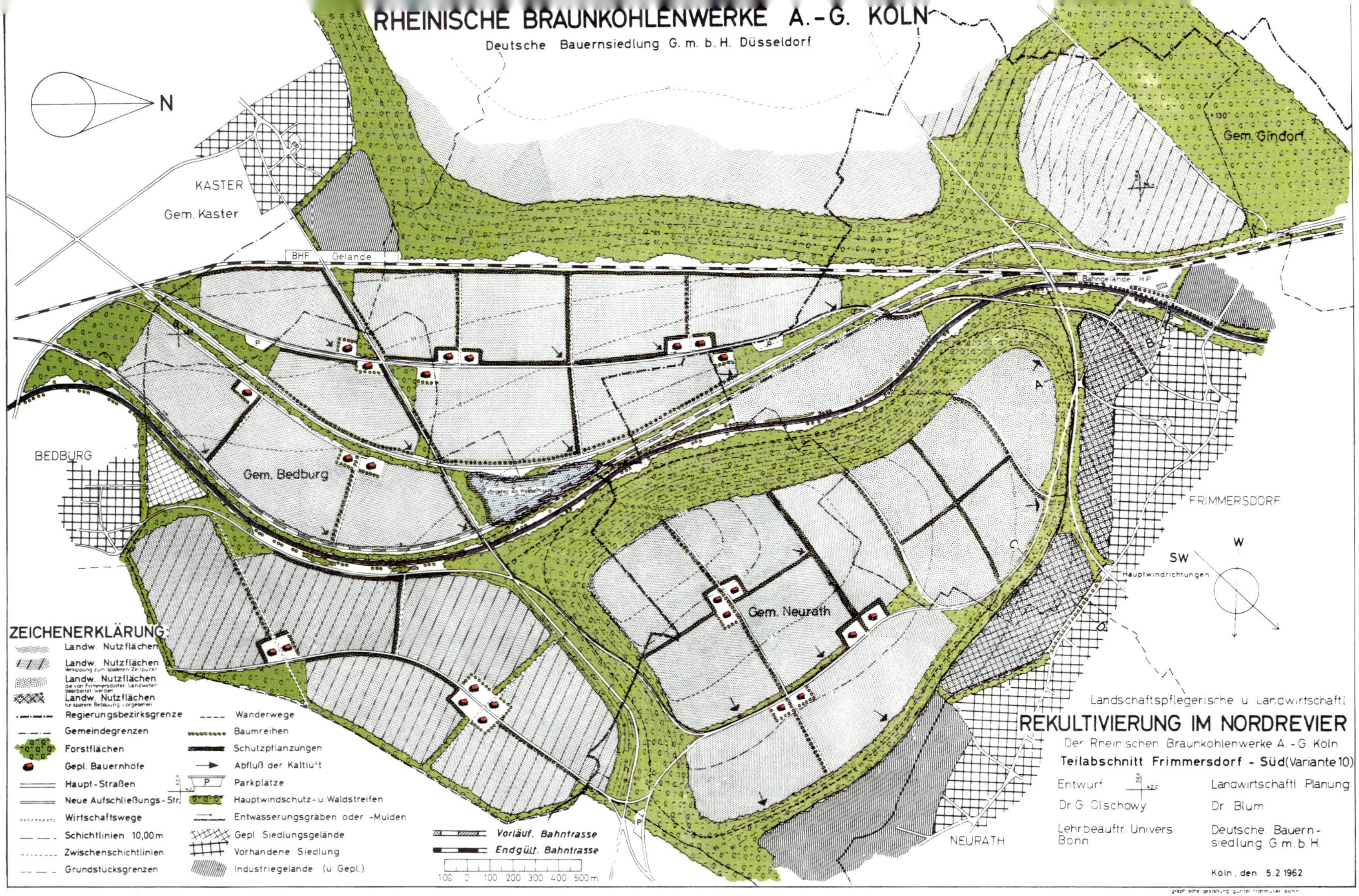
RHEINISCHE BRAUNKOHLENWERKE A.-G. KOLN
Deutsche Bauernsiedlung G. m. b. H. Düsseldorf
N
KASTER
Gem. Kaster
BHF Gelände
Bahngelände H.P.
Gem. Gindorf
BEDBURG
Gem. Bedburg
Gem. Neurath
FRIMMERSDORF
NEURATH
SW
W
Hauptwindrichtungen
ZEICHENERKLÄRUNG:
Landw. Nutzflächen
Landw. Nutzflächen
Landw. Nutzflächen
Landw. Nutzflächen
Regierungsbezirksgrenze
Gemeindegrenzen
Forstflächen
Gepl. Bauernhöfe
Haupt-Straßen
Neue Aufschließungs-Str.
Wirtschaftswege
Schichtlinien 10,00 m
Zwischenschichtlinien
Grundstücksgrenzen
Wanderwege
Baumreihen
Schutzpflanzungen
Abfluß der Kaltluft
Parkplätze
Hauptwindschutz- u. Waldstreifen
Entwässerungsgräben oder -Mulden
Gepl. Siedlungsgelände
Vorhandene Siedlung
Industriegelände (u. Gepl.)
Vorläuf. Bahntrasse
Endgült. Bahntrasse
100 0 100 200 300 400 500 m
Landschaftspflegerische u. Landwirtschaftl.
REKULTIVIERUNG IM NORDREVIER
Der Rheinischen Braunkohlenwerke A.-G. Köln
Teilabschnitt Frimmersdorf - Süd (Variante 10)
Entwurf
Dr. G. Olschowy
Lehrbeauftr. Univers. Bonn
Landwirtschaftl. Planung
Dr. Blum
Deutsche Bauernsiedlung G. m. b. H.
Köln, den 5.2.1962

Abb. 78

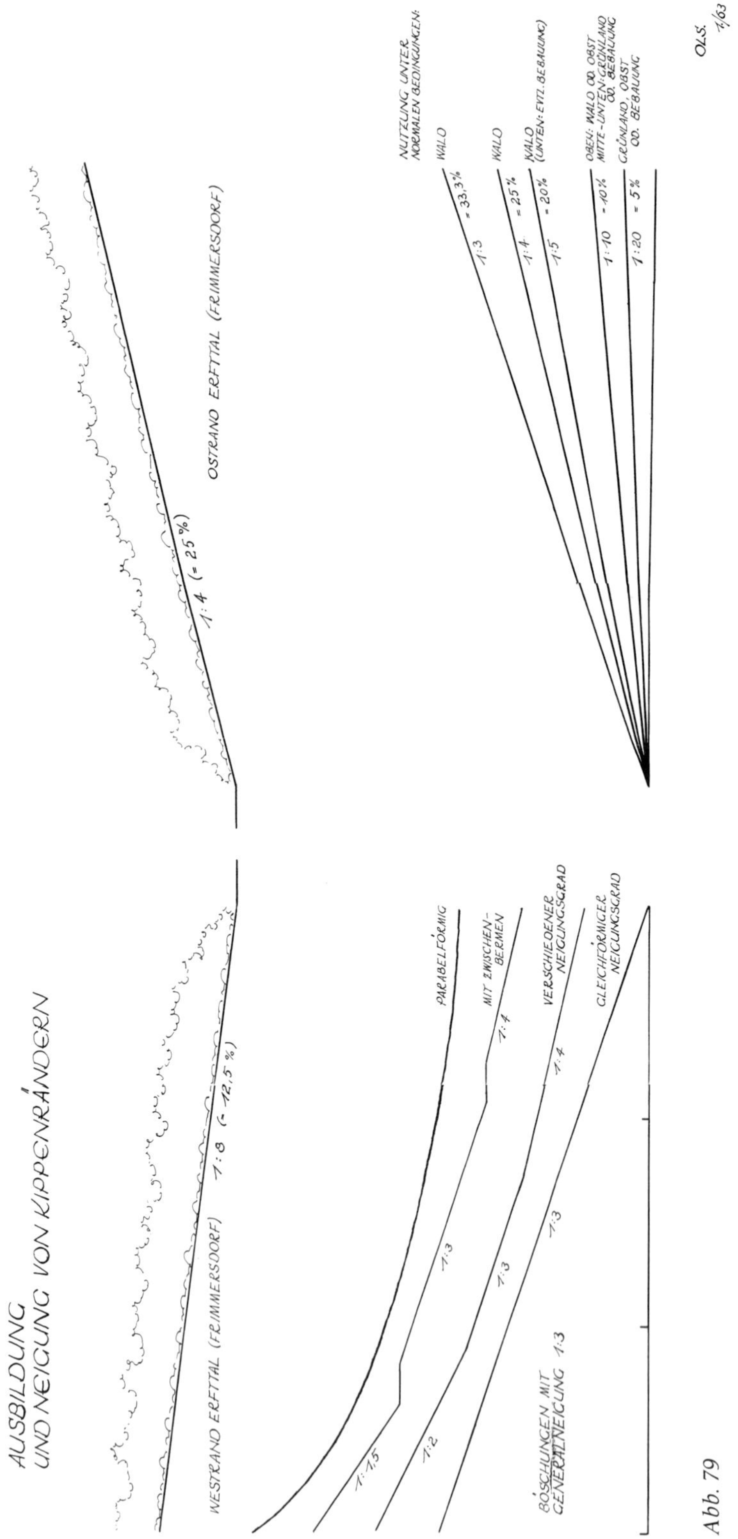
AUSBILDUNG
UND NEIGUNG VON KIPPENRÄNDERN
WESTRAND ERFTTAL (FRIMMERSDORF)
1:8 (= 12,5 %)
OSTRAND ERFTTAL (FRIMMERSDORF)
1:4 (= 25 %)
PARABELFÖRMIG
MIT ZWISCHEN-BERMEN
VERSCHIEDENER NEIGUNGSGRAD
GLEICHFÖRMIGER NEIGUNGSGRAD
BÖSCHUNGEN MIT GENERALNEIGUNG 1:3
1:1,5
1:2
1:3
1:4
NUTZUNG UNTER NORMALEN BEDINGUNGEN:
WALD
1:3 = 33,3%
WALD
1:4 = 25%
WALD (UNTEN: EVTL. BEBAUUNG)
1:5 = 20%
OBEN: WALD OD. OBST
MITTE-UNTEN: GRÜNLAND OD. BEBAUUNG
1:10 = 10%
GRÜNLAND, OBST OD. BEBAUUNG
1:20 = 5%
OLS. 1/63

Abb. 79

der Wasserrückhaltung im Talgrund, wirkt temperaturausgleichend und bietet geeigneten Lebensraum für viele nützliche Arten der landschaftlichen Fauna.

Für die Gemeinde Bedburg wurde eine Siedlungserweiterungsfläche von rd. 5 ha und für die Gemeinde Kaster eine Industriefläche von 12 ha vorgesehen. Beide Erweiterungsflächen sind von Trenn- und Schutzpflanzungen umgeben. Weiter sind der geforderte Bahnhof für Kaster und der Haltepunkt für Frimmersdorf eingeplant.

Gestaltung der Kippenhochfläche

Die Kippenoberfläche ostwärts der Erft erhebt sich max. 65 m über dem Erfttal. Außer der Aufgabe, die Oberfläche der Kippe einer landwirtschaftlichen Nutzung mit guten Ertragsbedingungen zuzuführen, war es das Ziel der Planung, die Kippe in die Gestaltung des neuen Erfttales einzubeziehen und in den Landschaftsraum einzubinden. Während der 45–65 m hohe Westrand der Kippe ein Gefälle von 1:4 (= 25 %) aufweist, ist für den 20–25 m hohen Ostrand der gleichen Kippe ein Gefälle von etwa 1:3,1 bis 1:3,6 (im Durchschnitt 30 %) vorgesehen (vgl. Querschnitte A–B und C–D). Die etwas steilere Ausbildung des Ostrandes ist durch die anschließende Siedlungserweiterungsfläche bedingt. Diese Fläche hat auf Wunsch der beteiligten Gemeinden eine Größe von etwa 40 ha und ein Gefälle von nur 2,5 bis 3 % erhalten. Die Profilgestaltung der Kippenränder und ihre durchgehende Bewaldung fügt die gesamte Kippe unauffällig in den Landschaftsraum ein, zumal die Waldstreifen mit den übrigen Waldflächen des Plangebietes verbunden sind. Die Aufforstung soll entweder in Form der Riefenpflanzung oder auf kleinen Terrassen, wie sie sich aus dem Schüttvorgang ergeben, ausgeführt werden (vgl. Abb. 49). Der Wald soll über die Böschungskronen hinaus auf die Kippenoberfläche gezogen und sorgfältig mit einem artenreichen Bestandsgürtel (vgl.

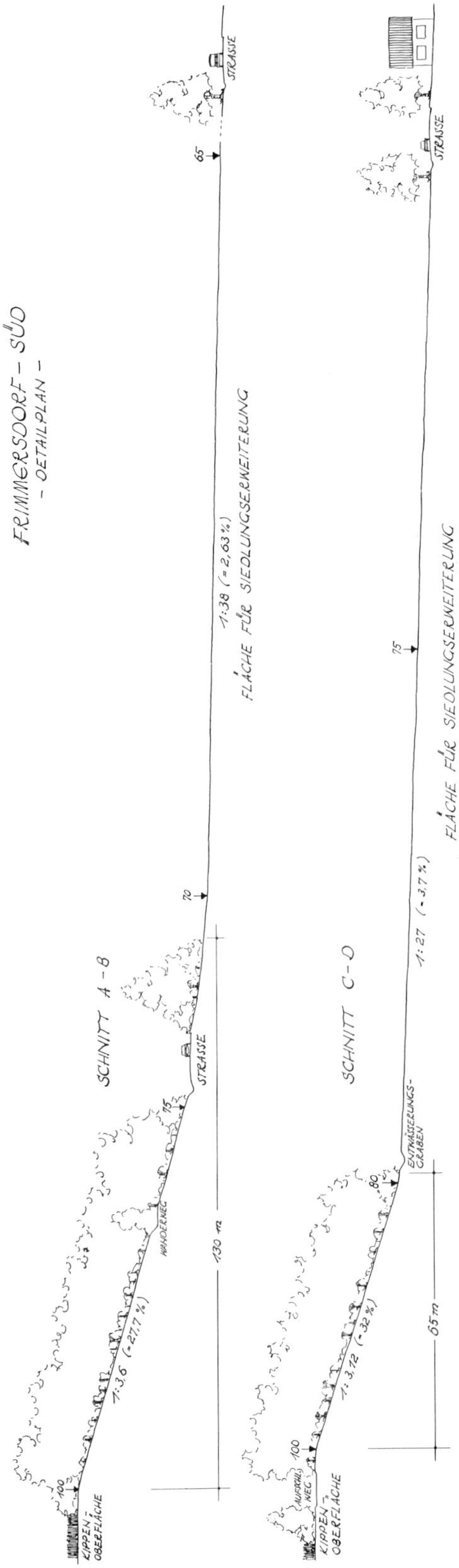

Abb. 80

Abb. 82) abgestuft werden, um den Wind besser aufzuleiten, das Bestandsinnere zu schützen und eine biologische Übergangszone zum Ackerland zu schaffen.

Die Oberfläche der Kippe kann vollständig ackerbaulich genutzt werden. Der nördliche Teil mit 59 ha ist als geeignetes Ersatzland für Bauern aus Frimmersdorf vorgesehen, die ihren Hof im Ort behalten haben. Der südliche Teil kann mindestens 7 Vollbauernstellen aufnehmen. Die Oberfläche wird durch einen Hauptwirtschaftsweg erschlossen, der nach Frimmersdorf und Neurath ausgerichtet und über das übrige Wegenetz auch mit Bedburg und Kaster verbunden ist. Er ist so in den Hang hineingelegt, daß er max. 5 % Steigung erhält und von allen landwirtschaftlichen Fahrzeugen leicht angenommen werden kann. Seitliche Stichwege erschließen die Ackerflur und die Hofgruppen.

Ein flurschützender Gehölzstreifen von 10 m Breite und eine Schutzpflanzung von 5 m Breite, die etwa von SO nach NW senkrecht zur Hauptwindrichtung verlaufen, sowie Nebenpflanzungen von 3 m Breite und Baumreihen als Zwischenpflanzungen gliedern die Oberfläche. Sie sollen zusammen mit den umgebenden Randwäldern den Boden und die Kulturpflanzen vor schädlichen Windeinflüssen schützen und die natürlichen Ertragsbedingungen der Feldflur verbessern (vgl. Abb. 83–86).

Die Kippenoberfläche entwässert nach NW. Die Wasserauffanggräben sind mit den Wegen und Schutzpflanzungen verbunden und münden in den Ableitungsgraben, der entlang des Hauptaufschließungsweges verläuft. Als Vorfluter dient die Erft.

Infolge der reichen Untergliederung der Oberfläche können jeweils nur geringe Mengen Kaltluft zusammenströmen. Sie wird ähnlich wie das Oberflächenwasser in die Gräben oder den Randwald geleitet und dort unschädlich gemacht.

Die Neigung der Kippenoberfläche ist mit 1,5 % eingeplant. Sie ergibt sich aus den festgelegten Höhen, der Auflage, den ostwärtigen Kippenrand mit Rücksicht auf das anschließende Siedlungsgelände nicht zu hoch aufzusetzen und der Notwendigkeit, den aufgetragenen Löß nicht durch Wassererosion zu gefährden. Um den Schutz des Bodens zu gewährleisten, können außerdem die Ackerschläge so ausgerichtet werden, daß sie erforderlichenfalls in Richtung der Höhenlinien bearbeitet werden können. Die geringe Neigung der Ackerflächen nach Nord-Westen wird im Hinblick auf einen möglichst niedrigen Kippenrand gegenüber den Gemeinden Frimmersdorf und Neurath in Kauf genommen, wozu das Einverständnis der Landwirtschaftskammer Rheinland vorliegt.

Gestaltung der Straßen, Bahnlinie und Gewässer

Die frühere LIO 162 soll zunächst nur als Landstraße ausgebaut werden. *Verkehrsstraßen* untergeordneter Bedeutung und Wirtschaftswege können, soweit das Relief der Landschaft dies zuläßt, allee- oder reihenartig bepflanzt werden. Im unebenen Gelände tritt jedoch die Allee zurück und auf Strecken, die im Einschnitt geführt sind, scheidet sie völlig aus. Der Schnellverkehr stellt jedoch andere Anforderungen an eine Bepflanzung, wie dies bei Landstraßen alter Art der Fall war. Die Allee und die Baumreihe werden hier entweder durch eine aufgelockerte, gruppenartige Bepflanzung oder durch eine geschlossene Bepflanzungsweise ersetzt. Stammbildende Gehölze müssen in ausreichendem Abstand von der befestigten Fahrbahn entfernt gepflanzt werden; vor sie wird nach Möglichkeit noch ein federnder Mantel aus Sträuchern gesetzt. Die Sichtfreiheit an Kreuzungen und Einmündungen muß beachtet und die optische Führung des Kraftfahrers, auch bei Nebel, Regen, Schnee und Nacht, durch die Bepflanzung unterstützt werden. Im übrigen können die Ergebnisse der Arbeitstagung und des Bundeswettbewerbes „Landschaftspflege an Straßen und Wegen“ wertvolle Hinweise für eine verkehrstechnisch und landschaftspflegerisch richtige Bepflanzungsweise vermitteln.

Bei der zwischenzeitlichen *Bundesbahntrasse*, hart westlich der Erft, kann mit Rücksicht auf die Gestaltung des Talraumes auf ein kontinuierliches Gefälle verzichtet werden. Auf diese Weise können Dämme, Aufhöhung der Talflächen und ein tieferer Erfteinschnitt vermieden werden, die ohne Zweifel landschafts-

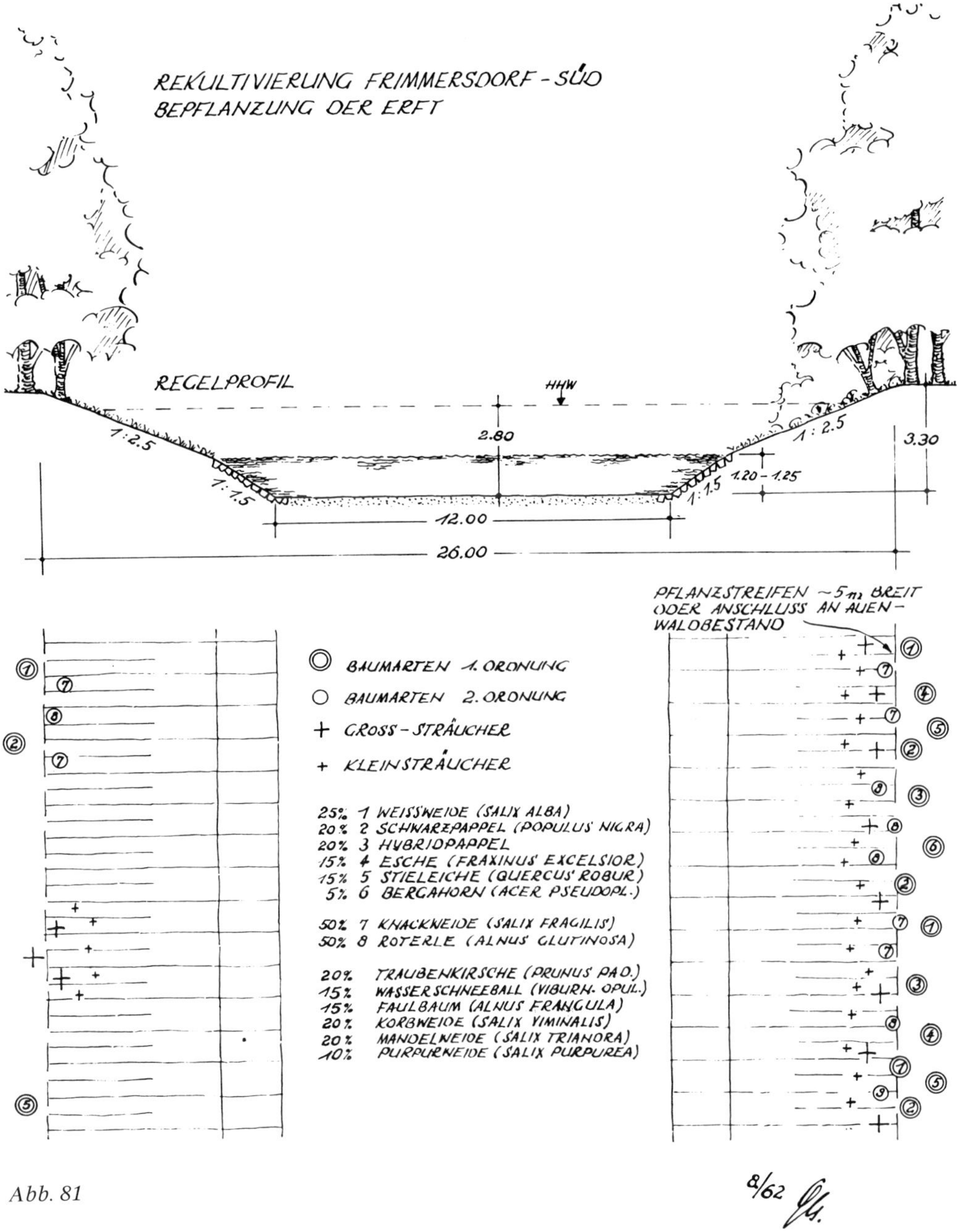

Abb. 81

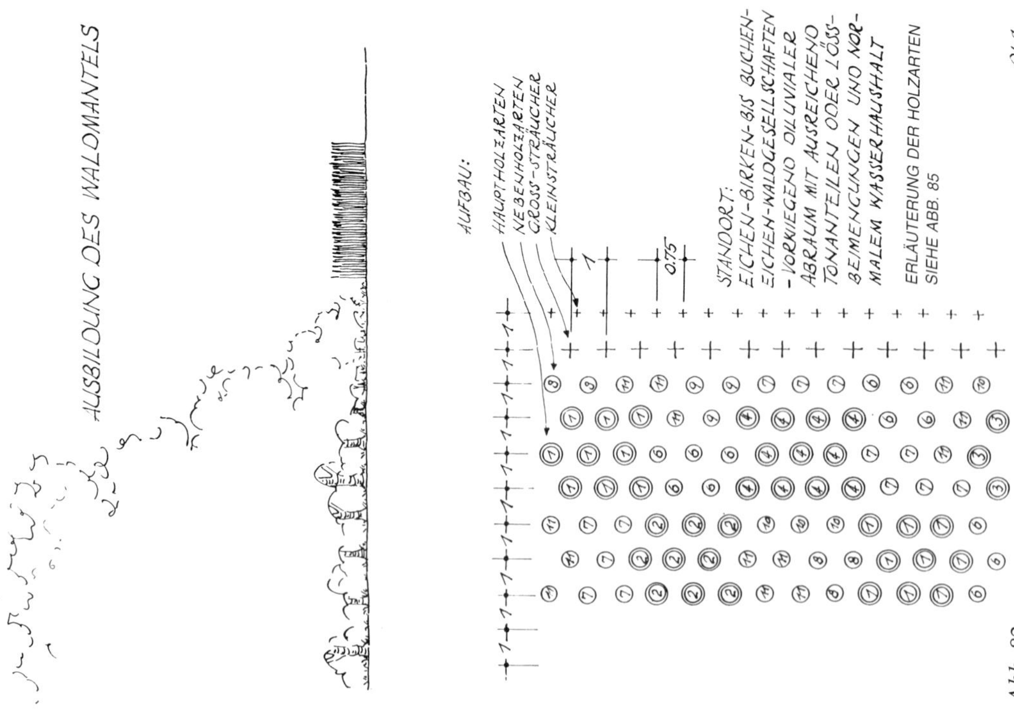
AUSBILDUNG DES WALDMANTELS
AUFBAU:
HAUPTHOLZARTEN
NEBENHOLZARTEN
GROSS-STRÄUCHER
KLEINSTRÄUCHER
1
0.75
STANDORT:
EICHEN-BIRKEN- BIS BUCHEN-
EICHEN-WALDGESELLSCHAFTEN
- VORWIEGEND DILUVIALER
ABRAUM MIT AUSREICHEND
TONANTEILEN ODER LÖSS-
BEIMENGUNGEN UND NOR-
MALEM WASSERHAUSHALT
ERLÄUTERUNG DER HOLZARTEN
SIEHE ABB. 85
OLS.

Abb. 82

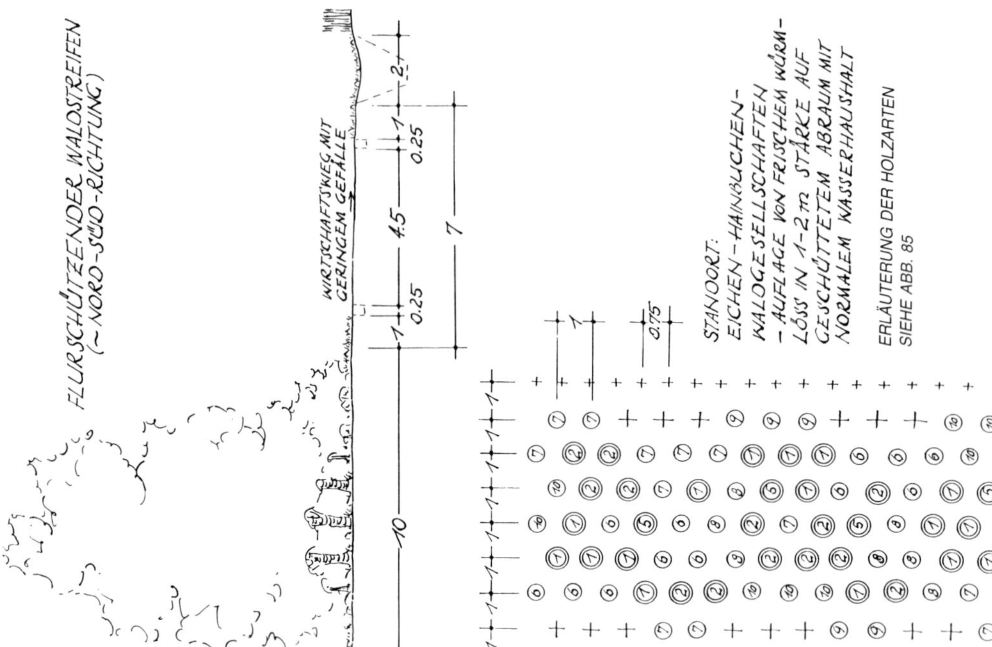
FLURSCHÜTZENDER WALDSTREIFEN
(~ NORD-SÜD-RICHTUNG)
WIRTSCHAFTSWEG MIT
GERINGEM GEFÄLLE
10
1
0.25
4.5
2
7
0.75
STANDORT:
EICHEN-HAINBUCHEN-
WALDGESELLSCHAFTEN
- AUFLAGE VON FRISCHEM WÜRM-
LÖSS IN 1-2 m STÄRKE AUF
GESCHÜTTETEM ABRAUM MIT
NORMALEM WASSERHAUSHALT
ERLÄUTERUNG DER HOLZARTEN
SIEHE ABB. 85
OLS.

Abb. 83

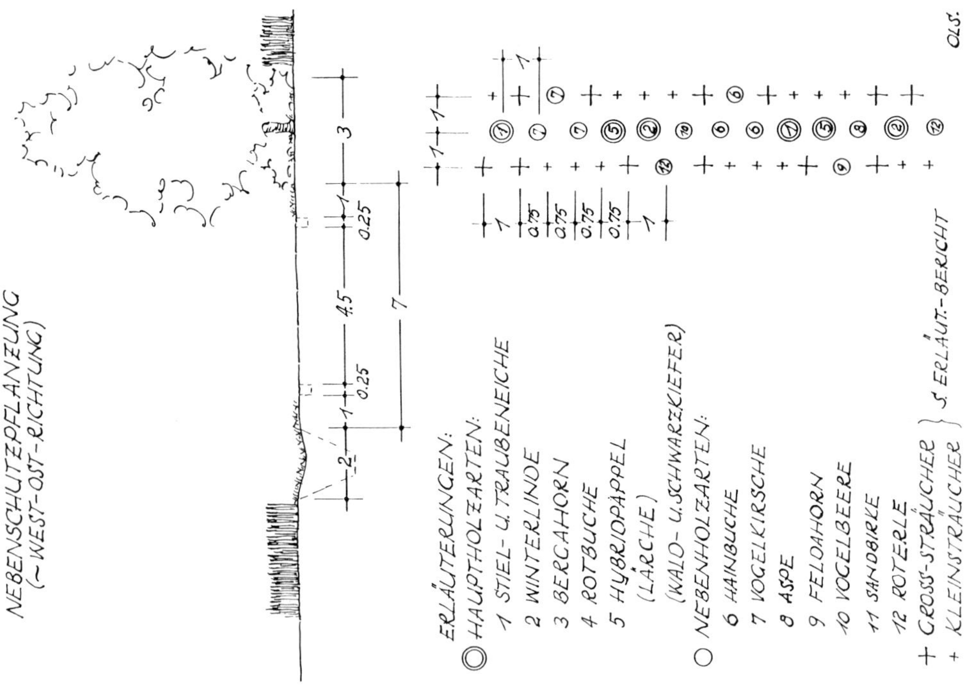
NEBENSCHUTZPFLANZUNG
(~WEST-OST-RICHTUNG)
ERLÄUTERUNGEN:
HAUPTHOLZARTEN:
1 STIEL- U. TRAUBENEICHE
2 WINTERLINDE
3 BERGAHORN
4 ROTBUCHE
5 HYBRIDPAPPEL
(LÄRCHE)
(WALD- U. SCHWARZKIEFER)
NEBENHOLZARTEN:
6 HAINBUCHE
7 VOGELKIRSCHE
8 ASPE
9 FELDAHORN
10 VOGELBEERE
11 SANDBIRKE
12 ROTERLE
GROSS-STRÄUCHER
KLEINSTRÄUCHER
S. ERLÄUT.-BERICHT
OLS.

Abb. 85

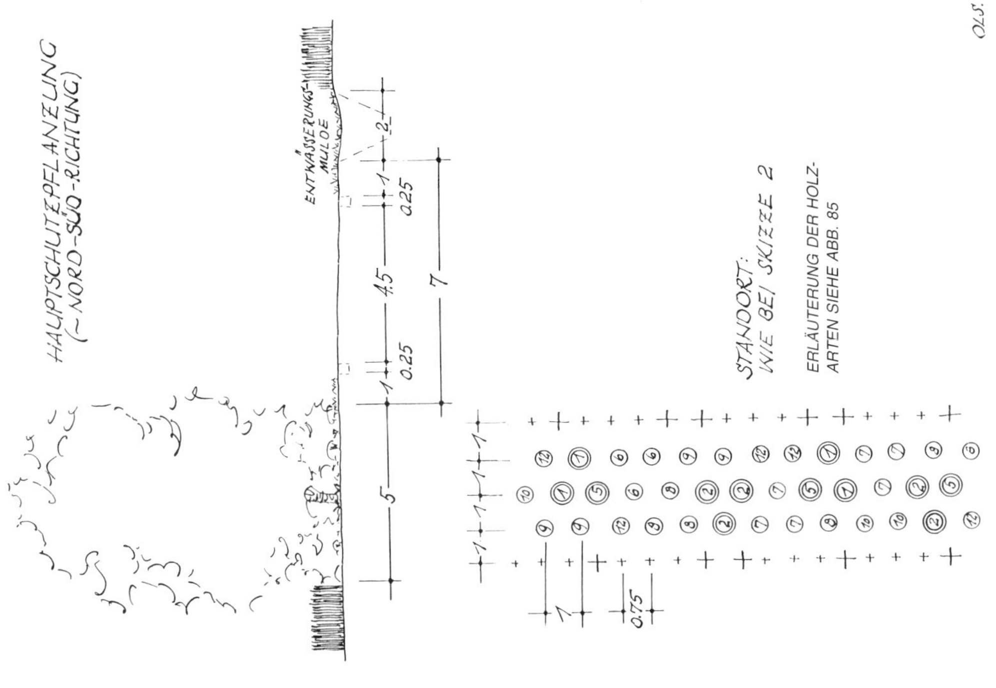
HAUPTSCHUTZPFLANZUNG
(~NORD-SÜD-RICHTUNG)
ENTWÄSSERUNGS-MULDE
STANDORT:
WIE BEI SKIZZE 2
ERLÄUTERUNG DER HOLZARTEN SIEHE ABB. 85
OLS.

Abb. 84

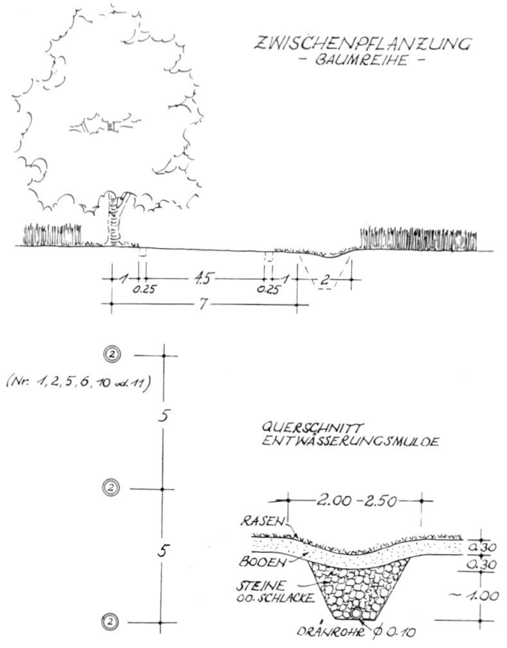

Abb. 86 ERLÄUTERUNG DER HOLZARTEN SIEHE ABB. 85

ökologische Nachteile zur Folge hätten. Die endgültige Bahntrasse am westlichen Talrand hingegen kann in kontinuierlichem Gefälle von Süden nach Norden ausgebaut werden, indem sie an den Kippenrand angelehnt wird. Die sich talseits des Bahnkörpers ergebende Böschung soll in Zusammenarbeit mit der zuständigen Bahnmeisterei aufgeforstet werden und wird den Talraum nicht beeinträchtigen.

Die *Erft* soll wieder den Charakter eines naturnahen Wasserlaufes und nicht den eines Kanals erhalten. Dies macht erforderlich, außer einer geschwungenen Führung auch den Querschnitt entsprechend auszubilden. Die Uferböschungen sollen flach ausgezogen, möglichst nicht unter 1:2,5 oder besser 1:3, und ausgerundet in den angrenzenden Talboden übergehen. Der untere Teil des Flußbettes sollte mit Naturstein und die anschließenden Böschungen mit Rasen befestigt werden. Oberhalb der HHW-Linie sollen die Ufer mit standortsgemäßen Gehölzen bepflanzt werden; auf diese Weise wird der für den Wasserabfluß erforderliche Querschnitt durch die Bepflanzung nicht verengt. Die Wurzeln der Gehölze wachsen unter der Oberfläche die Böschung hinab, befestigen das Ufer und tragen dazu bei, Kolkschäden zu verhindern. Die Bepflanzung soll je nach den örtlichen Verhältnissen zwischen durchgehender und gruppenartiger Baum- und Strauchpflanzung wechseln. Unmittelbar am Wasser sollen Straucharten, im Bereich der Böschungskrone Baumarten 2. Ordnung und anschließend Baumarten 1. Ordnung gepflanzt werden (vgl. Abb. 81). Es wird empfohlen, beiderseits der Flußufer einen Streifen von 5 m Breite ab Böschungskrone zum Wasserlauf zu schlagen und für die Bepflanzung vorzubehalten. Erfahrungsgemäß kann auf diesem Streifen ein schmaler, auenwaldähnlicher Gehölzsaum aufgebaut werden.

Der geplante *See*, der angelegt werden kann, sobald die zwischenzeitliche Bahntrasse aufgelassen und der offene Graben nach Buchholz wieder verkippt ist, erhält einen Zu- und Abfluß zur Erft. Das Wasser soll im Bedarfsfall zur Beregnung landwirtschaftlicher Kulturflächen verfügbar sein. Die Aufgaben des Sees als landschaftsökologisches Gewässer machen es erforderlich, die Ufer flach auszubilden und mit einer standortsgemäßen Ufervegetation zu bepflanzen. Unterwasserpflanzen und Laichkräuter, ein Rohr- und Riedgürtel in der Übergangszone zum Land, ein Weidengürtel oberhalb des Wasserspiegels und anschließend ein auenwaldartiger Gehölzsaum sollen die Lebensbedingungen für eine artenreiche Wasser- und Uferfauna bieten (vgl. Abb. 81). An der Süd- oder Westseite des Sees könnte ein Abschnitt frei von Ufervegetation gehalten und für Badezwecke eingerichtet werden.

Erholungsbelange

Obwohl der Schwerpunkt der Rekultivierung im Plangebiet auf der landwirtschaftlichen Nutzung liegt, dürfen die berechtigten Belange des Erholungsverkehrs nicht außer acht gelassen werden. Das Plangebiet ist von zahlreichen industrialisierten Gemeinden umgeben, die einen Anspruch auf Erholungsmöglichkeiten haben. Das Beispiel zeigt, daß es durchaus möglich ist, die Wünsche der Erholung ausreichend zu berücksichtigen, ohne die landwirtschaftlichen Belange zu beeinträchtigen. Dies kann zunächst dadurch erreicht werden, daß die Ränder der Kippen, die ohnehin nicht anders genutzt werden können, bewaldet werden und so ein zusammenhängendes System von breiten Waldstreifen geschaffen wird. Das System wird durch Pflanzungen an Straßen, Wegen und an der Erft sowie durch Schutzpflanzungen und sonstige Flurgehölze ergänzt. Wanderwege führen durch die Waldstreifen und sind mit dem Netz der Wirtschaftswege verbunden, so daß auch die durchgrünten bäuerlichen Fluren dem Erholungsverkehr erschlossen werden. Schließlich sollen der mit Gehölzen bestandene Wasserlauf der Erft und auch der See den Erholungsuchenden zugänglich gemacht werden. Parkplätze sind im Plan vorgesehen und lassen sich ohne Schwierigkeiten noch an weiteren Stellen anlegen, sofern ein größerer Bedarf vorliegt.

4. Abschließende Bemerkungen

Wie bereits im Abschnitt 2 dargelegt, werden sich die Standortgegebenheiten der neuen Talniederung, insbesondere Boden und Wasserhaushalt, von den früheren Verhältnissen unterscheiden. Sollte eine Grünlandnutzung der Talböden angestrebt werden, so können nicht die bisherigen Wirtschaftsmethoden bedingungslos auf den neuen Standort übertragen werden. Es wird dann empfohlen, zu gegebener Zeit durch ein pflanzensoziologisches Institut ein Gutachten erstellen zu lassen, aus dem hervorgeht, unter welchen Bedingungen ggf. die Flächen optimal als Grünland genutzt werden können. Die Untersuchung soll auch Auskunft über Aussaatmengen und geeignete Saatmischungen von standortsgemäßen Gras- und Kleearten für Wiesen und Weiden geben.

Die auf den Kippenrändern entstehenden zusammenhängenden Waldflächen sollten, sobald ein Bestandsgefüge erreicht ist, als Landschaftsschutzgebiete nach § 21 des Landschaftsgesetzes von Nordrhein-Westfalen vom 26. Juni 1980 in der Fassung vom 20. Juni 1989 ausgewiesen werden. Hierdurch wird es möglich, den Wald als landschaftsökologisches Element in dem sonst betont landwirtschaftlich ausgerichteten Raum zu erhalten, ohne daß seine ordnungsgemäße forstwirtschaftliche Nutzung gemindert würde.

Die flurschützenden Waldstreifen, Schutzpflanzungen aller Art und sonstigen Flurgehölze sollten durch die Gemeinde oder einen Verband betreut werden. So kann sichergestellt werden, daß die Gehölzvegetation sachgemäß gepflegt wird und als Boden-, Wind- und Klimaschutz wirksam bleibt (Abb. 77–86).

4.2.6 Beispiel Tagebau Fortuna-Garsdorf

Der Verfasser wurde mit der Ausarbeitung des Sonderbetriebsplanes zur Oberflächengestaltung und Rekultivierung der Teilfläche II der Innenkippe Tagebau Fortuna-Garsdorf beauftragt. Der Plan soll in seinem Inhalt auch die Anforderungen eines Landschaftspflegerischen Begleitplanes erfüllen. Der Sonderbetriebsplan ist ein *Beispiel für eine vorrangig landwirtschaftliche Rekultivierung.*

In diesem Plan ist neben der Teilfläche II auch die von der Bergbehörde bereits zugelassene Teilfläche I dargestellt, die im Sonderbetriebsplan zur Oberflächengestaltung und Rekultivierung des Tagebaues Fortuna-Garsdorf vom 28. 12. 1971 behandelt wurde. Es wird im Sinne einer geordneten Gesamtplanung und -gestaltung des Tagebaus Fortuna-Garsdorf für zweckmäßig erachtet, neben den noch nicht genehmigten Teilflächen auch die bereits zugelassenen und rekultivierten Teilflächen in einem Plan zusammenzufassen.

1. Planungsvorgaben

In der Ausarbeitung des Landschaftspflegerischen Begleitplanes wurden folgende bindenden Vorgaben berücksichtigt:
– Die Oberflächengestaltung ist nicht nur auf die Verkippung von Eigenabraum aus dem Tagebau Fortuna-Garsdorf und Fremdabraum aus dem Tagebau Bergheim, sondern vor allem auch auf

Abb. 87. Tagebau Fortuna-Garsdorf. Das Bild läßt erkennen, wie stark die Braunkohlenflöze verworfen sind und wie unterschiedlich hoch die Abraumschicht ansteht. (Freig. RP Düsseldorf Nr. 18 G 846) (Foto: Rheinbraun)

die Unterbringung von ca. $1{,}1 \times 10^9$ m^3 Abraum aus dem Tagebau Hambach abzustimmen.

- Im westlichen Bereich des Tagebaues ist als Maßnahme des Hochwasserschutzes für die Erft ein Retentionsraum von ca. 2,0 Mio. m^3 vorzusehen, der außerhalb der Hochwasserzeiten mit Ausnahme einer ständigen Wasserfläche von rd. 15 ha wasserfrei bleiben muß. Nach einer Stellungnahme des Großen Erftverbandes ist hier die Anlage einer ständigen Wasserfläche ohne die Gewährleistung eines dauernden Wasseraustausches mit den anerkannten Regeln der Wasserwirtschaft nicht in Einklang zu bringen.
- Innerhalb der Teilflächen, die überwiegend mit Abraummassen aus dem Tagebau Hambach verfüllt werden, sind gemäß den Festlegungen des Massenarbeitskreises im Braunkohlenausschuß vom 16. Dez. 1974 ca. 1500 ha landwirtschaftlich zu rekultivieren. Zusätzlich sollen ca. 20 ha „landschaftsgestaltende Grünflächen“ nachrichtlich dargestellt werden.
- Die Neigung der landwirtschaftlich zu rekultivierenden Flächen darf nach Ziff. 1.5 der Richtlinien zum Teilplan 12/1-Hambach (entsprechend den „Richtlinien des Landesoberbergamtes NW für das Aufbringen von kulturfähigem Bodenmaterial bei landwirtschaftlicher Rekultivierung für die im Tagebau betriebenen Braunkohlenbergwerke“) 1,5 % nicht übersteigen.
- Zwei Teilflächen lassen eine Rekulti-

Abb. 88. Blick in den Alttagebau Fortuna. Auffüllung der Innenkippe mit teilweiser land- und forstwirtschaftlicher Rekultivierung im Vorder- und Hintergrund. (Freig. RP Düsseldorf Nr. 18 B 756) (Foto: Rheinbraun)

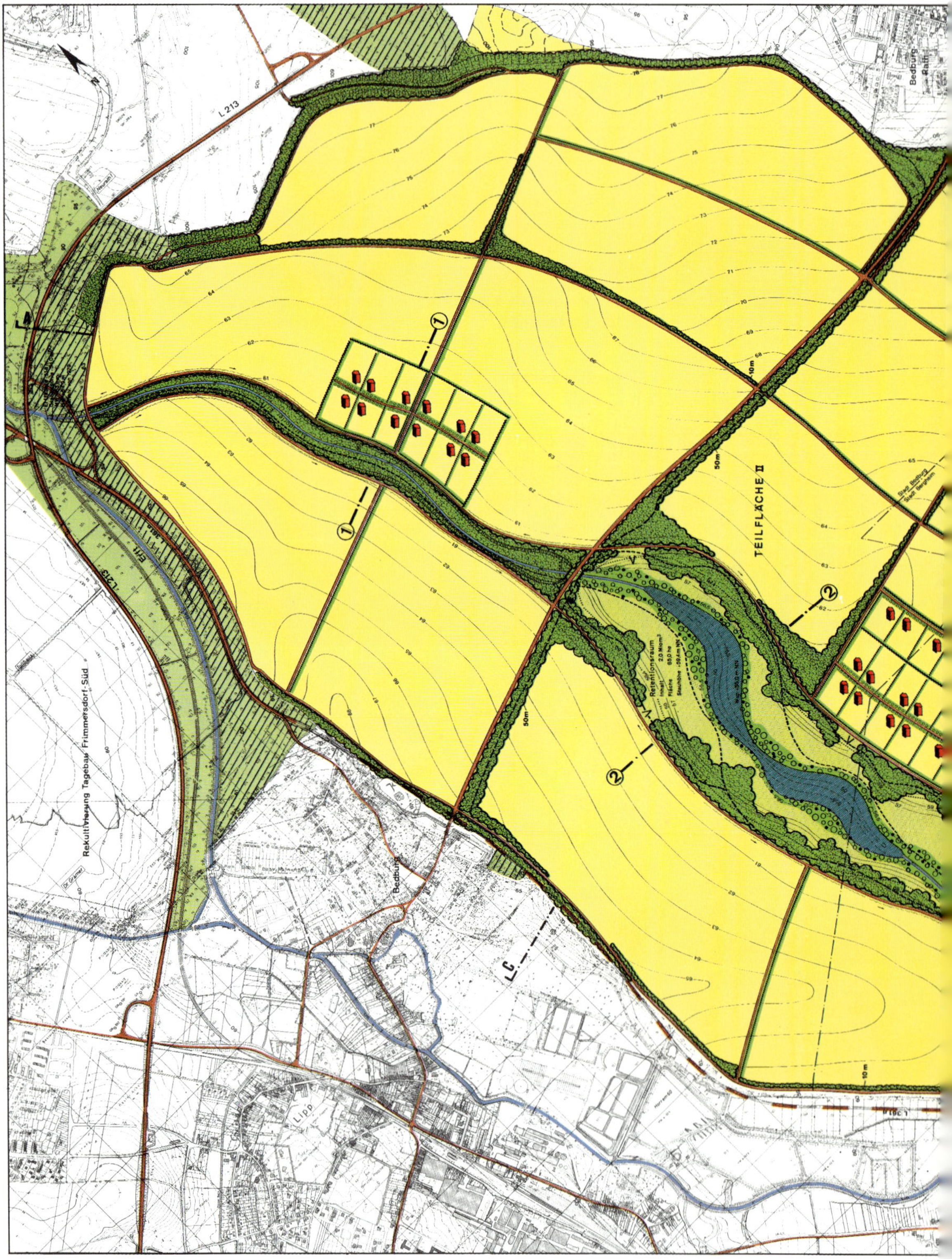
L 213
TEILFLÄCHE II
Rekultivierung Tagebau Frimmersdorf-Süd
Bedburg
Lipp
Erft
50m
10m

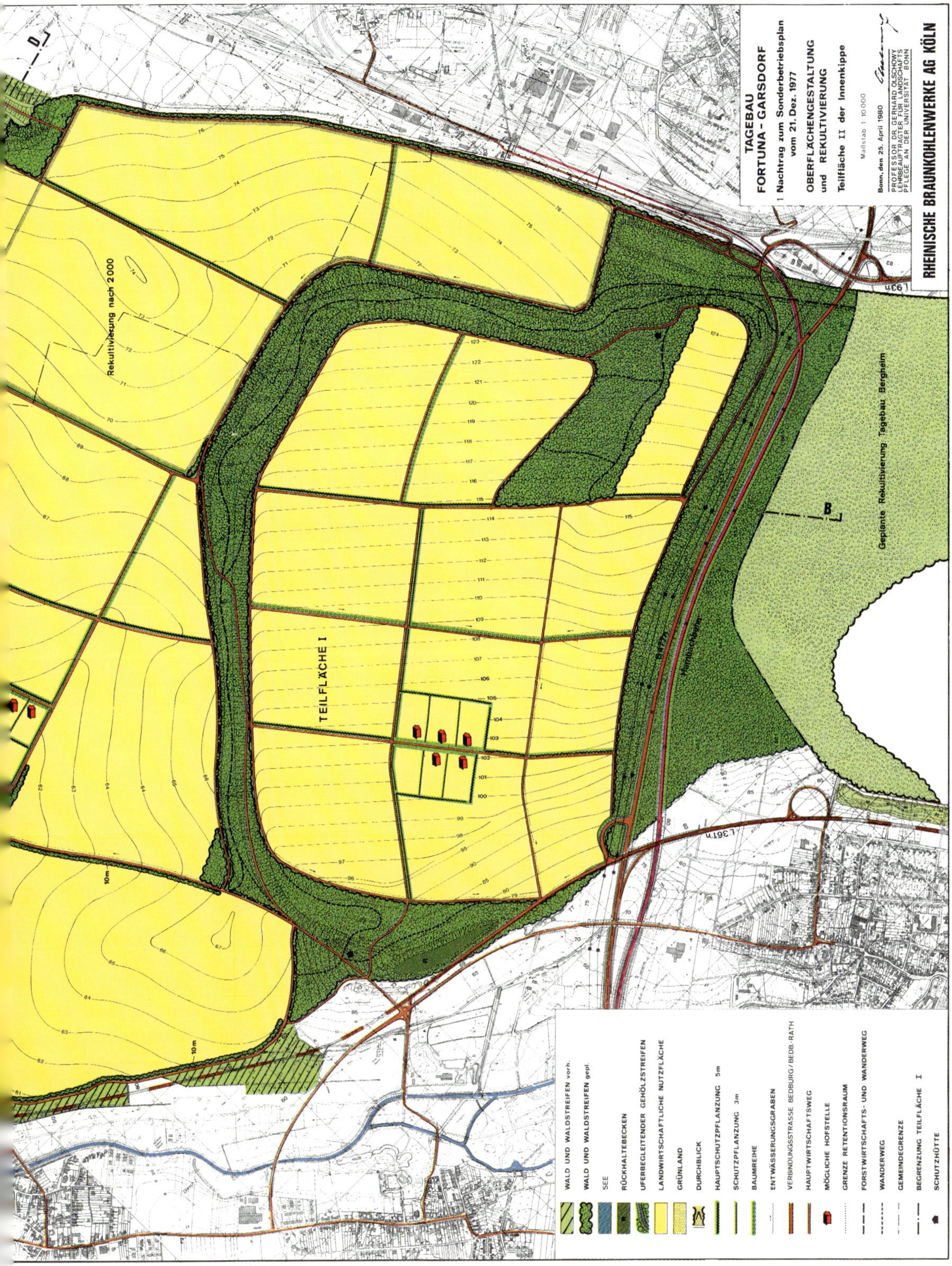
TAGEBAU
FORTUNA - GARSDORF
1. Nachtrag zum Sonderbetriebsplan
vom 21. Dez. 1977
OBERFLÄCHENGESTALTUNG
und REKULTIVIERUNG
Teilfläche II der Innenkippe
Maßstab 1:10000
Bonn, den 25. April 1980
PROFESSOR DR. GERHARD OLSCHOWY
LEHRBEAUFTRAGTER FÜR LANDSCHAFTSPFLEGE AN DER UNIVERSITÄT BONN
RHEINISCHE BRAUNKOHLENWERKE AG KÖLN
Rekultivierung nach 2000
TEILFLÄCHE I
Geplante Rekultivierung Tagebau Bergheim
WALD UND WALDSTREIFEN vorh.
WALD UND WALDSTREIFEN gepl.
SEE
RÜCKHALTEBECKEN
UFERBEGLEITENDER GEHÖLZSTREIFEN
LANDWIRTSCHAFTLICHE NUTZFLÄCHE
GRÜNLAND
DURCHBLICK
HAUPTSCHUTZPFLANZUNG 5m
SCHUTZPFLANZUNG 3m
BAUMREIHE
ENTWÄSSERUNGSGRABEN
VERBINDUNGSSTRASSE BEDBURG/BEDB.-RATH
HAUPTWIRTSCHAFTSWEG
MÖGLICHE HOFSTELLE
GRENZE RETENTIONSRAUM
FORSTWIRTSCHAFTS- UND WANDERWEG
WANDERWEG
GEMEINDEGRENZE
BEGRENZUNG TEILFLÄCHE I
SCHUTZHÜTTE

Abb. 89

vierung erst zu einem späteren Zeitpunkt (nach 2000) zu. Zur Aufnahme von Kraftwerksasche aus dem Kraftwerk Niederaußem ist ab 1990 ein betriebsoffener Raum von ca. 70 ha vorgesehen. Eine weitere Betriebsfläche von ca. 120 ha liegt im Bereich der heutigen Kohlevorratsgräben bzw. des Bahnhofs auf + 60 m NN, die auch nach der Auskohlung des Tagebaues Fortuna weiter genutzt werden soll.

- Die der Abführung von Oberflächenwasser dienenden Gräben sollen möglichst keine geringere Neigung als 1:300 aufweisen.
- Die Anlage des Wegenetzes soll sich an der ungehinderten landwirtschaftlichen Nutzung der Flächen orientieren, die eine Größe von ca. 30 ha haben sollen und eine günstige Furchenlänge ermöglichen.
- Die vorgesehenen Weilerstandorte sollen von Wohnbereichen entfernt liegen.
- Die Richtlinien zum Teilplan 12/1-Hambach vom 17. Dez. 1976 sind einzuhalten.

2. *Planungsziel*

Das gesamte Planungsgebiet umfaßt rd. 2200 ha (rd. 550 ha Teilfläche I und rd. 1650 ha Teilfläche II) und hat eine maximale Längsausdehnung in nordsüdlicher Richtung von rd. 7100 m und eine maximale Querausdehnung in westöstlicher Richtung von rd. 4300 m.

Die Teilflächen I und II sollen auch unter Berücksichtigung des Höhenunterschiedes, der im östlichen Bereich über 50 m beträgt, als eine zusammenhängende Kulturlandschaft gestaltet werden, die durch bewaldete Böschungen, Waldstreifen und Schutzpflanzungen gegliedert wird. Die Gliederung mit natürlichen Elementen ist aus Gründen der Landschaftsökologie und Landschaftsgestaltung um so notwendiger, als eine Fläche von 1500 ha landwirtschaftlich rekultiviert werden muß. Das entspricht der in den Richtlinien zum Teilplan 12/1-Hambach geforderten Berücksichtigung der Landschaftspflege. Darüber hinaus müssen auch die Wasserwirtschaft und die Naherholung berücksichtigt werden, wozu die Waldstreifen und Flurgehölze ebenfalls vorteilhaft beitragen.

Als weitere Planungsziele werden im einzelnen aufgeführt:

- Erschließung des Plangebietes für die Land- und Forstwirtschaft und den Erholungsverkehr sowie wegemäßige Verbindung der Teilflächen I und II,
- Landschaftliche Einbindung des Retentionsraumes, der in Verbindung mit den Waldstreifen auch Schwerpunkt für eine Nutzung als Erholungs- und Freizeitgebiet sein soll,
- Ausweisung von möglichen geeigneten Standorten für den Aufbau von landwirtschaftlichen Weilern,
- Abschirmung der landwirtschaftlichen Nutzflächen durch Waldstreifen und geschlossene Gehölzpflanzungen,
- Bewaldung von Böschungs- und Hangflächen im Zusammenhang mit den übrigen Waldflächen,
- Verwendung von standortgerechten Arten für die forstwirtschaftliche Rekultivierung wie auch für die Anlage von Wald- und Gehölzstreifen.

3. *Ökologische Gegebenheiten*

a. *Naturräumliche Gliederung*

Das Gebiet des Tagebaues Fortuna-Garsdorf gehört zum Nordteil des Naturraums Ville. Die Ville erstreckt sich als schmaler, durchschnittlich 5 km breiter Höhenzug vom linksrheinischen Schiefergebirgsrand westlich Bad Godesberg aus in nordwestlicher Richtung bis südlich Grevenbroich. Sie teilt die Niederrheinische Bucht in zwei Bereiche, und zwar die Zülpicher und die Jülicher Börde im Westen und die Kölner Bucht im Osten.

Für die Entwicklung der mittleren und nördlichen Ville ist die Braunkohlenformation von entscheidender Bedeutung. Als Folge der Tektonik steht hier die Braunkohle oberflächennah und für den Tagebau leicht zugänglich an. Das bis zu 100 m mächtige, überwiegend miozäne Hauptbraunkohlenflöz ist auf der Ville durch zahlreiche Verwerfungen in seiner Lagerung stark gestört. Deshalb wird es auch von sehr unterschiedlichem Deckgebirge aus pleistozänen und tertiären Schottern und Sanden sowie unmittelbar im Hangenden von Ton überlagert. Nach Osten wird die Braunkohle im Nordteil durch den Frechener Sprung scharf abgeschnitten, der sich von Frechen aus im Bogen nach Nordwesten mitten durch die Ville-Hochfläche zieht. Die Ville-Hochfläche wird in ihrer Oberfläche überwiegend von den sanddurchmischten Hauptterrassenschottern gebildet, die eine sehr schwankende Mächtigkeit von durchschnittlich 8–12 m aufweisen. Die früher im Abbaugebiet vorherrschenden Böden, die aus der ursprünglich weit verbreiteten dünnen Lößüberwehung über Terrassenschottern hervorgegangen sind, wiesen zumeist einen geringen Nährstoffgehalt auf, waren oberflächig versandet und im Unterboden verdichtet; sie repräsentierten zumeist mehr oder weniger stark ausgeprägte Staunässegleiböden, die als Grauerde bezeichnet werden. Der Braunkohlentagebau hat mit seinem Abbau und den aufgeschütteten Abraumkippen das ursprünglich naturräumliche Gefüge weitgehend verändert.

b. *Reale und potentielle natürliche Vegetation*

Die *ursprüngliche Waldvegetation* vor dem Abbau variierte vom artenreichen Stieleichen-Hainbuchen-Wald auf guten Böden über bodensaure Stieleichen-Hainbuchen-Bestände und Eichen-Buchen-Mischwälder (vor allem in der Form der Maiglöckchen-Fazies) bis zu trockenen Eichen-Birken-Wäldern (mit Kiefern durchforstet und Calluna-Heide durchsetzt) auf reinen Hauptterrassenböden. Bei vorliegender Staunässe reichte diese Waldgesellschaft bis zum feuchten Pfeifengras-Eichen-Birken-Wald und gelegentlich sogar zum Birkenbruch mit feuchter Erica-Zwergstrauchheide als Degradationsstufe. Besonders im Südteil der Ville konnten sich größere zusammenhängende Waldflächen erhalten, so auch der Kottenforst.

Auf *rekultivierten Aufschüttungsflächen* in diesem Bereich ist nach vegetationskundlichen Untersuchungen der Bundesforschungsanstalt für Naturschutz und Landschaftsökologie der Flattergras-Traubeneichen-Buchen-Wald die dominierende aktuelle Waldgesellschaft, während der Maiglöckchen-Perlgras-Buchen-Wald als wichtigste Begleitgesellschaft festgestellt wurde. Auf Flächen, die der Tagebau nicht verändert hat, sind kleinflächig noch der Maiglöckchen-Eichen-Hainbuchen-Wald und auf kiesigen und lehmigen Böden der Maiglöckchen-Perlgras-Buchen-Wald eingestreut. Die 20–40jährigen Aufforstungen zwischen Liblar und Brühl zeigen, daß sich unter Buche, Hainbuche und Bergahorn eine krautartige Bodenvegetation aus *Convallaria, Poa nemoralis, Milium effusum* und *Epipactis helleborine* sowie an den Bestandsrändern gelegentlich Schlehdorn (*Prunus spinosa*), Heckenkirsche (*Lonicera xylosteum*) und Hartriegel (*Cornus sanguinea*) eingestellt haben.

Auf Abraum aus Sand, Kies und Ton pleistozäner und tertiärer Herkunft oder Löß ist als potentielle natürliche Waldgesellschaft der Flattergras-Traubeneichen-Buchen-Wald (Milio-Fagetum) mit folgenden Gehölzarten zu erwarten:

Baumarten:

Rotbuche	(*Fagus silvatica*)
Traubeneiche	(*Quercus petraea*)
Hainbuche	(*Carpinus betulus*)
Vogelbeere	(*Sorbus aucuparia*)
Sandbirke	(*Betula verrucosa*)
Vogelkirsche	(*Prunus avium*)
Aspe	(*Populus tremula*)

Straucharten:

Salweide	(*Salix caprea*)
Faulbaum	(*Frangula alnus*)
Hasel	(*Corylus lavellana*)
Wildrose	(*Rosa canina*)
Weißdorn	(*Crataegus oxyac. und monog.*)

Auf Flächen, die mit Löß überdeckt sind, ist als potentielle natürliche Gesellschaft der Maiglöckchen-Perlgras-Buchen-Wald (Melico-Fagetum) mit folgenden bodenständigen Gehölzen zu erwarten:

Baumarten:

Rotbuche	(*Fagus silvatica*)
Traubeneiche	(*Quercus petraea*)
Winterlinde	(*Tilia cordata*)
Hainbuche	(*Carpinus betulus*)
Vogelkirsche	(*Prunus avium*)

Straucharten:

Salweide	(*Salix caprea*)
Hasel	(*Corylus avellana*)
Weißdorn	(*Crataegus oxyac. und monog.*)
Wildrose	(*Rosa canina*)
Schlehdorn	(*Prunus spinosa*)
Hartriegel	(*Cornus sanguinea*)

c. *Standortmerkmale für die Rekultivierung*

Auf die für eine *landwirtschaftliche Nutzung* bestimmten Flächen wird eine in gesetztem Zustand mindestens 1 m dicke Lößschicht auf den Abraum aufgetragen, und zwar unter Beachtung des Lößabkommens und der „Richtlinien des Landesoberbergamtes NW für das Aufbringen von kulturfähigem Bodenmaterial bei landwirtschaftlicher Rekultivierung für die im Tagebau betriebenen Braunkohlengebiete". Der hierfür erforderliche Löß wird mit Abraumzügen von den Tagebauen im Frimmersdorfer Raum über die Nord-Süd-Bahn herangefahren. Es handelt sich um jungen, frischen Würmlöß, der kalkreich ist, relativ wenig Tonsubstanz und ausreichend Feinsand aufweist. Der hohe Wert des Lößmaterials für eine landwirtschaftliche Rekultivierung liegt in seinem günstigen Porenvolumen im gewachsenen Löß von rd. 45 %, das einen guten Luft- und Wasserhaushalt bedingt, und seinem hohen Kalkgehalt. Eine mindestens 1 m mächtige Lößschicht läßt gute landwirtschaftliche Bedingungen und damit sichere Ertragsleistungen erwarten, die auch in ihrer Höhe dem Altland ebenbürtig sind.

Auf den für eine *forstwirtschaftliche Nutzung* vorgesehenen Flächen wird der Abraum mit einer 3–5 m mächtigen Schicht aus sogen. „Forstkies" überdeckt. Dies ist ein Gemisch aus pleistozänem Sand, Kies und Schotter der Rheinhauptterrasse, vermengt mit holozänen Bestandteilen und Löß. Der Lößanteil beträgt entsprechend den Richtlinien des Landesoberbergamtes NW vom 12. Nov. 1973 auf ebenen Flächen mind. 25 % und auf Böschungen mind. 20 %. Dieses Gemisch enthält ausreichend Feinmaterial, weist eine tiefe Durchwurzelbarkeit und infolge des Lößanteils einen günstigen Wasserhaushalt auf, so daß eine nachhaltige Ertragsleistung der künftigen Waldbestände gewährleistet ist.

Das Klima der rekultivierten Teile der Ville muß im Zusammenhang mit der Ville als Ganzes gesehen werden. Sie stellt klimatisch eine – wenn auch nicht sehr ausgeprägte – Scheide zwischen dem West- und Ostflügel der Rheinischen Bucht dar. Trotz der nur geringen Aufragung macht sich für den aus dem Westen herangeführten Regen eine leichte Stauwirkung bemerkbar. Während in der Jülich-Zülpicher Börde die Niederschläge nur ein Minima unter 550–600 mm erreichen, steigen sie am Westrand der Ville an und erreichen auf der Hochfläche im langjährigen Mittel etwa 680 mm, um dann am Ostabfall wieder leicht abzunehmen. Infolge der stärkeren Windexposition im Bereich der Ville liegen die mittleren Jahrestemperaturen durchschnittlich etwas über 0,5 °C unter den Werten der Kölner Bucht. Für den phänologischen Jahresablauf hat das zur Folge, daß die

Ville-Hochfläche gegenüber der extrem frühen Kölner Bucht um etwa 8–10 Tage nachfolgt und damit die Vegetationszeit etwas verkürzt ist. Im übrigen bestehen zwischen Westabfall, Hochfläche und Ostabfall der Ville geländeklimatische Unterschiede, wobei die leeseitige Ostexposition als besonders klimagünstig anzusprechen ist.

4. *Erläuterung der Rekultivierungsmaßnahmen*

a. *Flächenaufteilung* Angaben in ha

Teilfläche I lt. Sonderbetriebsplan vom 28. 12. 1971

	Stadt Bergheim	Stadt Bedburg	Summe
Aschefläche	315	–	315
Grünland	–	–	–
Su. Landwirtschaft	315	–	315
[1] Forstwirtschaft	212	4	216
Sonstige	18	–	18
Summe	545	4	549

[1] einschl. 10 ha landschaftsgestaltende Grünflächen[2]

Teilfläche II lt. Sonderbetriebsplan v. 21. 12. 1977

Aschefläche	458	974	1432
Grünland	10	36	46
Su. Landwirtschaft	468	1010	1478
[1] Forstwirtschaft	38	149	187
Sonstige	–	4	4
Summe	506	1163	1669

[1] einschl. 20 ha landschaftsgestaltende Grünflächen[2]

Teilfläche I und Teilfläche II

Landwirtschaft	783	1010	1793
Forstwirtschaft	250	153	403
Sonstige	18	4	22
Summe	1051	1167	2218

[2] Diese Grünflächen sind im beiliegenden Plan nur zum Teil dargestellt und werden im Zuge des Flurbereinigungsverfahrens ergänzt.

b. *Land- und forstwirtschaftliche Rekultivierung*

Die für die landwirtschaftliche Nutzung vorgesehenen Flächen lassen sich von der Erschließung und von der späteren Anlage der Weiler und Hofstellen her in drei Gebiete aufteilen:
- Bereich der höher gelegenen Teilfläche I
- Bereich südlich der Verbindungsstraße Bedburg–Bedburg-Rath
- Bereich nördlich der Verbindungsstraße Bedburg–Bedburg-Rath

Die durch das geplante Netz der Straßen und Hauptwirtschaftswege sich ergebenden großen Flächen lassen später eine Aufgliederung in Schlaggrößen bzw. Grundstücke von rd. 30 ha ohne Schwierigkeiten zu und ermöglichen günstige Furchenlängen.

Die Neigung der mit Löß abgedeckten Flächen beträgt im Minimum 0,5 und im Maximum 1,3 %. Damit ist die Gefahr eines Abtrages des erosionsempfindlichen Lößbodens ausgeschlossen, eine Entwässerung der Oberfläche aber noch gewährleistet.

Die im Plan eingetragenen *Weiler und Hofstellen* geben nur die möglichen Standorte wieder. Die endgültigen Standorte können erst in späteren Bebauungsplänen der beteiligten Gemeinden festgelegt werden. Die eingetragenen drei Standorte berücksichtigen
- die Gliederung des Gesamtplangebietes in drei landwirtschaftliche Bereiche,

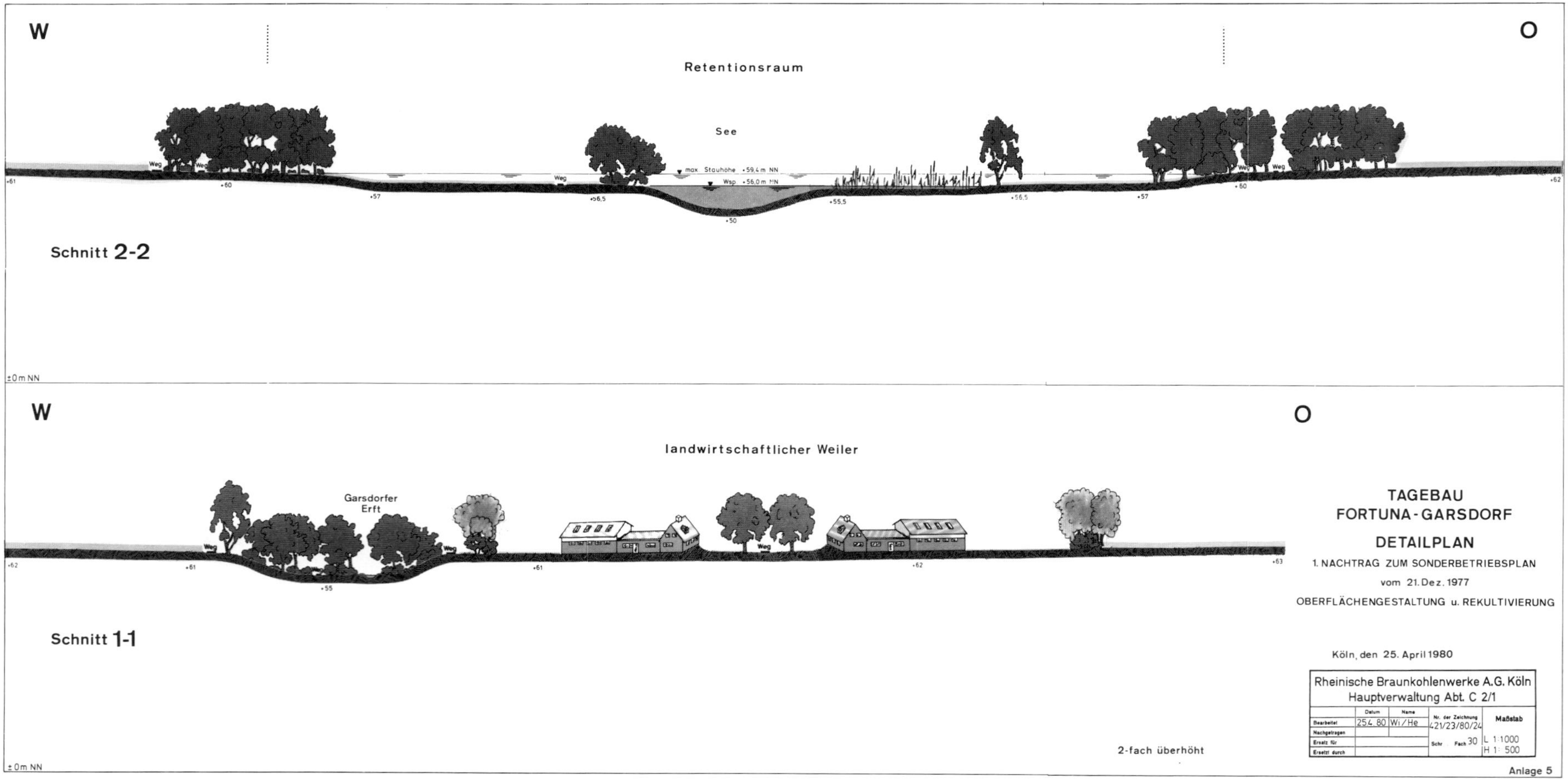

Abb. 90

Olschowy

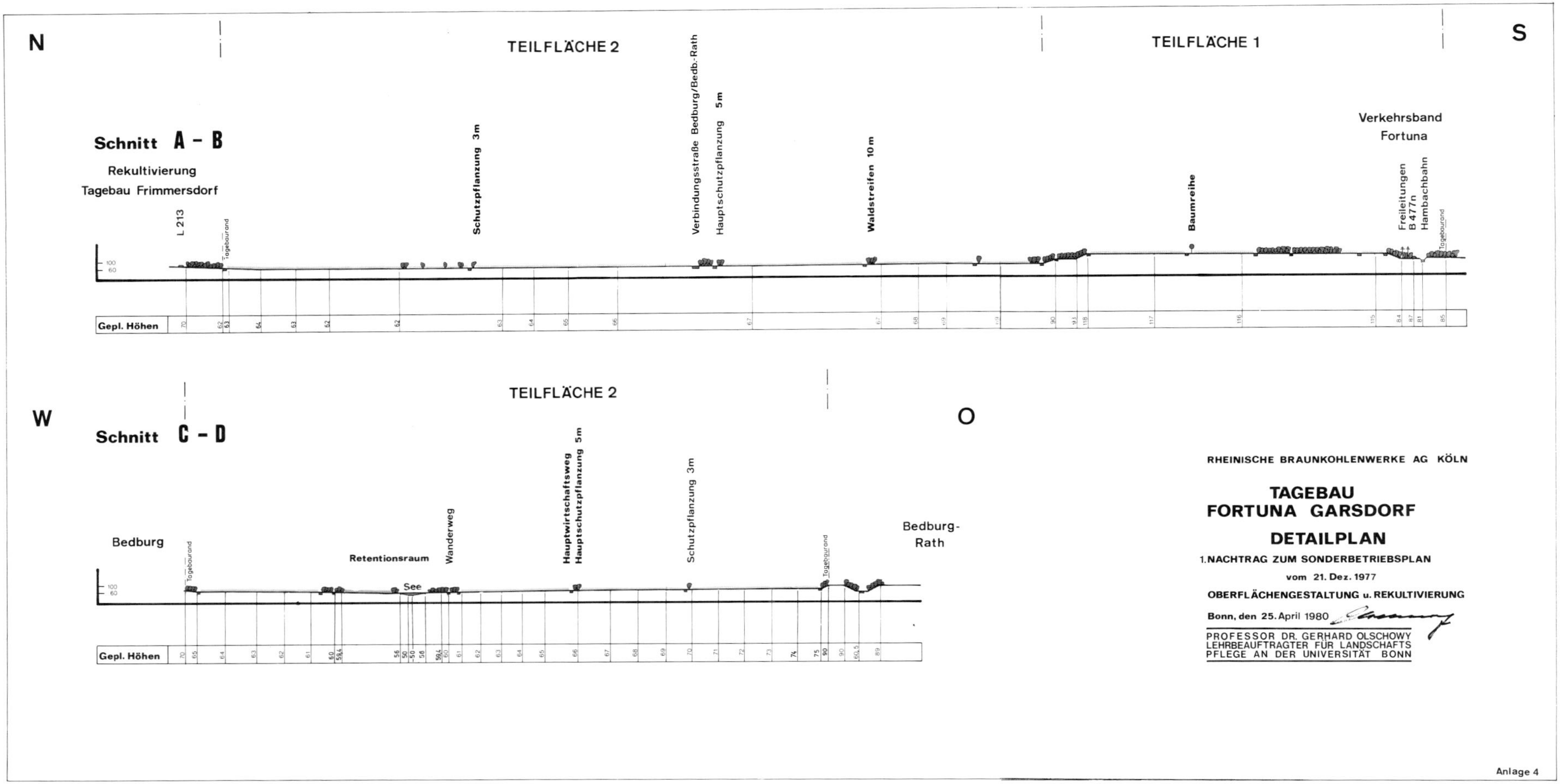
N
TEILFLÄCHE 2
TEILFLÄCHE 1
S
Schnitt A - B
Rekultivierung
Tagebau Frimmersdorf
L 213
Schutzpflanzung 3m
Verbindungsstraße Bedburg/Bedb.-Rath
Hauptschutzpflanzung 5m
Waldstreifen 10m
Baumreihe
Verkehrsband
Fortuna
Freileitungen
B 477n
Hambachbahn
Gepl. Höhen
W
TEILFLÄCHE 2
O
Schnitt C - D
Bedburg
Retentionsraum
See
Wanderweg
Hauptwirtschaftsweg
Hauptschutzpflanzung 5m
Schutzpflanzung 3m
Bedburg-
Rath
Gepl. Höhen
RHEINISCHE BRAUNKOHLENWERKE AG KÖLN
TAGEBAU
FORTUNA GARSDORF
DETAILPLAN
1.NACHTRAG ZUM SONDERBETRIEBSPLAN
vom 21. Dez. 1977
OBERFLÄCHENGESTALTUNG u. REKULTIVIERUNG
Bonn, den 25. April 1980
PROFESSOR DR. GERHARD OLSCHOWY
LEHRBEAUFTRAGTER FÜR LANDSCHAFTS
PFLEGE AN DER UNIVERSITÄT BONN
Anlage 4

Abb. 91

- günstige Entfernungen zu den Nutzflächen, auch von der Oberflächengestaltung her (Böschungen, Verkehrsstraßen), ohne größere Schwierigkeiten,
- genügend große Entfernungen zu bestehenden Wohngebieten, so daß auch bei Mastviehbetrieben eine Beeinträchtigung nicht zu erwarten ist,
- Anlehnung an breitere Gehölzstreifen oder Waldflächen und
- die Verfügbarkeit der Flächen für eine Bebauung durch eine rechtzeitige Rekultivierung.

Die Zahl der Hofstellen wurde mit rd. 40 vorgegeben. Die vorgesehenen Weiler sind mit 24, 12 und 5 Hofstellen ausgelegt, so daß insgesamt 41 Hofstellen verfügbar sind. Eine Vergrößerung der Hofstellenzahl ist insbesondere für den nördlichen Weiler ohne Schwierigkeiten möglich.

Für die forstwirtschaftliche Rekultivierung sind folgende Flächen vorgesehen und z. T. bereits aufgeforstet:

- Böschungen westlich, nördlich, ostwärts und südlich der Teilfläche I,
- ein geschlossenes Gebiet im Südostteil der Teilfläche I,
- die allseitige Einfassung des Retentionsraumes,
- Flächen beiderseits des Wasserlaufs nördlich des Retentionsraumes,
- Böschungen am ostwärtigen Rand des Plangebiets und entlang von Hauptwirtschaftswegen,
- Restflächen, die sich aus der weitgehend rechtwinkligen Einteilung der landwirtschaftlichen Nutzflächen ergeben,
- 50 m breite Waldgürtel südlich der Verbindungsstraße Bedburg–Bedburg-Rath,
- Waldstreifen und punktuelle Waldflächen als Trenn- und Rahmenpflanzungen des Plangebietes gegenüber den benachbarten Gebieten und zur Gliederung der großräumigen Nutzflächen.

In der Anordnung neuer Waldflächen wurde Wert darauf gelegt, die Siedlungsgebiete Bedburg und Bedburg-Rath durch einen breiten Waldstreifen mit dem Retentionsraum als Erholungsschwerpunkt zu verbinden. Außerdem wurde die Verbindung mit Waldbeständen außerhalb des Plangebietes angestrebt, was ein späteres Zusammenwachsen vorhandener und geplanter Waldflächen ermöglichen soll.

Im Hinblick auf die potentiellen natürlichen Waldgesellschaften können folgende Holzarten zur Aufforstung verwendet werden:

Hauptholzarten:	
Buche	(*Fagus silvatica*)
Traubeneiche	(*Quercus petraea*)
Nebenholzarten:	
Stieleiche	(*Quercus robur*)
Hainbuche	(*Carpinus betulus*)
Winterlinde	(*Tilia cordata*)
Vogelkirsche	(*Prunus avium*)
Spitzahorn	(*Acer platanoides*)
Esche	(*Fraxinus excelsior*)
Waldkiefer	(*Pinus silvestris*)
Schwarzkiefer	(*Pinus nigra austriaca*)
Europ. Lärche	(*Larix decidua*)
Douglasie	(*Pseudotsuga Menziesii*)
Pionierholzarten:	
Vogelbeere	(*Sorbus aucuparia*)
Sandbirke	(*Betula verrucosa*)
Aspe	(*Populus tremula*)
Schwarzpappel	(*Populus nigra*)
Straucharten (vor allem am Waldrand):	
Salweide	(*Salix caprea*)
Hasel	(*Corylus avellana*)
Wildrose	(*Rosa canina*)
Schlehdorn	(*Prunus spinosa*)
Hartriegel	(*Cornus sanguinea*)
Sanddorn	(*Hippophae rhamnoides*)

c. *Landschaftsgestaltung und Erholungsnutzung*

Die im Plangebiet vorgesehenen Maßnahmen der *Landschaftsgestaltung* dienen vornehmlich dem Zweck, die großen zusammenhängenden landwirtschaftlichen Nutzflächen mit natürlichen Elementen zu durchsetzen und zu gliedern. Sie haben ökologische Funktionen zu erfüllen, die letztlich auch der landwirtschaftlichen Nutzung zugute kommen, weil das örtliche Klima vorteilhaft beeinflußt wird, und zwar vor allem

- durch Abschwächung der Hauptwinde aus östlicher Richtung bei winterlichen Hochdruckwetterlagen, wodurch Auswinterungsschäden vermindert werden,
- durch Abschwächung der Hauptwinde aus westlicher und südwestlicher Richtung,
- durch Verbesserung des Kohlensäurehaushaltes,
- durch Verminderung der Verdunstung und Verbesserung des Wasserhaushaltes im Boden,
- durch Erhöhung der Taubildung und
- durch Erhöhung der bodennahen Temperatur und der Bodenwärme.

Die Summe der einzelnen verbesserten Klimafaktoren ergibt eine Verbesserung der gesamten ökologischen Wachstums- und Ertragsbedingungen. Auch die Ertragssicherheit wird hierdurch erhöht. Die Gliederung der Feldflur dient dem heute zunehmend geforderten Biotop-Verbundsystem, sie ist auch vom optischen Erscheinungsbild her als vorteilhaft zu werten und ermöglicht eine Einbeziehung der Flächen für die Naherholung der Bevölkerung.

Im einzelnen sind folgende Aufforstungen und Pflanzungen als landwirtschaftsgestaltende und -gliedernde Elemente vorgesehen:

- Waldstreifen und punktuelle Waldflächen zur Absicherung der Feldfluren gegenüber Industriegebieten und Verkehrsstraßen sowie als Rahmenpflanzungen mit folgenden Holzarten:
  Traubeneiche (*Quercus petraea*)
  Stieleiche (*Quercus robur*)
  Winterlinde (*Tilia cordata*)
  Vogelkirsche (*Prunus avium*)
  Vogelbeere (*Sorbus aucuparia*)
  Sandbirke (*Betula verrucosa*)
  Schwarzpappel (*Populus nigra*)
  Waldkiefer (*Pinus silvestris*)
  Europ. Lärche (*Larix decidua*)

am Waldrand:
  Salweide (*Salix caprea*)
  Hasel (*Corylus avellana*)
  Wildrose (*Rosa canina*)
  Schlehdorn (*Prunus spinosa*)
  Hartriegel (*Cornus sanguinea*)

- Hauptschutzpflanzungen von 5 m Breite entlang der von Nord nach Süd verlaufenden Hauptwirtschaftswege und zur Abschirmung der Hofstellen mit folgenden Gehölzarten:
  Traubeneiche (*Quercus petraea*)
  Stieleiche (*Quercus robur*)
  Hainbuche (*Carpinus betulus*)
  Vogelkirsche (*Prunus avium*)
  Vogelbeere (*Sorbus aucuparia*)
  Sandbirke (*Betula verrucosa*)
  Schwarzpappel (*Pupulus nigra*)
  Salweide (*Salix caprea*)
  Hasel (*Corylus avellana*)
  Wildrose (*Rosa canina*)
  Hartriegel (*Cornus sanguinea*)
- Schutzpflanzungen von 3 m Breite entlang von Wirtschaftswegen und zur Gliederung der Weiler (Gehölzarten wie bei 5 m breiten Schutzpflanzungen);
- Baumreihen entlang von Wirtschaftswegen mit folgenden Holzarten:
  Winterlinde (*Tilia cordata*)
  Vogelkirsche (*Prunus avium*)
  Traubeneiche (*Quercus petraea*)
  Stieleiche (*Quercus robur*)
- Uferbegleitende Pflanzung entlang der Wasserflächen im Retentionsraum und im beiderseitigen Anschluß daran des Wasserlaufes mit folgenden Gehölzarten

unmittelbar am Wasser:
  Roterle (*Alnus glutinosa*)
  Mandelweide (*Salix triandra*)
  Purpurweide (*Salix purpurea*)

ab der Krone der Uferböschung einzeln und in Gruppen:

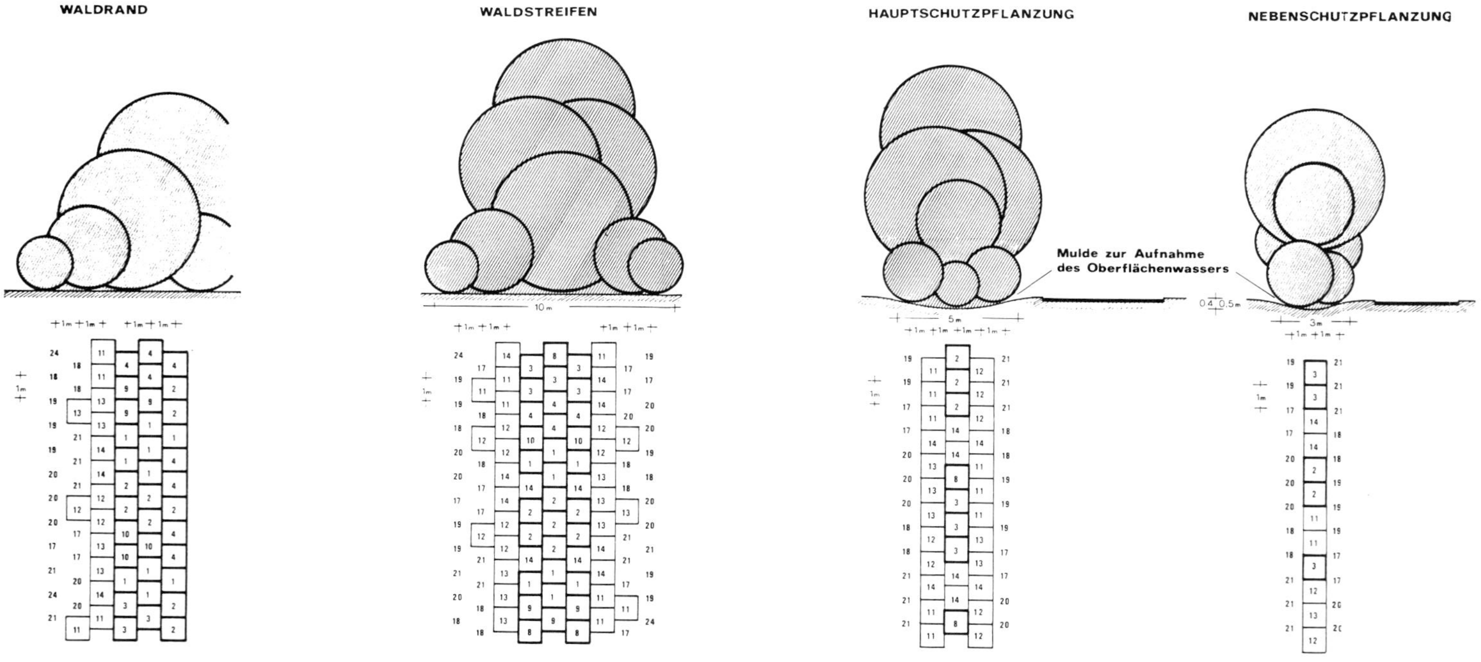

BÄUME 1. Ordnung

1	Buche	Fagus silvatica
2	Traubeneiche	Quercus petraea
3	Stieleiche	Quercus robur
4	Winterlinde	Tilia cordata
5	Esche	Fraxinus excelsior
6	Baumweide	Salix alba
8	Schwarzpappel	Populus nigra
9	Waldkiefer	Pinus silvestris
10	Europ. Lärche	Larix decidua

BÄUME 2. Ordnung

11	Vogelkirsche	Prunus avium
12	Vogelbeere	Sorbus aucuparia
13	Sandbirke	Betula verrucosa
14	Hainbuche	Carpinus betulus
15	Roterle	Alnus glutinosa
16	Bruchweide	Salix fragilis

STRÄUCHER

17	Salweide	Salix caprea
18	Hasel	Corylus avellana
19	Wildrose	Rosa canina
20	Schlehdorn	Prunus spinosa
21	Hartriegel	Cornus sanguinea
22	Mandelweide	Salix triandra
23	Purpurweide	Salix purpurea
24	Sanddorn	Hippophae rhamnoides

Olschowy

Abb. 92a

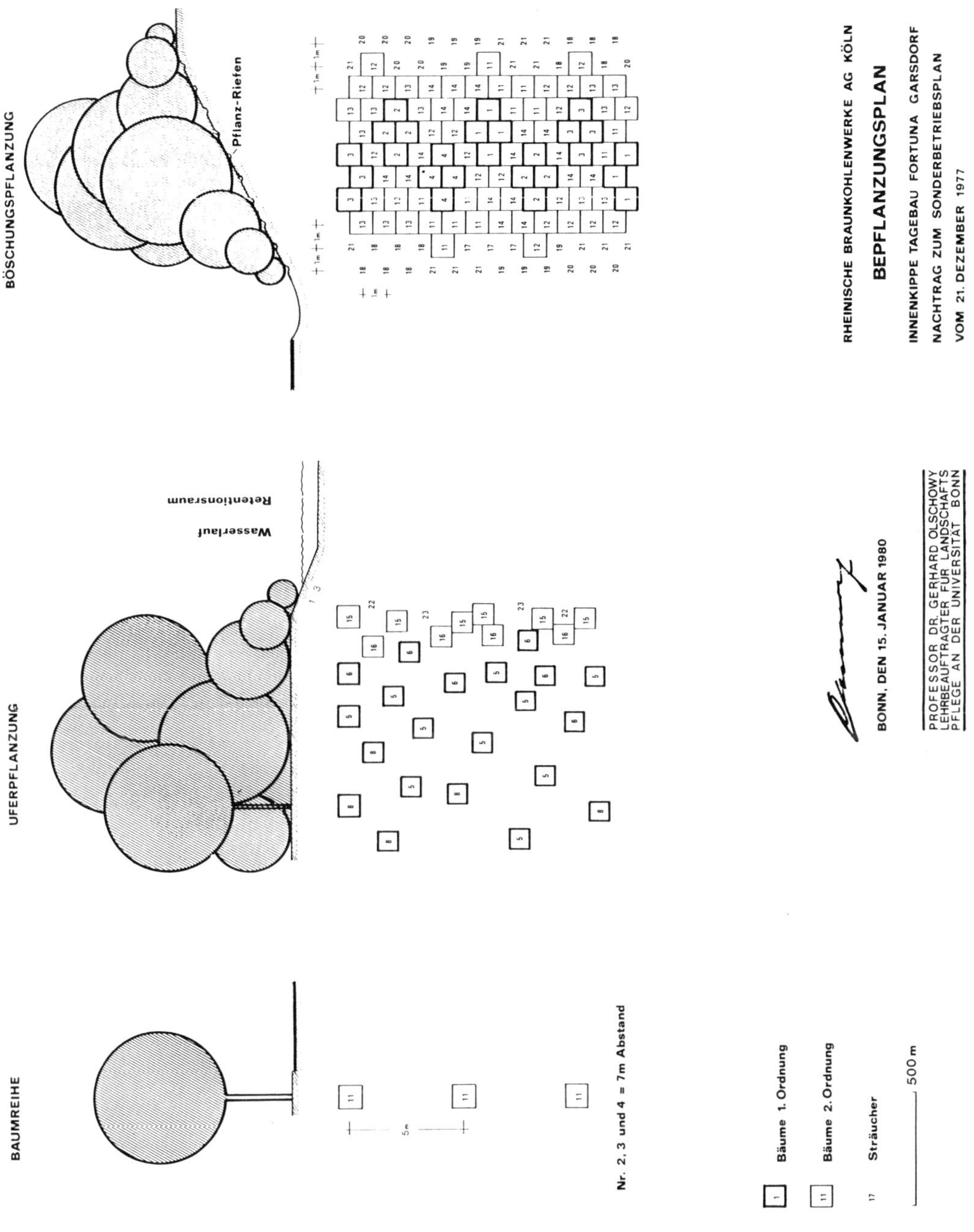
BÖSCHUNGSPFLANZUNG
Pflanz-Riefen
UFERPFLANZUNG
Wasserlauf
Retentionsraum
BAUMREIHE
5 m
Nr. 2, 3 und 4 = 7m Abstand
Bäume 1. Ordnung
Bäume 2. Ordnung
Sträucher
500 m
RHEINISCHE BRAUNKOHLENWERKE AG KÖLN
BEPFLANZUNGSPLAN
INNENKIPPE TAGEBAU FORTUNA GARSDORF
NACHTRAG ZUM SONDERBETRIEBSPLAN
VOM 21. DEZEMBER 1977
BONN, DEN 15. JANUAR 1980
PROFESSOR DR. GERHARD OLSCHOWY
LEHRBEAUFTRAGTER FÜR LANDSCHAFTS
PFLEGE AN DER UNIVERSITÄT BONN

Abb. 92b

Esche	(*Fraxinus excelsior*)
Baumweide	(*Salix alba*)
Bruchweide	(*Salix fragilis*)
Schwarzpappel	(*Populus nigra*)

Weitere Einzelheiten über die Anlage und den Aufbau der Flurgehölze sind im Bepflanzungsplan festgelegt.

Das im Plangebiet dargestellte Wegenetz gibt nur die Hauptwirtschaftswege wieder. So wie dieses Netz später ergänzt werden muß, so muß auch das System der Flurgehölze ergänzt und vervollständigt werden. Im Interesse einer geordneten Kulturlandschaft mit einem ausreichenden Anteil an ökologischen Bestandteilen und einer Gliederung, die auch dem angestrebten Erholungswert gerecht wird, sollten die Abstände von Flurgehölzen in der Regel 500 m nicht übersteigen.

Die Flurgehölze können zwischen Wirtschaftsweg und Entwässerungsgraben oder unmittelbar an der Ackerfläche angelegt werden, um die Pflege der Gräben zu erleichtern. Eine beeinträchtigende Beschattung der Ackerflächen durch die Flurgehölze ist nicht zu erwarten, da die Hauptwirtschaftswege in Nord-Süd-Richtung verlaufen. Auf den Entwässerungsgraben (Auffanggraben) kann, sofern er nicht als Ableitungsgraben ausgebaut werden muß, verzichtet werden, wenn die Standfläche der Schutzpflanzung zur Wasseraufnahme muldenförmig ausgebildet wird.

Im Interesse einer ordnungsgemäßen Pflege sollten die Flurgehölze in den Besitz eines Wasser- und Bodenverbandes oder in das Eigentum der Gemeinde übergehen.

Die Nutzung des Plangebietes für die *Naherholung* der Bevölkerung der benachbarten Ortschaften steht im engen Zusammenhang mit den Maßnahmen der Aufforstung und der Landschaftsgestaltung. Als Schwerpunktgebiete sind vorgesehen:

- Retentionsraum mit ständiger Wasserfläche, Wald, Ufervegetation und Grünland sowie das nördlich anschließende Waldgebiet beiderseits des Wasserlaufes,
- Waldgürtel südlich der Straße Bedburg–Bedburg-Rath als Verbindung der Siedlungen zum Retentionsraum,
- Waldgebiete auf den Böschungen und die Teilfläche I mit der erweiterten Waldfläche im Südosten.

Das Netz der Wanderwege ist so angelegt, daß es die vorgenannten Schwerpunkte erschließt und über Wirtschaftswege mit den Siedlungen verbunden ist. Das Netz der Wirtschaftswege ist ebenfalls, soweit es nicht stark befahrene Verbindungsstraßen oder Hauptwirtschaftswege sind, geeignet, von den Fußgängern und Wanderern benutzt zu werden, vor allem, soweit sie von Waldstreifen, Schutzpflanzungen und Baumreihen begleitet werden. Die Wanderwege in geschlossenen Waldgebieten sind zugleich als Forstwirtschaftswege ausgebaut und für beide Funktionen vorgesehen. Das Wegenetz kann auch für erholungssuchende Radfahrer und ggf. für Reiter durch Anlage von schmalen, parallel verlaufenden Sandwegen ausgebaut werden.

Im Bereich des Retentionsraumes sind Durchblicke in die landwirtschaftliche Feldflur einerseits und auf die mit standortsgemäßer Ufervegetation begleitete Wasserfläche und den als Grünfläche gestalteten Talraum andererseits vorgesehen. Die Durchblicke sind als Wiesenflächen bzw. als Wildäsungsflächen zu behandeln. Vier Schutzhütten dienen als Unterstellmöglichkeit für Erholungssuchende bei plötzlich einsetzendem Regen.

d. *Erschließung und Entwässerung*

Die landwirtschaftlichen Nutzflächen werden durch die Verbindungsstraße Bedburg–Bedburg-Rath, drei Nord-Süd verlaufende Hauptwirtschaftswege und die den Retentionsraum und den anschließenden Wasserlauf tangierenden Wirtschaftswege erschlossen, von dem West-Ost verlaufende Wirtschaftswege abgehen.

Die Teilflächen I und II sind trotz der Höhenunterschiede und der trennenden Böschungen wegemäßig miteinander verbunden worden, was auch für den landwirtschaftlichen Verkehr vorteilhaft ist; die Steigungen von 4 % sind darauf abgestimmt.

Die Hauptwirtschaftswege haben Anschluß an das angrenzende, z. T. geplante Straßennetz (L 361 n, L 279 n und B 477 n) sowie die benachbarten Ortschaften Bedburg, Bedburg-Rath, Niederaußem, Bergheim, Pfaffendorf und Glesch. Das zusätzliche Netz von Wirtschaftswegen ermöglicht einerseits eine rasche Erschließung der ausgewiesenen Flurstücke und andererseits eine Auslegung der Ackerschläge mit mindestens zwei parallel verlaufenden Seiten, wodurch die Bearbeitung erleichtert wird. Das Wegenetz hat Verbindung zu den bereits vorhandenen oder geplanten Waldwegen, so daß sie zugleich als Wanderwege benutzt werden können.

Im Plangebiet sind nach Abstimmung mit dem Amt für Agrarordnung nur die wichtigsten Wirtschaftswege eingetragen worden. Das endgültige Wegenetz wird später ergänzt und mit dem Wege- und Gewässerplan des durchzuführenden Flurbereinigungsverfahrens festgesetzt. Die Führung der Nebenwirtschaftswege wird auch von der Größe der Flurstücke abhängen, die den einzelnen Landwirten zugeteilt werden.

Die *Entwässerung* der landwirtschaftlichen Nutzflächen wird durch ein Netz von Gräben gewährleistet, die entlang der Wirtschaftswege verlaufen. Soweit Schutzpflanzungen von ihrer Lage her geeignet sind, Oberflächenwasser aufzunehmen, ist auf Auffanggräben verzichtet worden. Die Bodenflächen dieser Schutzpflanzungen sind ausgemuldet (30–50 cm tief), so daß das aufgefangene Wasser mit Hilfe der Gehölze in den Untergrund einsickern kann. Überschüssiges Wasser bei Starkregen fließt in den Mulden ab, die an Ableitungsgräben angeschlossen sind.

Die Gräben müssen mit einem Gefälle von mindestens 1:300 angelegt werden. Das in den Entwässerungsgräben aufgefangene Oberflächenwasser wird in den Retentionsraum, in den Wasserlauf und in ein Regenrückhaltebecken im Westen der Teilfläche I geleitet.

Der Retentionsraum hat bis zur Höhenlinie 56,5 m ü. NN ein Fassungsvermögen von 2,0 Mio. m^3. Da dieser Rückhalteraum als Entlastung für die Erft nur sehr selten in Funktion treten wird und das gespeicherte Wasser mit Ausnahme der Restwasserfläche nach Abklingen der Hochwasserwelle innerhalb von 1–3 Tagen wieder ablaufen wird, kann die übrige Fläche mit Einzelbäumen und Baumgruppen überstellt oder als Grünland, und zwar als Mähwiese, Mähweide oder Weide genutzt werden. Der Plan sieht vor, daß neben einer Bewaldung des Randes des Retentionsraumes auch die Seen von standortgemäßen Ufergehölzen begleitet werden. Die restlichen Flächen sollen als Grünland gestaltet werden (Abb. 87–92).

4.2.7 Beispiel Tagebau Hambach – Außenkippe Sophienhöhe

Die Rheinischen Braunkohlenwerke AG beauftragten im Einvernehmen mit der Bergbehörde den Verfaser, einen Landschaftspflegerischen Begleitplan zum Sonderbetriebsplan für die Rekultivierung der Außenkippe Sophienhöhe im neu aufzuschließenden Tagebau Hambach auszuarbeiten. Die Kippe Sophienhöhe ist ein *Beispiel für eine vorrangig forstwirtschaftliche Rekultivierung*, die der „lautlosen" Erholung dienen und eine Vegetations- und Biotopvielfalt aufweisen soll.

In der Ausarbeitung des Landschaftspflegerischen Begleitplanes mußten folgende bindenden Vorgaben berücksichtigt werden, die in den Richtlinien zum Teilplan 12/1 vom 17. Dezember 1976 und in der Erörterungsniederschrift des Bergamtes Köln vom 1. August 1978 festgelegt sind und die die Gestaltungsmöglichkeiten einschränken:

– Die maximale Höhe der Außenkippe darf + 275 m ü. NN nicht überschreiten – vgl. Abschnitt 2.
– Von dem anfallenden Außenkippenabraum des Tagebaus Hambach müssen 1.016 Mrd. m^3 auf der Außenkippe Sophienhöhe untergebracht werden.
– Die festgelegten Grenzen für die Ausdehnung der Außenkippe dürfen nicht verändert werden.
– Die Generalneigung der Kippenränder soll zwischen 1:3,5 bis 1:4,5 variieren und nur in Ausnahmefällen flacher ausgebildet werden. Einzelböschungen sollen nicht steiler als 1:2 und nicht flacher als 1:3 ausgelegt werden, wenn vom Anschluß des Kippenfußes an die angrenzende Landschaft abgesehen wird.
– Der äußere Rand der Kippenoberfläche darf nicht wesentlich mehr als 120 m über dem Kippenfuß aufgehöht werden.
– Die westliche Auffahrt auf die Kippenoberfläche wird an die alte B 55 angebunden und nach Norden geführt. Auf der Berme + 185 m ü. NN ist ein Parkplatz für 100 Pkw einzuplanen.
– Einer der die Kippe erschließenden Fußwege soll vom Parkplatz südlich der alten B 55 ausgehen. Zwischen den Auffahrten auf die Hochfläche ist mindestens ein fußläufiger Weg vom Niveau des ursprünglichen Geländes bis auf die Kippenoberfläche anzulegen.
– Die Kippenrandgestaltung südlich der alten B 55 ist bis zur Höhe von 185 m ü. NN nach dem Plan des Bergamtes Köln (Anlage zum Schreiben vom 2. August 1978) auszuführen.
– Die Kippenhochfläche im östlichen Teil der Sophienhöhe ist so zu gestalten, daß die Fläche für die vorgesehene Richtfunktrasse Hürtgenwald 4 – Wil-

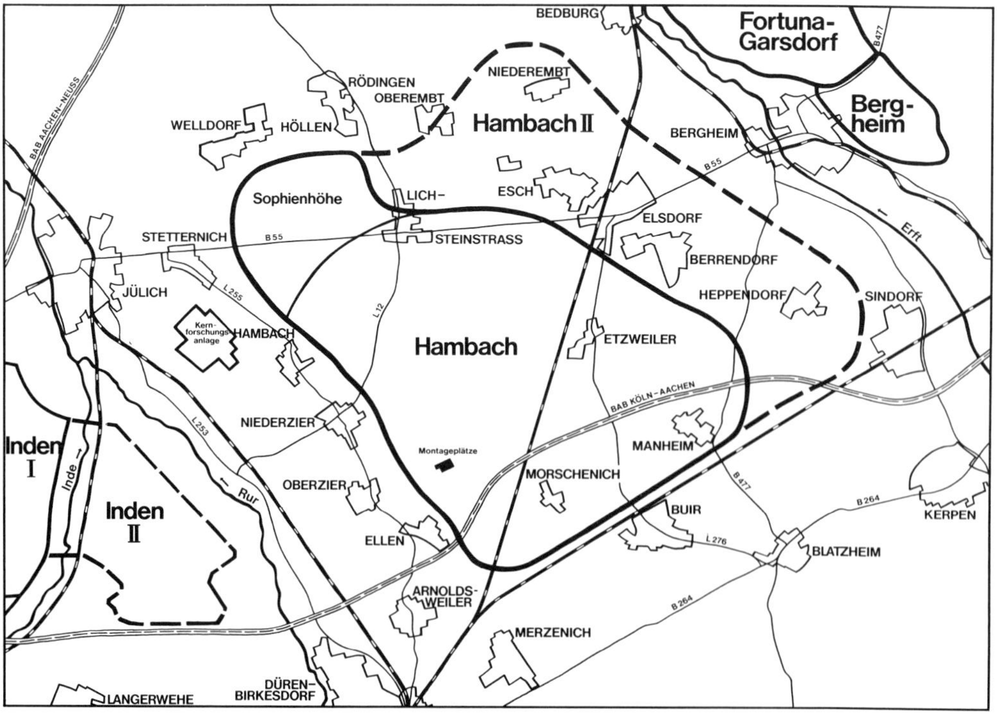

Abb. 93

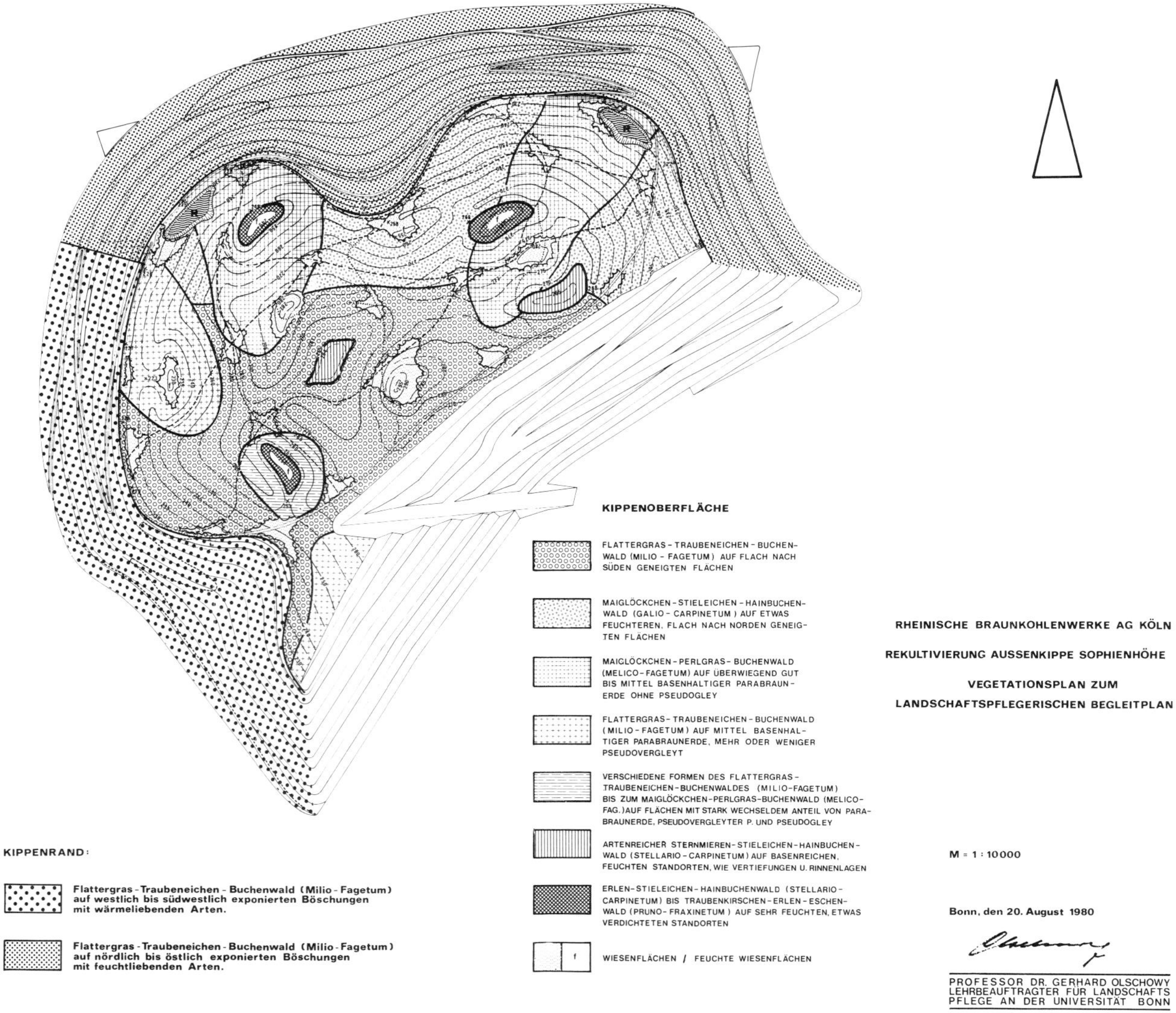
RHEINISCHE BRAUNKOHLENWERKE AG KÖLN
REKULTIVIERUNG AUSSENKIPPE SOPHIENHÖHE
VEGETATIONSPLAN ZUM
LANDSCHAFTSPFLEGERISCHEN BEGLEITPLAN
KIPPENOBERFLÄCHE
FLATTERGRAS - TRAUBENEICHEN - BUCHENWALD (MILIO - FAGETUM) AUF FLACH NACH SÜDEN GENEIGTEN FLÄCHEN
MAIGLÖCKCHEN - STIELEICHEN - HAINBUCHENWALD (GALIO - CARPINETUM) AUF ETWAS FEUCHTEREN, FLACH NACH NORDEN GENEIGTEN FLÄCHEN
MAIGLÖCKCHEN - PERLGRAS - BUCHENWALD (MELICO - FAGETUM) AUF ÜBERWIEGEND GUT BIS MITTEL BASENHALTIGER PARABRAUNERDE OHNE PSEUDOGLEY
FLATTERGRAS - TRAUBENEICHEN - BUCHENWALD (MILIO - FAGETUM) AUF MITTEL BASENHALTIGER PARABRAUNERDE, MEHR ODER WENIGER PSEUDOVERGLEYT
VERSCHIEDENE FORMEN DES FLATTERGRAS-TRAUBENEICHEN-BUCHENWALDES (MILIO-FAGETUM) BIS ZUM MAIGLÖCKCHEN-PERLGRAS-BUCHENWALD (MELICO-FAG.) AUF FLÄCHEN MIT STARK WECHSELDEM ANTEIL VON PARABRAUNERDE, PSEUDOVERGLEYTER P. UND PSEUDOGLEY
ARTENREICHER STERNMIEREN - STIELEICHEN - HAINBUCHENWALD (STELLARIO - CARPINETUM) AUF BASENREICHEN, FEUCHTEN STANDORTEN, WIE VERTIEFUNGEN U. RINNENLAGEN
ERLEN - STIELEICHEN - HAINBUCHENWALD (STELLARIO - CARPINETUM) BIS TRAUBENKIRSCHEN - ERLEN - ESCHENWALD (PRUNO - FRAXINETUM) AUF SEHR FEUCHTEN, ETWAS VERDICHTETEN STANDORTEN
f
WIESENFLÄCHEN / FEUCHTE WIESENFLÄCHEN
KIPPENRAND:
Flattergras - Traubeneichen - Buchenwald (Milio - Fagetum) auf westlich bis südwestlich exponierten Böschungen mit wärmeliebenden Arten.
Flattergras - Traubeneichen - Buchenwald (Milio - Fagetum) auf nördlich bis östlich exponierten Böschungen mit feuchtliebenden Arten.
M = 1 : 10000
Bonn, den 20. August 1980
PROFESSOR DR. GERHARD OLSCHOWY
LEHRBEAUFTRAGTER FÜR LANDSCHAFTS
PFLEGE AN DER UNIVERSITÄT BONN

Abb. 94

Güsten
Welldorf
B55n
L 12 n
Stetternicher Hufe
Margarethenhof
Werhahnhof
Lindenberger Wald
GN 1:3,5
GN 1:5,5
Schnitt A
STETTERNICH
Wolfshoven
Lindenberger Wald
Sicherheitslinie
Stockbusch
Stallbusch
Hambacher Benden
Domanen
Hambach
Stadt Jülich
Gem. Niederzier

Abb. 95

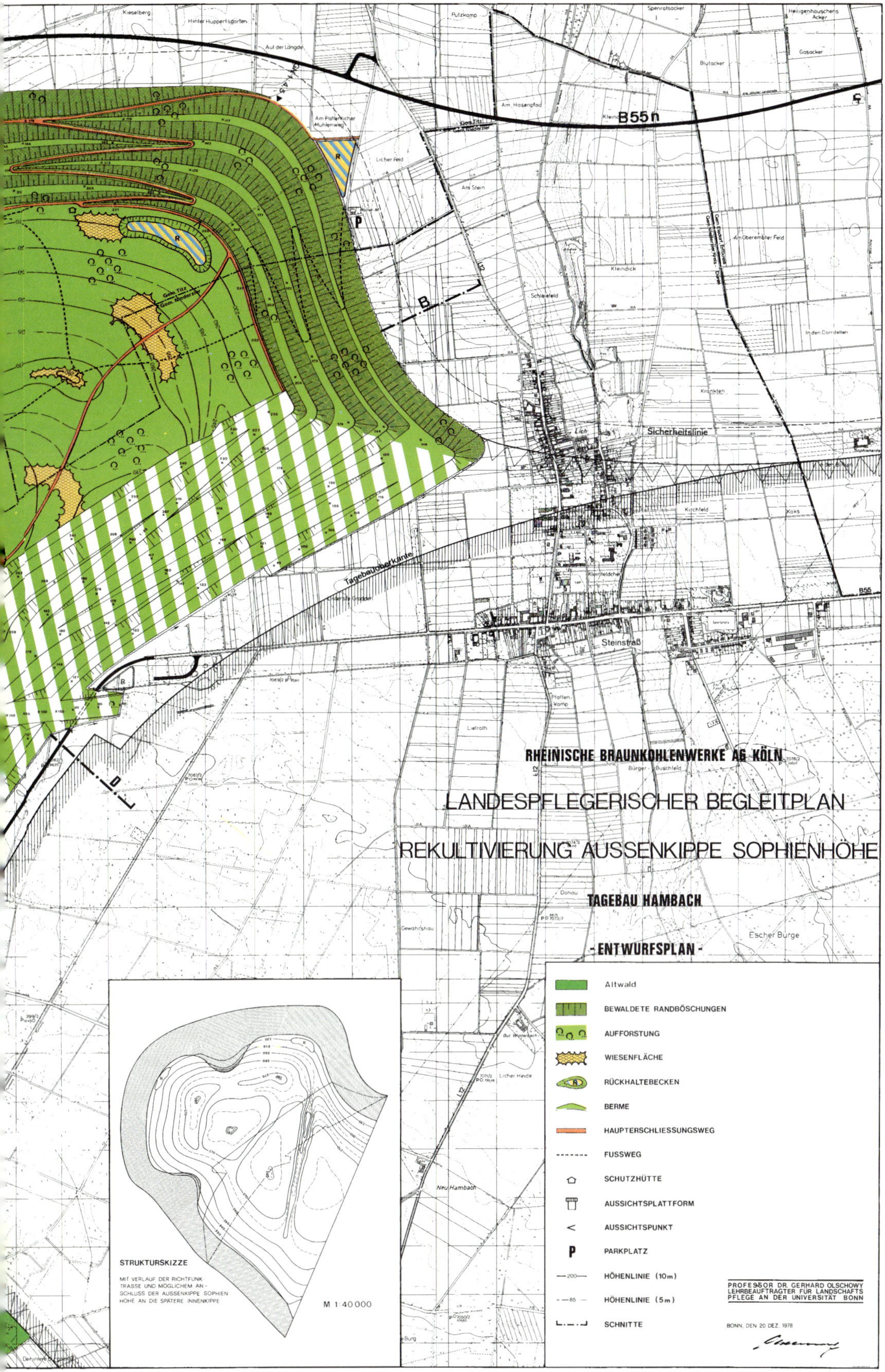

RHEINISCHE BRAUNKOHLENWERKE AG KÖLN
LANDESPFLEGERISCHER BEGLEITPLAN
REKULTIVIERUNG AUSSENKIPPE SOPHIENHÖHE
TAGEBAU HAMBACH
-ENTWURFSPLAN-
Altwald
BEWALDETE RANDBÖSCHUNGEN
AUFFORSTUNG
WIESENFLÄCHE
RÜCKHALTEBECKEN
BERME
HAUPTERSCHLIESSUNGSWEG
FUSSWEG
SCHUTZHÜTTE
AUSSICHTSPLATTFORM
AUSSICHTSPUNKT
PARKPLATZ
HÖHENLINIE (10m)
HÖHENLINIE (5m)
SCHNITTE
STRUKTURSKIZZE
MIT VERLAUF DER RICHTFUNK TRASSE UND MÖGLICHEM AN-SCHLUSS DER AUSSENKIPPE SOPHIEN HÖHE AN DIE SPÄTERE INNENKIPPE
M 1:40000
PROFESSOR DR. GERHARD OLSCHOWY
LEHRBEAUFTRAGTER FÜR LANDSCHAFTS PFLEGE AN DER UNIVERSITÄT BONN
BONN, DEN 20 DEZ. 1978
B55n
B55
Steinstraß
Lich
Sicherheitslinie
Tagebauoberkante
Kieselberg
Hinter Huppertsgarten
Auf der Längde
Putzkamp
Am Hasenpfad
Licher Feld
Am Stein
Schleifeld
Kleindick
Blytacker
Gasacker
Am Oberembter Feld
In den Dorrdellen
Kranken
Kirchfeld
Koks
Kleinfeldchen
Liefroth
Pfaffenkamp
Bürger-Buschfeld
Donau
Gewahrshau
Escher Burge
Licher Heide
Neu Hambach

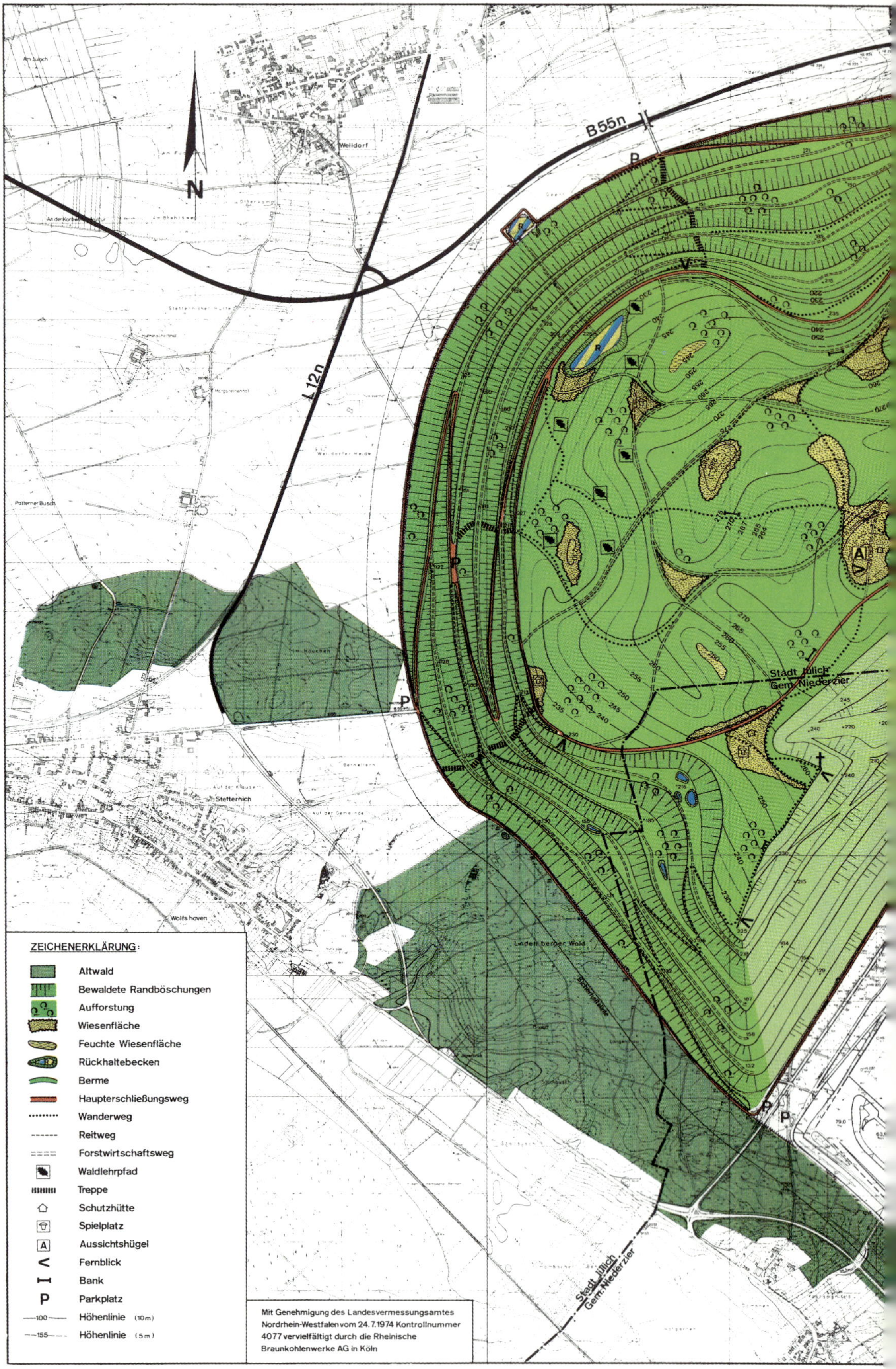

N
B55n
L12n
Welldorf
Stetternich
Wolfs hoven
Lindenberger Wald
Stadt Jülich
Gem. Niederzier
ZEICHENERKLÄRUNG:
Altwald
Bewaldete Randböschungen
Aufforstung
Wiesenfläche
Feuchte Wiesenfläche
Rückhaltebecken
Berme
Haupterschließungsweg
Wanderweg
Reitweg
Forstwirtschaftsweg
Waldlehrpfad
Treppe
Schutzhütte
Spielplatz
Aussichtshügel
Fernblick
Bank
Parkplatz
Höhenlinie (10m)
Höhenlinie (5m)
Mit Genehmigung des Landesvermessungsamtes Nordrhein-Westfalen vom 24.7.1974 Kontrollnummer 4077 vervielfältigt durch die Rheinische Braunkohlenwerke AG in Köln

Abb. 96

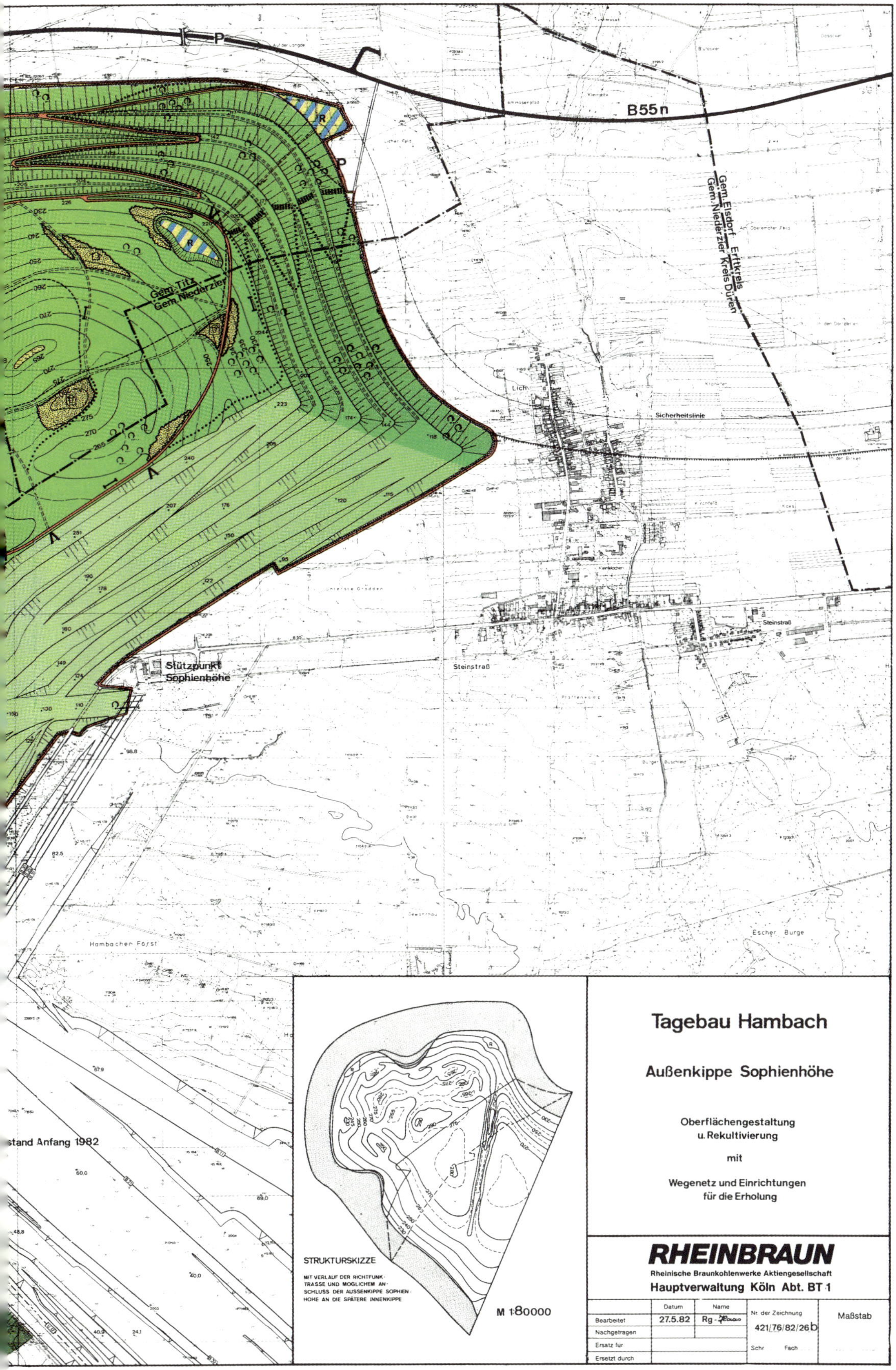

Entwurf: Prof. Dr. G. Olschowy

lich 1 der Deutschen Bundespost freigehalten werden kann.

- Die Kippenoberfläche soll unterschiedliche Standortausbildungen erhalten, die die Voraussetzung für vielfältige Vegetationseinheiten und Biotope bietet (aufgrund der Besprechung mit der Landwirtschaftskammer Rheinland am 18. Januar 1980 in Etzweiler).
- Eine Entwässerung in nordöstlicher Richtung zum Finkelbach muß ermöglicht werden.
- Die Kippe soll vorwiegend in Nord-Süd-Richtung angelegt werden, um südexponierte Böschungen zu vermeiden.
- Außerdem sind die im „Ökologischen Gutachten" (bestehend aus 11 Einzelgutachten), das im Auftrag des Regierungspräsidenten von Köln als Vorsitzender des Braunkohlenausschusses ausgearbeitet worden ist, enthaltenen Untersuchungsergebnisse zu berücksichtigen.

1. Ökologische Gegebenheiten

Aus dem Ökologischen Gutachten gehen besonders folgende Einzelgutachten auf ökologische Gegebenheiten und Probleme ein:

Forstdir. ADEN:	Forstwesen
Prof. Dr. ANT:	Freilebende Tierwelt
Prof. Dr. HORVERT (GEISS, POLSTER):	Klima und Lufthygiene
Prof. PFLUG:	Landschaftsökologie
Dr. RÜMLER:	Erholungsmöglichkeiten
A. SCHULZ:	Erholungsnutzung
Dr. WEDECK:	Vegetation
Geolog. Landesamt:	Geologie und Boden
Großer Erftverband:	Wasserwirtschaft

Die vorstehenden Arbeiten wurden ausgewertet und, soweit sie den landschaftspflegerischen Begleitplan für die Rekultivierung der Sophienhöhe berühren, berücksichtigt.

Der *Boden für die forstliche Rekultivierung* besteht aus einem Gemisch von pleistozänen Sanden, Kiesen und Löß (sog. Forstkies), wobei der Lößanteil je nach Neigung 20–50 % beträgt. In den Informationen des Regierungspräsidenten von Köln über den Tagebau Hambach heißt es: „Die tiefe Durchwurzelbarkeit und der aus dem Lößanteil resultierende günstige Wasserhaushalt bilden eine gute Grundlage für alle standortsgemäßen einheimischen und eine Vielzahl von fremdländischen Holzarten." In den Richtlinien zum Teilplan 12/1 heißt es unter Ziff. 1.7, daß das kulturfähige Bodenmaterial für die forstwirtschaftliche Rekultivierung nicht unter 4 m Mächtigkeit aufgeschüttet werden soll. „Der Lößanteil in diesem ‚Forstkies' soll möglichst hoch sein, um einen günstigeren Wasserhaushalt der Böden und eine nachhaltige Ertragsleistung der Waldbestände zu gewährleisten. Dies gilt im Hinblick auf eine Verbesserung des Wasserhaushaltes insbesondere für die Anschüttung der Kippenoberfläche an den Süd- und Südwest-Böschungen der Außenkippe und der überhöhten Innenkippe." Die Richtlinien sehen in Ziff. 4.5 weiter vor, daß in angemessenem Umfang Waldbestände auch auf ebenen bzw. nahezu ebenen Flächen in gleicher Höhe wie das unverritzte Gelände anstehen sollen, „die denen der natürlichen Vegetation des Hambacher Forstes möglichst weitgehend entsprechen. Mit dieser Maßnahme sollen die Voraussetzungen zur Regeneration des durch den Abbau zerstörten ökologischen Zustandes verbessert werden. Der Lößanteil des Forstkieses auf diesen Flächen soll mindestens 50 % betragen. Derartige Regenerationszellen sollten teilweise in Kontakt zu dem an das Abbaugebiet angrenzenden und erhalten bleibenden Wald stehen."

Auf geneigten Flächen soll der Mischungsanteil von bindigem Material im

Forstkies unter Berücksichtigung der Standsicherheit und der erhöhten Erosionsgefahr bestimmt werden. Die vorliegenden Gutachten gehen hier in ihren Aussagen auseinander. Einerseits soll auf den Böschungsflächen, die stärker als 1:3 geneigt sind, der Lößanteil wegen der erhöhten Erosionsgefahr und aus Gründen der Standsicherheit auf ¼ bis ⅕ begrenzt werden, andererseits soll auf den südlich bis westlich exponierten Steilhängen der Löß- bzw. Lößlehmanteil besonders hoch sein, um die Wasserkapazität der Böden und damit die Leistungsfähigkeit der neu angelegten Waldbestände zu erhöhen. Da erfahrungsgemäß einige Jahre vergehen, bis die Vegetation den Erosionsschutz für den Boden voll übernehmen kann, darf die Gefahr des Bodenabtrags durch Oberflächenwasser auf Böschungen nicht unterschätzt werden. Da Löß besonders erosionsempfindlich ist, sollte dies in der Zusammensetzung des Forstkieses auf den Böschungsflächen beachtet werden. Auch ein Forstkies mit einem Lößanteil von ¼ bis ⅕ kann noch als recht gut geeignet für den Waldbau erachtet werden. Sofern hier jedoch ein höherer Lößanteil vorgezogen wird, muß durch sofortige Einsaat bodendeckender Pflanzen (Lupine) der Bodenerosion entgegengewirkt werden. Der Vorschlag, den Wasserhaushalt exponierter Hänge durch Beimengung von lehmig-tonigem Bodenmaterial zu verbessern, sollte geprüft werden.

Die folgenden Ausführungen zur *Vegetation des Plangebietes* lehnen sich an die Gutachten von WEDECK, PFLUG und ADEN sowie die Arbeiten der Bundesforschungsanstalt für Naturschutz und Landschaftsökologie in Bonn-Bad Godesberg (TRAUTMANN) an. Die Angaben über die *reale Vegetation,* also die derzeit anstehenden Waldgesellschaften, haben Bedeutung für den Anschluß der Kippe Sophienhöhe an verbliebene Waldbestände. Auf Lößlehmböden mit einem hohen Anteil an sandig-kiesigem Material steht kleinflächig ein Maiglöckchen-Perlgras-Buchen-Wald (Melico-Fagetum) an, der zumeist in einen artenarmen Maiglöckchen-Stieleichen-Hainbuchen-Wald umgewandelt worden ist. Größere naturnahe Bestände im Bereich der Bürgewälder, so auch im Lindenberger Wald, sind vom Flattergras-Traubeneichen-Buchen-Wald (Milio-Fagetum) verblieben, in dem die Rotbuche (*Fagus silvatica*) als standortmäßig wichtigste Holzart vorherrscht, flächenweise aber auch die Stieleiche (*Quercus robur*) beigemischt ist. Im westlichen Teil der Bürgewälder nimmt der Buchen-Eichen-Wald (Fago-Quercetum) größere Flächen ein. In den naturnahe verbliebenen Beständen herrscht auch hier die Rotbuche (*Fagus silvatica*) vor, jedoch ist auch die Traubeneiche (*Quercus petraea*) und die Stieleiche (*Quercus robur*) verbreitet. Die am weitesten verbreitete Waldgesellschaft, so auch in den verbleibenden Teilen des Lindenberger Waldes, ist der Maiglöckchen-Stieleichen-Hainbuchen-Wald (Stellario-Carpinetum), der artenarm ist. Hier dominieren Hainbuche (*Carpinus betulus*), Winterlinde (*Tilia cordata*), Stieleiche (*Quercus robur*) und Rotbuche (*Fagus silvatica*), aber auch die Traubeneiche (*Quercus petraea*) ist anzutreffen. Als leistungsfähigste Waldgesellschaft im Bereich der Bürgewälder nennt WEDECK in seinem Gutachten den artenreichen Sternmieren-Stieleichen-Hainbuchen-Wald (Stellario-Carpinetum), der auf nährstoffreichen, vom Grundwasser beeinflußten Standorten kleinflächig verbreitet ist.

Die heutige *potentielle natürliche Vegetation,* also die Pflanzengesellschaften, die der Standort vor dem Abbau oder vor der Überkippung mit Abraum tragen könnte, ist für die Rekultivierung der Außenkippe Sophienhöhe ohne Bedeutung, weil hier ein neuer, veränderter Standort vorliegt, der mit dem derzeitigen Standort nur eingeschränkt vergleichbar ist (Abb. 96).

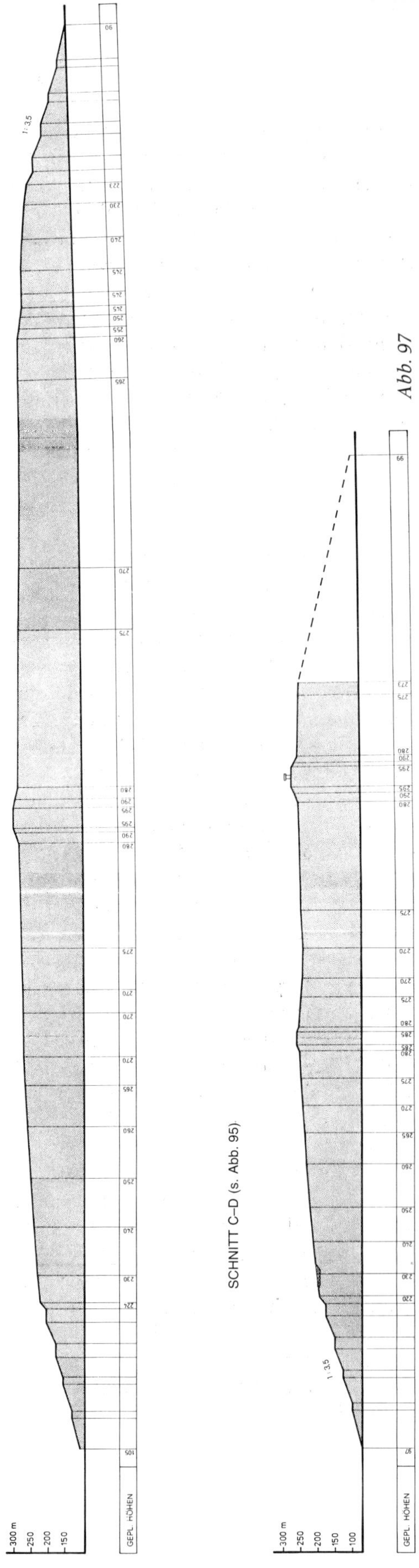

Abb. 97 Rekultivierung Außenkippe Sophienhöhe

Hingegen gewinnt für die Aufforstung und Begrünung der Außenkippe die potentielle natürliche Vegetation nach der Rekultivierung besondere Bedeutung. In den derzeitigen Bürgewäldern überwiegen als reale Vegetation deutlich die Eichen-Hainbuchen-Wälder, während auf den rekultivierten Kippenflächen wegen der veränderten Standorte und dem aufgetragenen Forstkies ausnahmslos Buchenwälder unterschiedlicher, jedoch überwiegend trockener Ausbildung zu erwarten sind. Vor allem kommen für das Plangebiet der Außenkippe Sophienhöhe folgende potentiellen natürlichen Waldgesellschaften in Betracht:

- Flattergras-Traubeneichen-Buchen-Wald (Milio-Fagetum) in trockener und etwas feuchterer Ausbildung,
- Maiglöckchen-Perlgras-Buchen-Wald (Melico-Fagetum).

Über die zu verwendenden Baum- und Straucharten für die Aufforstung und Bepflanzung gibt Abschnitt 3 dieses Erläuterungsberichtes Auskunft.

Nach dem Teilgutachten *„Klima und Lufthygiene“* von Horbert, Geiss und Polster wird der Braunkohlentagebau in Hambach Veränderungen des örtlichen Klimas verursachen. Im besonderen Maße ist dies im Bereich der Außenkippe Sophienhöhe zu erwarten. Erfahrungsgemäß können sich die Windgeschwindigkeiten auf der Kippenoberfläche erhöhen, wie auch größere Turbulenzen entstehen können. Da sich die Strömungslinien an der Krone des Kippenrandes verdichten, ist hier mit der größten Windbelastung zu rechnen, was insbesondere für den südwestlichen Randbereich zutrifft.

Die unterschiedlichen Temperaturen auf der Kippenoberfläche gegenüber Randflächen und Vorfeld – im Mittel 1–2 °C niedriger, bei Inversionswetterlagen auch höher – können sich u. U. in der Anfangsphase der Aufforstung auswirken, weshalb hier auf jeden Fall abflußlose Mulden (Kaltluftlöcher) zu vermeiden sind.

Die infolge Ausstrahlung auf der Kippenoberfläche entstehende Kaltluft kann nur auf den größeren Wiesenflächen eine Bedeutung gewinnen. Hier kann sie ungehindert zum Kippenrand abfließen. Besondere Maßnahmen zur Lenkung bzw. zum Abfluß der Kaltluft über den Kippenrand hinaus sind nicht erforderlich, weil weder kaltluftgefährdete Kulturen, wenn von neu gepflanzten Gehölzen am Rande der Wiesenfläche abgesehen wird, vorhanden sind, noch Frischluft in benachbarte Siedlungsräume geführt werden muß.

Die klimatischen Bedingungen an den Kippenrändern werden im wesentlichen durch die Besonnung der südwestlichen und die Beschattung der nördlichen Abschnitte sowie dem Windeinfluß aus vornehmlich südwestlicher Richtung bestimmt. Die durchschnittliche Niederschlagsmenge von 700 mm/Jahr kann sich auf der Luvseite der Kippe etwas erhöhen und auf der Leeseite etwas erniedrigen, was allerdings durch die Besonnung wieder ausgeglichen wird.

2. *Erläuterung der Kippengestaltung*

Die Gestaltung der Außenkippe Sophienhöhe kann nicht für sich allein vorgenommen, sondern muß im Zusammenhang mit der späteren Fortsetzung der Kippe in südöstlicher Richtung zur Innenkippe hin betrachtet werden. Dies ist geschehen, weshalb die Ausformung der Oberfläche über das eigentliche Plangebiet der Außenkippe hinaus geführt und dargestellt worden ist (vgl. Strukturskizze, Abb. 93).

Der *Kippenrand* ist mit seinem Fuß an die vorgegebene Kippenbegrenzung gebunden. Die Oberkante oder Krone des Kippenrandes hingegen kann so geführt werden, daß der Rand nicht gleichförmig ausgebildet wird. Dies kann einmal durch unterschiedliche Generalneigungen, die zwischen 1:3,5 und 1:4,5 variieren, und zum anderen durch zwei Einbuchtungen geschehen. Diese Variationsmöglichkeiten sind jedoch durch den hierdurch entstehenden Kippraumverlust begrenzt, der wiederum nur durch eine verhältnismäßig große und flach ausgebildete Kippenoberfläche ausgeglichen werden kann.

Dem Detailplan, der die Querschnitte durch die Kippe wiedergibt, können die drei Profile mit den Grundneigungen 1:3,5, 1:4,5 und 1:5,5 entnommen werden. Die Einzelböschungen sind bewußt im unteren Bereich flach, im mittleren Bereich etwas steiler und im oberen Bereich noch etwas steiler ausgebildet worden, so daß sich eine parabelförmige Ausbildung des Kippenrandes ergibt, der auch natürlichen Erhöhungen und Kuppen (z. B. Kraterrändern) entspricht. Im einzelnen sind die Böschungen der Profile wie folgt gestaltet:

Generalneigung	1:3,5 (Regelprofil)
5 Böschungen:	1:4, 1:3, 3 × 1:2
4 Bermen:	32 m, 3 × 25 m
Generalneigung	1:4,5 (Ausnahmeprofil)
5 Böschungen:	1:4, 3 × 1:3, 1 × 1:2
4 Bermen:	40 m, 41 m, 45 m, 50 m
Generalneigung	1:5,5 (Ausnahmeprofil)
5 u. 6 Böschungen:	1:3,4 (bzw. 1:4), 4 u. 5 × 1:3
4 u. 5 Bermen:	55 m bis 110 m

Wenn von den untersten Böschungen abgesehen wird, so soll keine Böschung steiler als 1:2 und in der Regel auch keine Böschung flacher als 1:3 ausgelegt werden.

Die muldenförmigen Einbuchtungen des Kippenrandes sind mit der Generalneigung 1:5,5 (für die südwestliche Einbuchtung ist im unteren Teil bis zur Höhe 185 m ü. NN vom Bergamt Köln eine Generalneigung von 1:4,7 vorgegeben) ausgebildet.

Die flachere Generalneigung wird in erster Linie durch verbreiterte Bermen erreicht, während die Einzelböschungen nicht flacher als 1:3 ausgebildet werden

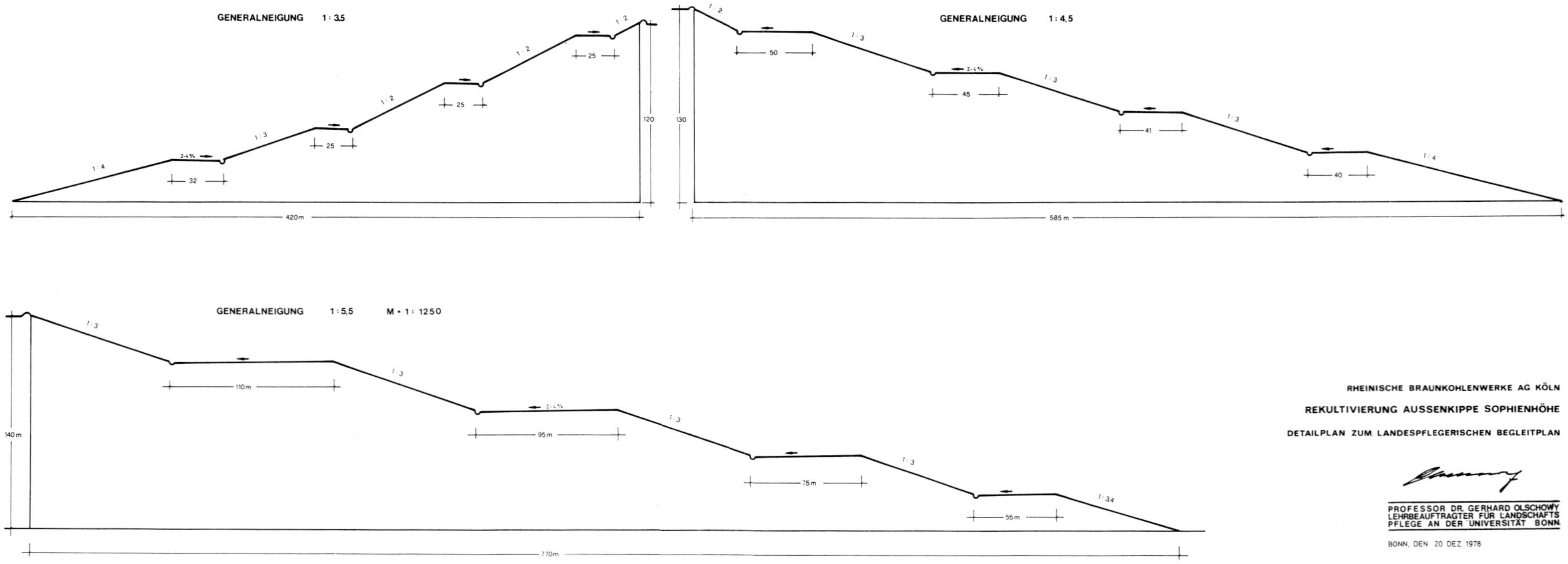
GENERALNEIGUNG 1:3,5
1:4
2-4%
32
1:3
25
1:2
25
1:2
25
1:2
120
420m
130
GENERALNEIGUNG 1:4,5
1:2
50
1:3
2-4%
45
1:3
41
1:3
40
1:4
585 m
GENERALNEIGUNG 1:5,5 M = 1:1250
1:3
110m
1:3
2-4%
95m
1:3
75m
1:3
55m
1:3,4
140m
770m
RHEINISCHE BRAUNKOHLENWERKE AG KÖLN
REKULTIVIERUNG AUSSENKIPPE SOPHIENHÖHE
DETAILPLAN ZUM LANDESPFLEGERISCHEN BEGLEITPLAN
PROFESSOR DR. GERHARD OLSCHOWY
LEHRBEAUFTRAGTER FÜR LANDSCHAFTS
PFLEGE AN DER UNIVERSITÄT BONN
BONN, DEN 20 DEZ 1978

Abb. 98

sollen. Beide Einbuchtungen liegen im Blickbereich angrenzender Ortschaften, so daß gerade aus dieser Sicht jede Einförmigkeit des Kippenrandes vermieden werden soll.

Die Bermen werden mit einem Gefälle von 2–4 % zum Berghang hin angelegt, so daß das Niederschlagswasser bergseits abfließen und dort von Wasserfanggräben aufgenommen werden kann.

Der Kippenrand wird mit Ausnahme der Straßen, Fußwege und des Parkplatzes mit standortgemäßen Holzarten aufgeforstet – vgl. Abschnitt 3. Lediglich an den Stellen, an denen die offenen Wildwiesenflächen an den Kippenrand stoßen, sowie an drei weiteren Aussichtspunkten, die am Rundweg liegen, wird die oberste Böschung mit standortgemäßen Sträuchern bepflanzt, um einen Ausblick zu ermöglichen. Diese Stellen sind im Plan gekennzeichnet.

Die *Kippenoberfläche* wird als flacher Höhenrücken mit Erhebungen bis zu 299 m ü. NN gestaltet, von denen drei Erhebungen im Plangebiet (280, 285 u. 299 m ü. NN) und insgesamt vier Erhebungen westlich der Richtfunktrasse liegen. In Fortsetzung des Höhenrückens könnte später eine weitere Erhebung in den Bereich der Innenkippe gelegt werden. Im Vorentwurf zum Landschaftspflegerischen Begleitplan waren die höchsten Erhebungen auflagegemäß nicht über 275 m ü. NN aufgehöht worden. Da dies eine nur unwesentlich modellierte Kippenoberfläche ohne optisch erkennbare Reliefenergie zur Folge hatte, wurde auf einer Sitzung am 20. November 1978 in Köln, an der Vertreter des Regierungspräsidenten von Köln, des Bergamtes von Köln und der Rheinischen Braunkohlenwerke AG teilnahmen, der Vorschlag unterbreitet und unterstützt, die Höhen als eng begrenzte Kippen mit 280–295 m ü. NN auszubilden, um das Relief ein wenig bewegter zu gestalten. Das gleiche gilt für die vorgesehenen Vertiefungen. Die Erhebungen und Vertiefungen sind mit Wiesenflächen ausgestattet, die, wie die anderen wiesenartigen Freiflächen, als Liegewiesen und Wildäsungsflächen genutzt werden können; in den vertieften Flächen sollen feuchte Wiesen entstehen. Außerdem tragen die Wildwiesen zur ökologischen Vielfalt bei und dienen der erholungsuchenden Bevölkerung. Im 1. Entwurf (vgl. Abb. 94) wurden eine breite durchgehende Wiesenfläche und größere Einzelflächen vorgesehen, die diesem Zweck besonders dienen sollten. Wenn dies im endgültigen Entwurf geändert wurde, so soll damit den berechtigten Vorschlägen Rechnung getragen werden, die Biotopvielfalt zu erhöhen, um damit auch dem Schutz gefährdeter Tier- und Pflanzenarten gerecht zu werden. So wurden zahlreiche Vertiefungen und Erhöhungen vorgesehen, die die Anlage unterschiedlicher und ökologisch bedeutsamer Biotope, vor allem auch Feuchtbiotope, ermöglichen. Für die Zukunft muß hier jedoch sichergestellt werden, daß diese z. T. kleinflächigen Biotope erhalten bleiben, was Nachbesserungen erforderlich machen kann (vgl. Abb. 95). Die Kippenoberfläche wird im übrigen mit standortgemäßen Holzarten aufgeforstet und die Waldränder stufenförmig mit Sträuchern und Holzarten mittlerer Größe aufgebaut. Die vorgesehene Aussichtsplattform soll erst dann angelegt werden, wenn die Höhe des angrenzenden Waldes einen freien Rundblick verhindert.

Zur *Erschließung* der Kippenoberfläche ist folgendes vorgesehen: Ein Fahrweg ist an die alte B 55 angeschlossen und hat damit wiederum Anschluß an die Ortschaft Stetternich. Eine zweite Erschließungsstraße liegt in der nördlichen Böschung und hat Anschluß an die Ortschaften Welldorf und Rödingen. Am oberen Kippenrand verläuft noch ein Rundfahrweg, der mit den anderen Fahrwegen verbunden ist. Diese Erschließungen dienen wie auch die zusätzlichen Forstwirtschaftswege auf der Kippenoberfläche vor allem dem forstwirtschaftlichen Verkehr. Darüber hinaus werden vom unteren Kippenrand, und zwar jeweils von Parkplätzen aus, drei Fußwege auf die Kippenoberfläche geführt, die über die Wirtschaftswege miteinander verbunden sind und den Höhenrücken erschließen. Die Forstwirtschaftswege dienen zugleich als Fuß- und Wanderwege.

Am unteren Kippenrand sind drei Parkplätze angeordnet, ein weiterer für etwa 100 Pkw auflagegemäß auf der Berme mit der Höhe 151 m ü. NN an der Fahrstraße mit Anschluß an die alte B 55.

Die ordnungsgemäße *Entwässerung* der Kippe wird durch folgendes gewährleistet:
- Gefälle der Kippenoberfläche von mindestens 1–2 % zum Kippenrand hin,
- muldenförmige Vertiefungen bis zu höchstens 3 m Tiefe, die zur Kippenoberfläche hin geöffnet sind, damit das Wasser überlaufen kann,
- zwei Rückhaltebecken am Rande der Kippenoberfläche (jedoch nicht im un-

Abb. 99. Blick auf die im Aufbau befindliche Außenkippe Sophienhöhe (Tagebau Hambach) mit der Ausbildung und Gestaltung der Kippenränder. (Freig. RP Düsseldorf Nr. 18 N 629) (Foto: Rheinbraun)

mittelbaren Randbereich); das Auslaufbauwerk und die Beckenabdichtung sollen so ausgeführt werden, daß eine ständige Mindestwasserfüllung möglich ist; die Lage der Becken kann erst im späteren Entwässerungsplan endgültig festgelegt werden,

- geringe Überhöhung des Randes der Kippenoberfläche, wodurch das Oberflächenwasser gesammelt und in die Rückhaltebecken geführt wird,
- Ableitungsgräben oder Ableitungsrohre und Schußrinnen, die das Zuviel an Oberflächenwasser nach unten führen,
- Wasserauffanggräben, die bergseitig auf den Bermen angelegt werden und mit den Ableitungsgräben oder -rohren verbunden sind,
- die Ableitungsgräben oder -rohre müssen an vorhandene Vorfluter angeschlossen werden,
- zwei Rückhaltebecken am Kippenfuß, die ebenfalls einen Mindestwasserstand aufweisen und Funktionen als Lurchlaichplätze übernehmen sollen.

Seitens des Bergbautreibenden wird ein gesonderter Entwässerungs-Betriebsplan ausgearbeitet.

In den Richtlinien zum Teilplan 12/1 wird unter Ziff. 6.3 zur *Erholungsnutzung* ausgeführt, daß die forstwirtschaftlich rekultivierten Flächen grundsätzlich für die „ruhige Erholung" ausgebaut werden sollen. Das trifft somit auch für die Erholungsnutzung der Außenkippe Sophienhöhe zu.

In seinem Teilgutachten „Erholungsmöglichkeiten" hat RÜMLER das Untersuchungsgebiet für die Erholungseignung bewertet. In der Gesamtbewertung (Gesamtwichtungsfaktor) mißt er der Uferrandzone (Südexposition) mit 16, dem Wasser mit 12 und der Uferrandzone (Nordexposition) mit 11 die höchsten Wertziffern zu. Diese beiden Landschaftselemente entfallen für die Außenkippe Sophienhöhe, wenn von den vier kleinen Rückhaltebecken abgesehen wird. Es folgen

die Reliefenergie	mit 10,
der Waldrand (Südexposition)	mit 9,
der Wald	mit 7,
die Baumgruppe und der Einzelbaum	mit 7,
die Lichtung im Wald	mit 6,
die Hecke und Baumreihe	mit 6,
der Waldrand (Nordexposition)	mit 4,
und das Grünland	mit 4.

Diese Bewertung läßt erkennen, daß die Kippe mit ihrer Reliefenergie, ihren Waldrändern und Waldinnenrändern, ihrem Waldbestand, ihren Lichtungen (Wildwiesen) und dem Grünland eine Reihe von Landschaftsfaktoren aufweist, die in der Bewertung für ihre Freizeit- und Erholungseignung relativ hoch anzusetzen sind.

Der optimal erholungswirksame Waldanteil kann mit etwa 60–65 % der Gesamtfläche angenommen werden, wie das in Untersuchungen über Naturparke festgestellt wurde. Dieser prozentuale Anteil wird im vorliegenden Fall überschritten, weil der Wald hier auch eine forstwirtschaftliche Funktion zu erfüllen hat.

In der Bewertung der Reliefenergie wird nach RÜMLER die höchste Bewertungsstufe bei einem Schwellenwert von etwa 80 Höhenmetern erreicht. Der Rand der Kippenoberfläche liegt etwa 120 m über dem Fuß des Kippenrandes. Bedingt durch die häufige Unterteilung des Kippenrandes durch breite Bermen und die ausgelegte Grundneigung von 1:3,5 bis 1:4,5 wird die Reliefenergie in ihrer Bedeutung für den Erholungsverkehr gut ausgenutzt.

Nach dem Bewertungsmodell von RÜMLER liegen die rekultivierten Flächen in ihrem Erholungswert über den Flächen der nicht oder noch nicht vom Tagebau in Anspruch genommenen Flächen. Für die Außenkippe Sophienhöhe gilt dies im besonderen Maße, weil hier ein großer Anteil der Fläche wegen ihrer derzeitigen landwirtschaftlichen Nutzung in ihrem Erholungswert als gering eingestuft wird. Durch landwirtschaftsgestaltende Maß-

Abb. 100. Die in der Aufschüttung befindliche Außenkippe Sophienhöhe aus südöstlicher Blickrichtung. (Foto: Olschowy)

Abb. 101. Der in seiner Formgebung und Gestaltung fertiggestellte Westteil der Außenkippe Sophienhöhe aus südöstlicher Blickrichtung. (Foto: Olschowy)

nahmen kann hier eine erhebliche Wertsteigerung des rekultivierten Gebietes für die Erholungsnutzung erreicht werden.

Die Kippe wird für den Erholungsverkehr durch Forstwirtschaftswege, die zugleich Wanderwege sind, und zusätzliche Fußwege, die in Verbindung mit den Fahrwegen ein verzweigtes Netz ergeben, erschlossen. Sie stehen mit den Parkplätzen am Fuß des Kippenrandes in Verbindung. Eine Aussichtsplattform auf der mittleren Erhöhung + 295 m ü. NN ermöglicht eine Aussicht in die umgebende Landschaft. Zusätzliche kleine Waldlichtungen (Wildwiesen) erhöhen den Effekt als Waldinnenränder, der höher anzusetzen ist als der der Waldaußenränder. Die Wildwiesenflächen dienen sowohl als Liegewiesen wie auch als Äsungsflächen für das Wild. Die muldenartigen Vertiefungen auf der Kippenoberfläche sollen verdichtet werden, um Standorte für feuchte Wald- und Wiesengesellschaften zu gewinnen und so die Vegetationsvielfalt zu erhöhen (vgl. Vegetationsplan). Die vier Rückhaltebecken, die in ihren Uferzonen als naturnahe Wasserflächen mit flachen Ufern und Röhrichtpflanzungen ausgestaltet werden sollen, werden in den Erholungsverkehr begrenzt einbezogen. Drei Schutzhütten dienen den Erholungsuchenden als Schutz gegen plötzlich einsetzendes Schlechtwetter.

3. *Aufforstung und Bepflanzung*

Die Auswahl der zu verwendenden Baum- und Straucharten für die Aufforstung und Bepflanzung der Kippe muß sich an folgenden natürlichen Waldgesellschaften orientieren:

a. *Für die Kippenränder* (vgl. Vegetationsplan – Abb. 96)

– Flattergras-Traubeneichen-Buchenwald (Milio-Fagetum) auf westlich bis südwestlich exponierten Böschungen mit wärmeliebenden Arten:
  Traubeneiche – *Quercus petraea* (verstärkt am Überhang)
  Rotbuche – *Fagus silvatica* (verstärkt am Unterhang)
  (Bergahorn – *Acer pseudoplatanus*)
  (Hainbuche – *Carpinus betulus*)
  (Winterlinde – *Tilia cordata*)
  (Vogelkirsche – *Prunus avium*)
  (Vogelbeere – *Sorbus aucuparia*)
  (Sandbirke – *Betula pendula*)
 als Sträucher im Unterstand:
  Hasel – *Corylus avellana*
  Weißdorn – *Crataegus oxyac. und monog.*
  Wildrose – *Rosa canina*
 als Sträucher zusätzlich an den Waldrändern:
  Schlehdorn – *Prunus spinosa*
  Heckenkirsche – *Lonicera xylosteum*
  Hartriegel – *Cornus sanguinea*
 Die in Klammern aufgeführten Holzarten sollen nur gruppenweise beigemischt werden, weil sie sonst von den vorherrschenden Arten, besonders der Rotbuche, zu leicht verdrängt werden.

– Flattergras-Traubeneichen-Buchenwald (Milio-Fagetum) auf nördlich bis östlich exponierten Böschungen mit feuchtliebenden Arten:
  Traubeneiche – *Quercus petraea* (verstärkt am Oberhang)
  Rotbuche – *Fagus silvatica* (verstärkt am Unterhang)
  (Stieleiche – *Quercus robur*)
  (Bergahorn – *Acer pseudoplatanus*)
  (Hainbuche – *Carpinus betulus*)
  (Winterlinde – *Tilia cordata*)
  (Vogelkirsche – *Prunus avium*)
 als Sträucher:
  Hasel – *Corylus avellana*
  Weißdorn – *Crataegus oxyac. und monog.*
  Wildrose – *Rosa canina*
  Faulbaum – *Frangula alnus*
  Liguster – *Ligustrum vulgare*
  Schneeball – *Viburnum opulus*
  Hirschholunder – *Sambucus racemosa*

b. Für die *Kippenoberfläche* (vgl. Vegetationsplan)

– Flattergras-Traubeneichen-Buchenwald (Milio-Fagetum) auf flach nach Süden geneigten Flächen:
  Rotbuche – *Fagus silvatica*
  Traubeneiche – *Quercus petraea*
  Stieleiche – *Quercus robur*
  (Bergahorn – *Acer pseudoplatanus*)
  (Hainbuche – *Carpinus betulus*)
  (Vogelkirsche – *Prunus avium*)
 als Sträucher:
  Hasel – *Corylus avellana*
  Weißdorn – *Crataegus oxyac. und monog.*
  Wildrose – *Rosa canina*
  Faulbaum – *Frangula alnus*
  Liguster – *Ligustrum vulgare*
 als Sträucher zusätzlich an den Waldrand:
  Schlehdorn – *Prunus spinosa*
  Heckenkirsche – *Lonicera xylosteum*
  Hartriegel – *Cornus sanguinea*

Abb. 102. Ausschnitt aus dem westlichen Bereich der aufgeschütteten Sophienhöhe mit Wasserbiotopen zu Beginn der Aufforstung. (Foto: Rheinbraun)

Abb. 103. Der gleiche Ausschnitt aus dem westlichen Bereich mit Wasserbiotopen wie Abb. 102 nach der vollendeten Aufforstung. (Foto: Rheinbraun)

- Maiglöckchen-Stieleichen-Hainbuchenwald (Galio-Carpinetum) auf etwas feuchteren, flach nach Süden geneigten Flächen:
  Stieleiche – *Quercus robur*
  Rotbuche – *Fagus silvatica*
  Hainbuche – *Carpinus betulus*
  (Winterlinde – *Tilia cordata*)
  (Traubeneiche – *Quercus petraea*)
  (Aspe – *Populus tremula*)
  als Sträucher:
  Salweide – *Salix caprea*
  Hasel – *Corylus avellana*
  Weißdorn – *Crataegus ox. u. mon.*
  Wildrose – *Rosa canina*
  Schlehdorn – Prunus spinosa
  Schneeball – *Viburum opulus*
- Maiglöckchen-Perlgras-Buchenwald (Melico-Fagetum) auf überwiegend gut bis mittel basenhaltiger Parabraunerde ohne Pseudogley:
  Rotbuche – *Fagus silvatica*
  (Stieleiche – *Quercus robur*)
  (Traubeneiche – *Quercus petraea*)
  (Hainbuche – *Carpinus betulus*)
  (Winterlinde – *Tilia cordata*)
  als Sträucher:
  Hasel – *Corylus avellana*
  Weißdorn – *Crataegus oxyac. und monog.*
  Schlehdorn – *Prunus spinosa*
  Hartriegel – *Cornus sanguinea*
- Flattergras-Traubeneichen-Buchenwald (Milio-Fagetum) auf mittel basenhaltiger Braunerde, mehr oder weniger pseudovergleyt:
  Rotbuche – *Fagus silvatica*
  (Traubeneiche – Quercus petraea)
  (Hainbuche – *Carpinus betulus*)
  (Vogelbeere – *Sorbus aucuparia*)
  (Sandbirke – *Betula pendula*)
  (Aspe – *Populus tremula*)
  als Sträucher:
  Salweide – *Salix caprea*
  Faulbaum – *Frangula alnus*
  Hasel – *Corylus avellana*
  Weißdorn – *Crataegus oxyac. und monog.*
  Wildrose – *Rosa canina*
- Verschiedene Formen des Flattergras-Traubeneichen-Buchenwaldes (Milio-Fagetum) bis zum Maiglöckchen-Perlgras-Buchenwald (Melico-Fagetum) auf Flächen mit stark wechselndem Anteil von Parabraunerde, pseudovergleyter Parabraunerde und Pseudogley (Standortvielfalt).
  Die jeweiligen bodenständigen Baum- und Straucharten der genannten Vegetationseinheiten sind hier zu verwenden.
- Artenreicher Sternmieren-Stieleichen-Hainbuchenwald (Stellario-Carpinetum) auf basenreichen, feuchten Standorten, wie Vertiefungen und Rinnenlagen:
  Stieleiche – *Quercus robur*
  Hainbuche – *Carpinus betulus*
  Esche – *Fraxinus excelsior*
  Rotbuche – *Fagus silvatica*
  (Vogelkirsche – *Prunus avium*)
  (Flatterulme – *Ulmus effusa*)
  (Bergahorn – *Acer pseudoplatanus*)
  (Feldahorn – *Acer campestre*)
  als Sträucher:
  Hasel – *Corylus avellana*
  Weißdorn – *Crataegus oxyac. und monog.*
  Wildrose – *Rosa canina*
  Hartriegel – *Cornus sanguinea*
  Schneeball – Viburum opulus
  Pfaffenhütchen – *Euonymus europaea*
- Erlen-Stieleichen-Hainbuchenwald (Stellario-Carpinetum) bis Traubenkirschen-Eichen-Eschenwald (Pruno-Fraxinetum) auf sehr feuchten, verdichteten Standorten:
  Roterle – *Alnus glutinosa*
  Stieleiche – *Quercus robur*
  Esche – *Fraxinus excelsior*
  Traubenkirsche – *Prunus padus*
  (Hainbuche – *Carpinus betulus*)
  (Flatterulme – *Ulmus effusa*)
  als Sträucher:
  Hasel – *Corylus avellana*
  Hartriegel – *Cornus sanguinea*
  Schneeball – *Viburum opulus*

Abb. 104. Ausschnitt Außenkippe Sophienhöhe mit der in der Entwicklung befindlichen Vegetation im Vordergrund. (Foto: Olschowy)

Abb. 105. Ausschnitt Außenkippe Sophienhöhe. Die mit dem Absetzgerät hergestellten Flächen wurden nicht eingeebnet und damit der Boden nicht verdichtet. (Foto: Olschowy)

Pfaffenhütchen – *Euonymus europaea*

Als Schutz gegen Bodenerosion und als Schirm für die Hauptholzarten kann eine lockere Überpflanzung der Aufforstungsflächen in den ersten 10 Jahren mit folgenden vorwüchsigen Arten zweckmäßig sein:

Sandbirke – *Betula pendula*
Vogelbeere – *Sorbus aucuparia*
Aspe – *Populus tremula*

Mit der Verwendung der den vorgenannten Waldgesellschaften angehörenden Gehölzarten für die Aufforstung wird der Forderung entsprochen, die in den Richtlinien zum Teilplan 12/1 in Hambach niedergelegt ist. Hier heißt es unter Ziff. 4.4:

„Die forstwirtschaftliche Rekultivierung soll grundsätzlich mit den Gehölzen erfolgen, die der natürlichen potentiellen Vegetation entsprechen. Dazu ist es erforderlich, die Qualität des aufgebrachten kulturfähigen Bodenmaterials fortlaufend zu ermitteln und sie bei der Holzartenwahl zu berücksichtigen.“

Der Forderung nach Ziff. 4.5, wonach in angemessenem Umfange Waldbestände auch auf ebenen bzw. nahezu ebenen Flächen in gleicher Höhe wie das unverritzte Gelände entstehen sollen, die denen der natürlichen Vegetation des Hambacher Forstes weitgehend entsprechen, wird dadurch Rechnung getragen, daß der Kippenrand flach in einem Neigungsverhältnis von 1:3,4 bis 1:4 in das unverritzte bzw. nicht überkippte Gelände übergeht. Damit wird auch eine Verbindung zum Lindenberger Wald hergestellt, dem die Funktion einer ökologischen Regenerationszelle – für die Pflanzen- wie auch die Tierwelt – zugedacht ist (vgl. Niederschrift des Bergamtes Köln vom 1. August 1978). Die vorgenannten standortsgemäßen Gehölzarten der potentiellen natürlichen Waldgesellschaften erfüllen die Voraussetzungen zur Regeneration des durch den Abbau gestörten ökologischen Zustandes, wie dies in Ziff. 4.5 der genannten Richtlinien festgelegt ist.

In den Richtlinien wird unter Ziff. 4.6 noch folgendes gefordert:

> „Zur Steigerung des Vielfältigkeitswertes des neuentstehenden Waldes sollten standortgerechte Nadelhölzer in Gruppen und Kleinstbeständen mit einem Anteil von bis zu 20 % der Gesamtfläche eingestreut werden."

Hierzu ist zu bemerken, daß es sich mit dieser Maßnahme um keine Steigerung des „ökologischen" Vielfältigkeitswertes handeln kann, weil aufgrund der Standortsfaktoren Boden, Untergrund, Klima- und Wasserhaushalt nur Arten von Laubmischwäldern als potentielle natürliche Waldgesellschaften ermittelt worden sind. Somit können Nadelholzarten nicht als unbedingt bodenständig erachtet werden. Diese Arten können demnach nur zur Steigerung der erwünschten „optischen" Vielfalt beitragen.

In Betracht kommen:

Europäische Lärche	– *Larix decidua*
Douglasfichte	– *Pseudotsuga menziesii*
(Waldkiefer	– *Pinus silvestris*)
(Mammutbaum	– *Metasequoia glyptostroboides*)

In die Nadelholzgruppen und an ihren Rand können die Eibe (*Taxus baccata*) und die Stechpalme (*Ilex aquifolium*) eingestreut werden.

An einigen Stellen des Kippenrandes soll die obere Böschung mit Sträuchern bepflanzt werden, um den Ausblick in die Landschaft nicht durch den späteren Hochwald zu beeinträchtigen. Es sind das die Bereiche, an denen die Wildwiesenflächen an die Oberkante des Kippenrandes stoßen, und an wenigen weiteren Punkten am Randweg, von denen aus eine Weitsicht erwünscht ist. Für diese Bepflanzungen sollen jeweils die Straucharten verwendet werden, die in der betreffenden Waldgesellschaft (vgl. Vegetationsplan) aufgeführt sind.

In seinem Teilgutachten „Vegetation" schlägt Wedeck die Einbringung folgender Bodenvegetation, die natürlichen Beständen entspricht, in der Aufforstung der mit Lößlehm rekultivierten Kippenflächen vor: Hainrispengras, Flattergras, Perlgras, Waldzwenke, Waldsegge, Goldnessel, Waldveilchen, Buschwindröschen, Knotige Braunwurz, Vielblütige Weißwurz, Waldsauerklee und Bergweidenröschen.

Da allein die Beschaffung des Saatgutes schwierig ist, hat die Forstverwaltung der Rheinischen Braunkohlenwerke in ihrem Nutzungs- und Gestaltungsplan vorgesehen, dem Vorschlag im Teilgutachten Ant „Freilebende Tierwelt" entsprechend, von geeigneten Standorten Oberboden mit seinem Saatgut zu entnehmen und kleinflächig mit der Rekultivierung auszubringen. Auch damit kann zur Wiederherstellung des durch den Abbau gestörten ökologischen Zustandes, insbesondere auch zur Wiederbesiedlung mit Arten der heimischen Tierwelt, wirksam beigetragen werden.

Die Biotopvielfalt soll auch dadurch gefördert werden, daß sogen. „Sukzessionsflächen" hergestellt worden sind, die sich selbst überlassen bleiben; sie bestehen z. T. nur aus verkipptem Rohboden und sind z. T. mit Forstkies überdeckt. Die Bundesforschungsanstalt für Naturschutz und Landschaftsökologie überwacht diese Flächen und stellt die vegetationskundliche und faunistische Entwicklung fest.

Weiterhin sind einige der letzten Kippflächen nur mit dem Absetzer, also ohne Einebnung hergestellt worden, um Verdichtungen auszuschließen, was der Vegetation zugute kommt (s. Abb. 105).

Abb. 106. Ausschnitt Außenkippe Sophienhöhe. Die Aufforstungsflächen wurden hier durch die Aussaat stickstoffreicher Stauden vorbereitet, was sich vorteilhaft auf die angepflanzten Gehölze auswirkt. (Foto: Rheinbraun)

Abb. 107. Ausschnitt Außenkippe Sophienhöhe. Ein in seiner Uferausbildung naturnah gestalteter Wasserbiotop, an dem sich die standortsgerechte Vegetation z. T. von allein ausbreitet. (Foto: Rheinbraun)

Der Tagebau Hambach ist ein Eingriff in eine großflächige Waldlandschaft. Um einen wirksamen Ausgleich zu schaffen, muß bereits die Rekultivierung der Außenkippe Sophienhöhe die Anlage großer neuer Waldflächen berücksichtigen. Das wird durch eine weitgehend geschlossene waldmäßige Bepflanzung der Kippenränder wie auch der Kippenoberfläche erreicht. Diese Maßnahme wird beispielhaft damit verbunden, daß die Sophienhöhe der stillen Erholung dient und durch ihre standortsgemäße Vegetation und ihre Biotopvielfalt zur erforderlichen Ökologie des Landschaftsraumes beiträgt (vgl. Abb. 93–107).

5 Abschließende Bemerkungen und Ausblick

Unter der Schirmherrschaft und im Auftrage des Bundesministers für Städtebau und Wohnungswesen hatten die Deutsche Gartenbau-Gesellschaft, der Deutsche Rat für Landespflege und die Arbeitsgemeinschaft für Garten- und Landschaftskultur in Zusammenarbeit mit den fachlich beteiligten Bundesministerien im Jahre 1968 erstmalig einen Bundeswettbewerb mit dem Thema „Industrie in der Landschaft" ausgeschrieben. Es beteiligten sich 64 industrielle und gewerbliche Betriebe aller Größenordnungen aus dem ganzen Gebiet der Bundesrepublik Deutschland, hierunter auch bekannte Unternehmen der Metallindustrie, der chemischen Industrie und des Bergbaues. Inzwischen ist dieser Wettbewerb 1988/89 zum achtenmal durchgeführt worden.

Der Wettbewerb wurde veranstaltet, um hervorragende Beispiele von Industrie- und Gewerbebetrieben für die Verwirklichung der Ziele herauszustellen, die 1961 in der „Grünen Charta von der Mainau" niedergelegt wurden. Die besten Unternehmen wurden mit Goldplaketten, einer Urkunde des Ministers für Städtebau und Wohnungswesen und durch Veröffentlichung der Leistungen in einer Ausstellung ausgezeichnet. In dem ersten Wettbewerb, der im Januar 1969 entschieden worden ist, wurden u. a. auch die Rheinischen Braunkohlenwerke AG in Köln mit einer Goldplakette ausgezeichnet, deren Probleme im Zusammenhang mit Fragen des Natur- und Umweltschutzes in dieser Veröffentlichung behandelt werden. Der langjährige technische Direktor der Gesellschaft, Dr.-Ing. E. h. GÄRTNER, wurde von der Stiftung FVS zu Hamburg mit dem Europapreis für Landespflege 1970 in Straßburg ausgezeichnet, und zwar in Anerkennung seiner Rekultivierungsleistungen im Rheinischen Braunkohlengebiet. Dr. GÄRTER hatte nicht nur maßgebenden Anteil an der Entwicklung technischer Großgeräte und neuer Abbaumethoden, er war auch verantwortlich für die weltweit anerkannten Maßnahmen zum Wiederaufbau zerstörter Landschaften. In seiner Ansprache am 20. Oktober 1970 in Straßburg sagte er:

> „Allen Industriestaaten stellen sich die gleichen Umweltprobleme. Mit Interesse und großer Aufmerksamkeit verfolgen wir daher die Raumordnungspolitik und die Maßnahmen zum Schutz der Umwelt in den Industriestaaten. Es ist zu begrüßen, daß sich jetzt auch eine internationale Zusammenarbeit anbahnt, die dem Schutz der Umwelt dienen will. Sie müßte dazu führen, daß
>
> 1. die Staaten auf dem Gebiet des Umweltschutzes die Grundlagenforschung verstärken,
> 2. ein gegenseitiger intensiver Erfahrungsaustausch zwischen den Ländern stattfindet,
> 3. wirksame Gesetze zum Schutz der Umwelt erlassen werden, die für alle Staaten gleichermaßen bindend, also im Verhältnis der Staaten untereinander wettbewerbsneutral sind."

Der Deutsche Rat für Landespflege (1980) hat in seiner Studie „Geschieht genug für die natürliche Umwelt? – 20 Jahre Grüne Charta von der Mainau" im Abschnitt 4.1 hervorgehoben, daß Abbaugebiete des Tagebaus in vielen Fällen landschaftsgerecht rekultiviert wurden und dadurch auch große Wasserflächen und Feuchtgebiete von hohem ökologischem Wert und Erholungswert geschaffen werden konnten. Er hat dies im besonderen Hinblick auf die Rekultivierungserfolge im Rheinischen Braunkohlenrevier getan.

Wenn sich die verantwortlichen Stellen, so die Rheinischen Braunkohlenwerke AG, die Bergbehörde und der Braunkohlenausschuß, der hohen Verantwortung gegenüber der natürlichen Umwelt bewußt bleiben, wenn sie der Grundhaltung, die zu den bisherigen Leistungen führte, treu bleiben und erneut einsetzenden Bestrebungen, die auf Schaffung von einseitigen „Produktionslandschaften" mit allen Nachteilen für den Naturhaushalt und die Gestalt der Landschaft hinauslaufen, widerstehen, dann kann auch für die Zukunft eine Lösung sichergestellt werden, die dem heute verbreiteten hohen öffentlichen Verantwortungsbewußtsein gegenüber der Umwelt entspricht. So hat auch STÜRMER (1985) in seiner Arbeit die bei einer landwirtschaftlichen Rekultivierung künftig zusätzlich zu berücksichtigenden Faktoren näher beschrieben. Dazu zählen die Schaffung unterschiedlicher Standorteigenschaften, der Biotop- und Artenschutz, die Wieder- bzw. Neuansiedlung von Arten und die Landschaftsgestaltung aus Gründen der Erholung. Dabei wird auch auf den Biotop- und Artenschutz als langfristige Sicherung der landwirtschaftlichen Produktionsfaktoren eingegangen. Hierbei sollte jedoch nicht übersehen werden, daß auf durchgehende Gehölzpflanzungen aus Bäumen und Sträuchern nicht verzichtet werden kann, weil sie sowohl für ein ökologisch wirksames Biotop-Verbundsystem erforderlich als auch für einen notwendigen Boden- und Klimaschutz unentbehrlich sind.

Im Rheinischen Braunkohlengebiet kann dann eine neue Kulturlandschaft entstehen, in der die Erfordernisse des Landbaues, der Wirtschaft, der Erholung und der Natur – trotz der scheinbaren Gegensätzlichkeit – gleichermaßen berücksichtigt werden können. Die bisher erreichten Erfolge auf dem Gebiet der Rekultivierung und Landschaftsgestaltung in diesem Raum sind eine Gemeinschaftsleistung aller daran beteiligten Einrichtungen und Stellen, insbesondere von Industrie, Wissenschaft und öffentlicher Verwaltung. Sie machen deutlich, welche Bedeutung der Natur- und Umweltschutz gerade im bergbaulichen Geschehen hat. An diesem in seinen Ausmaßen und Auswirkungen einmaligen Beispiel kann demonstriert werden, daß Technik, Wirtschaft und Natur keine Gegensätze sein müssen, sondern zu einem sinnvollen Ausgleich gelangen können, wie es mit der „Grünen Charta von der Mainau" bewußt angestrebt wird.

Die wissenschaftlichen Erkenntnisse und praktischen Erfahrungen in der Planung und Rekultivierung im Rheinischen Braunkohlengebiet sind in vieler Hinsicht übertragbar auf andere großflächige Tagebaugebiete, so auch in der ehemaligen DDR. Hier wird es darauf ankommen, die bereits rekultivierten Gebiete nochmals einer naturnäheren Gestaltung zu unterziehen und die künftig noch zu rekultivierenden und renaturierenden Flächen in Bezug zu setzen zu den veränderten Bedürfnissen der Land- und Forstwirtschaft, von Erholung und Freizeit und nicht zuletzt zu den notwendigen Erfordernissen einer landschaftsökologischen Planung und Entwicklung des gefährdeten Lebensraumes unserer menschlichen Gesellschaft.

Literatur

Arbeitsgemeinschaft für kommunale Abfallwirtschaft, 1960: Sammlung, Aufbereitung und Verwendung von Siedlungsabfällen. Waiblingen.

BICK, H.; HANSMEYER, K. H.; OLSCHOWY, G. u. SCHMOOK, P. (Hrsg. u. Mitautoren), 1984: Angewandte Ökologie – Mensch und Umwelt. Studienbegleitbriefe des Funkkollegs „Mensch und Umwelt": Bd. I: Einführung, Räumliche Strukturen, Wasser, Lärm, Luft, Abfall; 531 S.; Bd. II: Landbau, Energie, Naturschutz und Landschaftspflege, Umwelt und Gesellschaft; 552 S.; Stuttgart: Gustav Fischer Verlag.

BITTMANN, E., 1953: Das Schilf und seine Verwendung im Wasserbau. Angewandte Pflanzensoziologie, Heft 7. Stolzenau/Weser.

BRACKE, D., 1960: Die Wasserspeicherung in erodierten Lößböden und ihre Beziehung zur Bodenstruktur. Dissertation. Gießen.

Bundesforschungsanstalt für Naturschutz und Landschaftsökologie, 1980: Wirkungsanalyse im Rahmen der Landschaftsplanung. Schriftenreihe für Landschaftspflege und Naturschutz; H. 20, Bonn-Bad Godesberg.

DAHLHOFF, TH., BICK, H., HANSMEYER, K. H. u. OLSCHOWY, G. (Hrsg. u. Mitautoren), 1983: Funkkolleg „Mensch und Umwelt", Sendetexte. Bd. 1 (Einleitung, Wohnsiedlungen, Industrie, Verkehr, Erholung, Wasser, Lärm); 260 S. Bd. 2 (Luft, Abfall, Landbau, Energie); 325 S. Bd. 3 (Naturschutz, Landschaftspflege, Umwelt und Erziehung, Umweltpolitik, Weltweite Umweltprobleme); 192 S.; Frankfurt/M.: Fischer Taschenbuch-Verlag.

DARMER, G. u. BAUER, J., 1969: Landschaft und Tagebau. Neue Landschaft, Nr. 11 (S. 529–531) u. Nr. 12 (S. 569–582).

DARMER, G., 1973 (3. Aufl. 1979): Landschaft und Tagebau – Ökologische Leitbilder für die Rekultivierung; Berlin/Hannover: Patzer-Verlag.

Deutscher Rat für Landespflege, 1964: Landespflege und Braunkohlentagebau. H. 2 der Schriftenreihe des Rates. Bonn-Bad Godesberg.

Deutscher Rat für Landespflege, 1973: Gesteinsabbau im Mittelrheinischen Becken. H. 21 der Schriftenreihe des Rates. Bonn-Bad Godesberg.

Deutscher Rat für Landespflege, 1976: Industrie und Umwelt. H. 29 der Schriftenreihe des Rates. Bonn-Bad Godesberg.

Deutscher Rat für Landespflege, 1978: Zur Ökologie des Landbaus. H. 31 der Schriftenreihe des Rates. Bonn-Bad Godesberg.

Deutscher Rat für Landespflege, 1988: Zur Entwicklung des ländlichen Raumes. H. 54 der Schriftenreihe des Rates. Bonn-Bad Godesberg.

Deutscher Rat für Landespflege, 1988: Eingriffe in Natur und Landschaft – Vorsorge und Ausgleich. H. 55 der Schriftenreihe des Rates. Bonn-Bad Godesberg.

Deutscher Rat für Landespflege, 1988: Zur Umweltverträglichkeitsprüfung. H. 56 der Schriftenreihe des Rates. Bonn-Bad Godesberg.

DINGETHAL, F. J., JÜRGING, P., KAULE, G. u. WEINZIERL, W., 1985: Kiesgrube und Landschaft. Handbuch über den Abbau von Sand und Kies, über Gestaltung, Rekultivierung und Renaturierung. 2. Aufl. Hamburg und Berlin: Verlag Paul Parey.

ELLENBERG, H. (Hrsg.), 1973: Ökosystemforschung. Ergebnisse von Symposien der Deutschen Botanischen Gesellschaft und der Gesellschaft für Angewandte Botanik in Innsbruck, Juli 1971. Berlin/Heidelberg/New York: Verlag Springer.

ESKUCHE, U. u. TRAUTMANN, W., 1962: Herkunft, Bewegung und Verbleib des Wassers in den Böden verschiedener Pflanzengesellschaften des Erfttales. Düsseldorf.

HEIDE, G., 1957: Grundlagen der landwirtschaftlichen Rekultivierung im Rheinischen Braunkohlenrevier. In: Braunkohle, Wärme und Energie, H. 5/6.

Institut für Landes- und Stadtentwicklung des Landes Nordrhein-Westfalen, 1988: Grundlagen der Raumordnung und Landesplanung in Nordrhein-Westfalen. H. 11, Dortmund.

KAUFMANN, W., 1960: Löß und Wiederbegrünung im nördlichen Deistervorland. Forschungen zur deutschen Landeskunde. Bd. 119. Bad Godesberg.

KÖHLER, H., 1954: Der Landkreis Bergheim/Erft. Ratingen.

KRAUSE, C. L., 1978: Untersuchungen von Wirkungszusammenhängen durch Eingriffe. In: Natur- und Umweltschutz in der Bundesrepublik Deutschland. OLSCHOWY, G. (Hrsg.); Hamburg/Berlin: Verlag Paul Parey. S. 350–355.

KREUTZ, W., 1952: Der Windschutz – Windschutzmethodik, Klima und Bodenertrag. Dortmund.

KURON, H.; JUNG, L.; SCHREIBER, H., 1956: Messungen von oberflächigem Abfluß und Bodenabtrag auf verschiedenen Böden Deutschlands. Schriftenreihe des Kurat. f. Kulturbauw., H. 5. Hamburg.

Landesanstalt für Bodennutzungsschutz (Berichterstatter: WOHLRAB): Stellungnahme zur Wiederherstellung und Rekultivierung des Südreviers im Rheinischen Braunkohlengebiet. Bochum, 1960.

Landesregierung Nordrhein-Westfalen, 1987: Leitentscheidungen zur künftigen Braunkohlenpolitik. Düsseldorf, Sept. 1987.

MEISEL, K.; TRAUTMANN, W., 1958: Erläuterungen zu den Vegetationskarten des Erftgebietes. Stolzenau/Weser.

Minister für Ernährung, Landwirtschaft und Forsten des Landes Nordrhein-Westfalen, 1967: Europäischer Ideenwettbewerb „Die neue Agrargemeinde im rekultivierten Wirtschaftsraum". Düsseldorf.

Minister für Umwelt, Raumordnung und Landwirtschaft des Landes Nordrhein-Westfalen, 1987: Untersuchungsprogramm Braunkohle der Landesregierung Nordrhein-Westfalen – Dokumentation der Ergebnisse. Duisburg, Sept. 1987.

MÜCKENHAUSEN, E., 1955: Gutachten des Amtes für Bodenforschung Nordrhein-Westfalen über die Rekultivierung mit Lößmaterial in der Ville. Krefeld.

Niedersächsisches Landesverwaltungsamt – Dezernat Naturschutz, Landschaftspflege, Vogelschutz –, Bearbeiter: MONPETAIN, V., 1981: Versuchsgelände Baggersee Gailhof. Hannover.

ODZUCK, W., 1982: Umweltbelastungen – Belastete Ökosysteme. Uni-Taschenbuch; Stuttgart: Verlag E. Ulmer.

OLSCHOWY, G., 1956: Landespflegerische Maßnahmen als Mittel zur Klimalenkung, ein Beitrag zur Abwehr von Kaltluftschäden. In: Festschrift für Hans Schwenkel. Ludwigsburg. Veröffentl. d. Landesstelle für Naturschutz u. Landschaftspflege Baden-Württemberg. Heft 24, 1956.

OLSCHOWY, G., 1964: Das Rheinische Braunkohlengebiet und sein Beitrag zur Neuordnung des ländlichen Raumes in der Kulturlandschaft. Berichte über Landwirtschaft; Bd. 42, H. 4, S. 865–881; Hamburg/Berlin: Verlag Paul Parey.

OLSCHOWY, G., 1971: Casestudy: Industry and Landscape-Using – The Rhineland Brown Coal Area as an Example. Special Report from the Republic of Germany for the United Nations Conference on the Human Environment – Stockholm 1972.

OLSCHOWY, G., 1976: Natur- und Umweltschutz in fünf Kontinenten. Bd. I, 251 S. mit 207 Abb.; Hamburg/Berlin: Verlag Paul Parey.

OLSCHOWY, G., 1978: Landespflegerische Mittel zur Lenkung des örtlichen Klimas. In: OLSCHOWY, G., (Hrsg.): Natur- und Umweltschutz in der Bundesrepublik Deutschland. S. 234–245; Hamburg/Berlin: Verlag Paul Parey.

OLSCHOWY, G., 1978: Entwicklung und Einfluß von Industrie und Technik. In: Natur- und Umweltschutz in der Bundesrepublik Deutschland. OLSCHOWY, G., (Hrsg.), S. 425–435. Hamburg/Berlin: Verlag Paul Parey.

OLSCHOWY, G., 1980: Fallstudie „Bergbau und Landschaft" im Auftrag der „International Union for Conservation of Nature and Natural Resources" (IUCN) Bonn: Environmental Planning Commission.

OLSCHOWY, G., 1980: Landschaftsplanung in Abbaugebieten – am Beispiel des Rheinischen Braunkohlenreviers. Beiträge der Akademie für Raumforschung und Landesplanung; Bd. 35, S. 56–61. Hannover.

OLSCHOWY, G., 1980: Eingriffe und ihr Ausgleich. In: Zeitschrift für Kulturtechnik und Flurbereinigung; H. 4, S. 197–209.

OLSCHOWY, G., 1981: Zur Prüfung der Umweltverträglichkeit von Eingriffen in die Landschaft. In: Angewandte Botanik, 55, S. 277–293.

OLSCHOWY, G., 1981: Funk-Kolleg-Ausgabe von „Natur- und Umweltschutz in der Bundesrepublik Deutschland". Bd. 1: Ökologische Grundlagen des Natur- und Umweltschutzes. Bd. 2: Eingriffe in die Umwelt und ihr Ausgleich. Bd. 3: Naturschutz und Landschaftspflege und Landschaftsplanung; Hamburg/Berlin: Verlag Paul Parey.

OLSCHOWY, G., 1986: Beziehungen Mensch und Umwelt – Ein Überblick zur Umweltforschung und Umweltschutz. In: MÜHLUM, A., OLSCHOWY, G., OPPL, H. u. WENDT, W. R.: Umwelt – Lebenswelt, S. 85–175; Frankfurt/M.: Verlag Moritz Diesterweg.

OLSCHOWY, G., 1986: Eingriffe in die Umwelt. In: MÜHLUM, A., OLSCHOWY, G., OPPL, H., WENDT, W. R.: Umwelt – Lebenswelt; S. 90–135; Frankfurt/M.: Verlag Moritz Diesterweg.

OLSCHOWY, G., 1988: Der Beitrag der Landschaftsplanung zur Umweltverträglichkeitsprüfung. Schriftenreihe des Deutschen Rates für Landespflege, H. 56, S. 505–509. Bonn-Bad Godesberg.

OLSCHOWY, R., 1978: Zur Umweltverträglichkeitsprüfung. In: OLSCHOWY, G. (Hrsg.): Natur- und Umweltschutz in der Bundesrepublik Deutschland; S. 365–373; Hamburg/Berlin: Verlag Paul Parey.

Regierungspräsident Köln, 1975: Ökologisches

Gutachten zum geplanten Braunkohlentagebau Hambach. Köln.

SCHMITT, D.; REINERS, H.; STOCKMANN, H., 1980: Planung im Rheinischen Braunkohlengebiet. Institut für Siedlungs- und Wohnungswesen und Zentralinstitut für Raumplanung der Universität Münster, Bd. 23. Münster.

STARKE, R.; STÜRMER, A., 1985: Die Mitwirkung von Professor Dr. Olschowy bei der Gestaltung der rekultivierten Flächen im Rheinischen Braunkohlengebiet. Natur und Landschaft, H. 2, S. 44–47, Bonn-Bad Godesberg.

STÜRMER, A., 1985: Zur künftigen Rekultivierung von landwirtschaftlich genutzten Gebieten im Rheinischen Braunkohlenrevier unter Berücksichtigung landschaftsökologischer und landschaftsgestalterischer Belange. Dissertation an der Fakultät für Bauwesen der Rheinisch-Westfälischen Technischen Hochschule Aachen.

SUKOPP, H.; TRAUTMANN, W.; KORNECK, D., 1978: Auswertung der Roten Listen gefährdeter Farn- und Blütenpflanzen in der Bundesrepublik Deutschland für den Arten- und Biotopschutz. Schriftenreihe für Vegetationskunde, H. 12; Bonn-Bad Godesberg.

TISCHLER, W., 1968: Veränderung der Pflanzen- und Tierwelt durch Entstehung der Kulturlandschaft. In: BUCHWALD/ENGELHARDT: Handbuch für Landschaftspflege und Naturschutz. Bd. 2, S. 70–81; München: BLV-Verlag.

VESTER, F., 1978: Eingriffe in vernetzte Systeme und ihre integrale Bedeutung. In: OLSCHOWY, G. (Hrsg.): Natur- und Umweltschutz in der Bundesrepublik Deutschland, S. 339–349; Hamburg/Berlin: Verlag Paul Parey.

Biographie
Prof. Dr. Gerhard Olschowy

GERHARD OLSCHOWY wurde am 14. Februar 1915 im Kreis Neiße in Schlesien geboren und besuchte die Eichendorff-Oberrealschule zu Breslau. Er begann sein Studium der Landschaftsgestaltung als Studienurlauber für das Wintersemester 1941/42 an der Universität Berlin und setzte es nach dem Krieg im Architekturfach und Städtebau an der Technischen Hochschule München und 1947 in der Fachrichtung Landespflege an der Technischen Hochschule Hannover fort, wo er 1949 seine Diplomprüfung (Dipl.-Ing.) ablegte und 1955 zum Dr. rer. hort. promovierte. Er war nach seinem Studium wissenschaftlicher Assistent am Institut für Angewandte Pflanzensoziologie in Weihenstephan bei München, Referent für Grünplanung und Landschaftspflege im Zentralverband des Deutschen Gartenbaues in Bonn und anschließend Referent für Landschaftspflege im Bundesministerium für Ernährung, Landwirtschaft und Forsten.

Von 1964 bis 1978 war OLSCHOWY Leitender Direktor der Bundesforschungsanstalt für Naturschutz und Landschaftsökologie in Bonn-Bad Godesberg und zugleich Leiter des Instituts für Landschaftspflege. Seit 1958 ist er Lehrbeauftragter für Landschaftspflege an der Universität Bonn – in dieser Eigenschaft wurde er vom Kultusminister des Landes Nordrhein-Westfalen zum Honorarprofessor ernannt – und war bis 1991 Geschäftsführendes Vorstandsmitglied des unter der Schirmherrschaft des Bundespräsidenten stehenden Deutschen Rates für Landespflege, dessen Ehrenmitglied er jetzt ist. Er ist Korrespondierendes Mitglied der Akademie für Raumforschung und Landesplanung, Mitglied des Arbeitsausschusses Landschaftsgestaltung der Forschungsgesellschaft für das Straßen- und Verkehrswesen, Gründungsmitglied der Forschungsgesellschaft für Landschaftsentwicklung und Landschaftsbau und Mitglied der Europäischen Akademie für Umweltfragen. Er ist außerdem Mitglied des Ehrenpräsidiums der Deutschen Gartenbau-Gesellschaft, Ehrenmitglied des Bundes Deutscher Landschaftsarchitekten, in dem er viele Jahre Vorsitzender des Ausschusses für wissenschaftliche Beratung war, und Ehrenmitglied der Deutschen Gesellschaft für Gartenkunst und Landschaftspflege. Olschowy gehört zu dem Kreis von Sachverständigen, der die im Jahre 1961 anläßlich eines Mainauer Gesprächs beschlossene ‚Grüne Charta von der Mainau' ausgearbeitet hat. Er gehört dem Wissenschaftlichen Team des im Wintersemester 1981/82 und im Sommersemester 1982 gesendeten Funkkollegs ‚Mensch und Umwelt' an, das für den fachlich-wissenschaftlichen Inhalt der 30 Sendungen verantwortlich war.

Auszeichnungen:

1968: Hans-Bickel-Preis der Hans-Bikkel-Gedächtnisstiftung Weihenstephan

1978: Verdienstkreuz 1. Klasse des Verdienstordens der Bundesrepublik Deutschland

1979: Ernst-Schröder-Münze des Zentralverbandes des Deutschen Gartenbaus Bonn

1979: Alexander-von-Humboldt-Medaille in Gold der Stiftung F.V.S. zu Hamburg

1984: Großes Bundesverdienstkreuz des Verdienstordens der Bundesrepublik Deutschland

1985: Umweltpreis „Goldene Blume von Rheydt" der Stadt Mönchengladbach

Verfaßte und herausgegebene Bücher:

OLSCHOWY, G.; WESTPHAL, H.-H., 1965: Erläuterungen zur VOB, Teil C, Landschaftsgärtnerische Arbeiten, DIN 18320. 131 S.; Verlagsges. Rudolf Müller, Köln.

OLSCHOWY, G.; SCHMIDT, H.-H.; WERKMEISTER, F.-H., 1967: Grünordnung in der ländlichen Gemeinde. 206 S., 113 Abb. u. Pläne; Stuttgart: Verlag Eugen Ulmer.

OLSCHOWY, G., 1970: Landschaft und Technik – Landespflege in der Industriegesellschaft. 328 S., 394 Abb. u. Pläne. Hannover/Berlin: Patzer-Verlag.

OLSCHOWY, G. (Hrsg. u. Mitautor), 1971: Belastete Landschaft – Gefährdete Umwelt. 346 S., 35 Abb., 10 Tabellen; 18 Autoren; ‚Das Wissenschaftliche Taschenbuch' (Nr. 19); München: Wilhelm Goldmann Verlag.

OLSCHOWY, G., 1976: Natur- und Umweltschutz in fünf Kontinenten. 253 S., 207 Abb.; Hamburg/Berlin: Verlag Paul Parey.

OLSCHOWY, G. (Hrsg. u. Mitautor), 1978: Natur- und Umweltschutz in der Bundesrepublik Deutschland. 926 S., 265 Abb., 133 Tabellen; 78 Autoren; Hamburg/Berlin: Verlag Paul Parey.

OLSCHOWY, G. (Hrsg. u. Mitautor), 1981: Herausgabe von ‚Natur- und Umweltschutz in der Bundesrepublik Deutschland' aus Anlaß des Funkkollegs ‚Mensch und Umwelt' in drei Bänden: Bd. 1: Ökologische Grundlagen des Natur- und Umweltschutzes; S. 1–338; Bd. 2: Eingriffe in die Umwelt und ihr Ausgleich; S. 339–749; Bd. 3: Naturschutz, Landschaftspflege und Landschaftsplanung; S. 750–926.

DAHLHOFF, TH.; BICK, H.; HANSMEYER, K. H.; OLSCHOWY, G. (Hrsg. u. Mitautoren), 1983: Funkkolleg ‚Mensch und Umwelt'. Sendetexte; Bd. 1 (Einleitung, Wohnsiedlungen, Industrie, Verkehr, Erholung, Wasser, Lärm); 260 S. Bd. 2 (Luft, Abfall, Landbau, Energie); 325 S. Bd. 3 (Naturschutz, Landschaftspflege, Umwelt und Erziehung, Umweltpolitik, Weltweite Umweltprobleme); 192 S.; Frankfurt/M.: Fischer Taschenbuch Verlag.

BICK, H.; HANSMEYER, K. H.; OLSCHOWY, G.; SCHMOOCK, P. (Hrsg. u. Mitautoren), 1984: Angewandte Ökologie – Mensch und Umwelt. Studienbegleitbriefe des Funkkollegs ‚Mensch und Umwelt'; Bd. I: Einführung, Räumliche Strukturen, Waser, Lärm, Luft, Abfall; 531 S. Bd. II: Landbau, Energie, Naturschutz und Landschaftspflege, Umwelt und Gesellschaft; 552 S.; Stuttgart: Gustav Fischer Verlag.

OLSCHOWY, G., 1985: Natur- und Umweltschutz in fünf Kontinenten. Bd. II, 267 S.; vereinfachte Ausgabe; Druck: Bundesforschungsanstalt für Naturschutz und Landschaftsökologie, Bonn-Bad Godesberg.

MÜHLUM, A.; OLSCHOWY, G.; OPPL, H. u. WENDT, W. R. (Hrsg. u. Mitautoren), 1988: Umwelt – Lebenswelt. 240 S. (Beitrag OLSCHOWY: Die Stadt als Lebensraum. S. 85–175); Frankfurt/M.: Verlag Moritz Diesterweg.

Register

Abfallbeseitigungsgesetz 32
Abgrabungsgesetz Nordrhein-Westfalen 40, 56, 71 f.
Außenkippe 92

Baggersee (Begrünung) 50 f.
Bergamt (Bergbehörde) 32
Bergehalden 14 f.
- Bepflanzung 21 f., 25 f., 35 f.
- Gestaltung / Formgebung 14, 17 f., 23 f., 32 f.
- Nutzung 16, 20 f.
Berggesetz / Bundesberggesetz 88 f., 96
Bermen (Terrassen) 16 f.
Bergsenkungsgebiete 13
Betriebspläne 96, 100 f.
Biotop-Verbundsystem 97, 106
Biotopvielfalt 197, 205
Bimsabbau 52 f.
Bodenschutz 120, 122, 156
Böschungen 42
Braunkohlenausschuß 89, 115
Braunkohlengesetz 88
Bundesnaturschutzgesetz 94 f.

Eingriffe (in Natur und Landschaft) 9, 14, 90 f.
Entwässerung 135, 137, 150, 185, 198
Erfttal (Gestaltung) 160, 168
Erholung / Freizeit 24 f., 76, 112 f., 121, 124, 169, 184, 199 f.

Fachplan / Fachplanung 12
Forstwirtschaft (fortwirtschaftl. Rekultivierung) 21, 60, 104 f., 144 f., 147, 180, 192 f., 201 f.

Gewässer (Restseen, Wasserwirtschaft) 43, 59 f., 62, 98, 108, 151
Grünlandstandorte 158
Grünordnungsplan 23, 96

Hofstellen / Weiler 92, 126, 177

Innenkippen 92, 153

Kippenränder / Kippenböschungen 106 f., 108, 121 f., 140, 195 f.
Kippenoberfläche 106 f., 118 f., 133 f., 140, 163, 197 f.
Kleintagebau 9, 40
Klima (Kaltluft) 69, 118, 122, 142, 144, 150, 155, 181, 194 f.
Kohlenflöze 84

Landesentwicklungsprogramm Nordrhein-Westfalen 30
Landesplanungsgesetz Nordrhein-Westfalen 89
Landschaftsgesetz Nordrhein-Westfalen 31, 90
Landschaftspflege (-gestaltung, -entwicklung,-ordnung) 12, 31, 46, 56, 91, 94, 120, 180 f.
Landschaftspflegerischer Begleitplan 31, 32, 96, 100, 185 f.
Landschaftsplan / Landschaftsplanung 12, 29, 95, 100
Landwirtschaft (landwirtschaftl. Rekultivierung) 96 f., 101 f., 114, 119 f., 145 f., 149 f., 177, 180
Lößboden 101 f., 116 f., 132, 146, 156

Mutterboden 37, 59, 77, 90

Naturschutz (Schutzgebiete) 12, 31, 46, 66, 68, 74, 91, 94, 111

Pionierholzarten 21
Pflegeholzarten 36
Potentielle natürliche Vegetation 57, 70 f., 117 f., 158, 175, 204

Rasen (Gräser) 28, 42
Reale Vegetation, Waldbestände 70, 158, 175
Rekultivierung (Sand- u. Kiesgruben) 44

Sand und Kies (Abbau und Rekultivierung) 41 f.
Schaufelradbagger 86 f.
Siedlungsabfälle 145 f.
Spülverfahren 102 f.
Standortwahl / Standortgegebenheiten 16 f., 22 f., 30 f., 116 f., 143 f., 154 f., 176
Steine (Abbau u. Rekultivierung) 52 f.
– (Abbaugebiete) Bepflanzung 61 f., 78 f.
– (Abbaugebiete) Gestaltung 58 f., 72, 74 f.
– (Abbaugebiete) Nutzung 58 f., 60, 74 f.

Tieftagebau 9, 83 f.

Ufer, -gestaltung 43 f., 46 f., 110 f., 152
Umsiedlung 92
Umweltprogramm Nordrhein-Westfalen 90
Umweltverträglichkeitsprüfung 10/11, 98 f.
Untertagebau 9, 13 f.

Vegetationsentwicklung 28, 94
Vogelwelt 111 f.

Waldränder / Waldmantel 21, 57, 147 f.
Wasserpflanzen 48
Wasserwirtschaft / -haushalt 98, 120, 155
Wind, -schutz, -schutzpflanzungen 93, 97, 105 f., 118, 122 f., 125, 132, 140